U0165131

珍 藏 版

Philosopher's Stone Series

立足当代科学前沿

彰显当代科技名家

绍介当代科学思潮

激扬科技创新精神

珍藏版策划

王世平　姚建国　匡志强

出版统筹

殷晓岚　王怡昀

技术哲学

从埃及金字塔到虚拟现实

Философия Техники

От
Египетских Пирамид
до
Виртуальных Реальностей

Вадим Маркович Розин

[俄]В. М. 罗津 —— 著

张艺芳 —— 译

姜振寰 —— 校

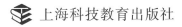

上海科技教育出版社

出版前言

二十五年矢志不渝炼就"哲人石"

　　1998年，上海科技教育出版社策划推出了融合科学与人文的开放式科普丛书"哲人石丛书"。"哲人石丛书"秉持"立足当代科学前沿，彰显当代科技名家，绍介当代科学思潮，激扬科技创新精神"的宗旨，致力于遴选著名科学家、科普作家和科学史家的上乘佳作，推出时代感强、感染力深、凸显科学人文特色的科普精品。25年来，"哲人石丛书"选题不断更新，装帧不断迭代，迄今已累计出版150余种，创下了国内科普丛书中连续出版时间最长、出版规模最大、选题范围最广的纪录。

　　"哲人石"架起科学与人文之间的桥梁，形成了自己鲜明的品牌特色，成为国内科学文化图书的响亮品牌，受到学界的高度认可和媒体的广泛关注，在爱好科学的读者心中也留下了良好的口碑，产生了巨大的品牌影响力。

　　2018年，在"哲人石丛书"问世20周年之际，为了让新一代读者更好地了解"哲人石丛书"的整体风貌，我们推出了"哲人石丛书珍藏版"，遴选20种早期出版的优秀品种，精心打磨，以全新的形式与读者见面。珍藏版出版后反响热烈，所有品种均在较短时间内实现重印，部分品种还重印了四五次之多。读者对"哲人石"的厚爱，让我们感动不已，也为我们继续擦亮"哲人石"品牌确立了信心，提供了动力。

　　值此"哲人石"诞生25周年之际，我们决定对"哲人石丛书珍藏版"进行扩容,增补8个品种,并同时推出合集装箱的"哲人石丛书珍藏版"(25周年特辑),希望能得到广大读者一如既往的支持。

上海科技教育出版社

2023年12月10日

从"哲人石丛书"看科学文化与科普之关系

◇ 江晓原（上海交通大学科学史与科学文化研究院教授）

◆ 刘兵（清华大学人文学院教授）

◇ 这么多年来，我们确实一直在用实际行动支持"哲人石丛书"。我在《中华读书报》上特约主持的科学文化版面，到这次已经是第200期了，这个版面每次都有我们的"南腔北调"对谈，已经持续21年了，所以在书业也算薄有浮名。因为我们每次都找一本书来谈，在对谈中对所选的书进行评论，并讨论与此书有关的其他问题。在我们的对谈里，"哲人石丛书"的品种，相比其他丛书来说，肯定是最多的，我印象里应该超过10次，因为我们觉得这套丛书非常好。

另一个问题就是我个人的看法了，我觉得叫它"科普丛书"是不妥的，这我很早就说过了，那会儿10周年、15周年时我就说过，我觉得这样是把它矮化了，完全应该说得更大一些，因为它事实上不是简单的科普丛书。我的建议是叫"科学文化丛书"。刚才潘涛对"哲人石丛书"的介绍里，我注意到两种说法都采用，有时说科普丛书，有时说科学文化丛书，但是从PPT上的介绍文字来看，强调了它的科学文化性质，指出它有思想性、启发性，甚至有反思科学的色彩，这也是"哲人石丛书"和国内其他同类丛书明显的差别。

其他类似丛书,我觉得多数仍然保持了传统科普理念,它们被称为科普丛书当然没有问题。现在很多出版社开始介入这个领域,它们也想做自己的科普丛书。这一点上,"哲人石丛书"是非常领先的。

◆ 类似的丛书还有很多,比较突出的像"第一推动丛书"等,其中个别的品种比如说霍金的《时间简史》,和"哲人石丛书"中的品种比起来,知名度还更高。

但是"哲人石丛书"在同类或者类似的丛书里确实规模最大,而且覆盖面特别广。按照过去狭义的科普概念,大部分也可以分成不同的档次,有的关注少儿,有的关注成人,也有的是所谓高端科普。"哲人石丛书"的定位基本上是中高端,但是涵盖的学科领域包括其他的丛书通常不列入的科学哲学、科学史主题的书,但这些书我们恰恰又有迫切的需求。延伸一下来说,据我所知,"哲人石丛书"里有一些选题,有一些版本,涉及科学史,包括人物传记,其实对于国内相关的学术研究也是很有参考价值的。

"哲人石丛书"涉及的面非常之广,这样影响、口碑就非常好。而且它还有一个突出的特色,即关注科学和人文的交叉,我觉得这样一些选题在这套书里也有特别突出的表现。

刚才你提到,我们谈话里经常发生争论,我觉得今天我们这个对谈,其实也有一点像我们"南腔北调"的直播——不是从笔头上来谈,而是现场口头上来谈。我也借着你刚才的话说一点,你反对把这套丛书称为"科普",其实不只是这套书,在你的写作和言论里,对科普是充满了一种——怎么说呢——不能说是鄙视,至少是不屑或者评价很低?

我觉得这个事也可以争议。如果你把对象限定在传统科普,这个可以接受。传统科普确实有些缺点,比如只讲科学知识。但是今天科普的概念也在变化,也在强调知识、方法、思想的内容。在这里面就不可能不涉及相关的科学和人文。当然不把这些称为科普,叫科学文化也是可以的。但是拒绝了科普的说法，会丧失一些推广的机会。

说科普大家都知道这个概念，而且大家看到科普还可以这么来做。如果你上来就说是科学文化，可能有些人就感到陌生了，这也需要普及。读者碰巧看科普看到了"哲人石丛书"，他知道这里面还有这些东西，我觉得也是很好的事。我们何必画地为牢，自绝于广大的科普受众呢。

◇ 这些年来，我对科普这个事，态度确实暧昧，刚才你说我鄙视科普，但是我科普大奖没少拿，我获得过三次吴大猷奖，那都不是我自己去报的，都是别人申报的。我一面老说自己不做科普，但一面也没拒绝领科普奖，人家给我了，我也很感谢地接受了。

我之所以对科普这个事情态度暧昧，原因是我以前在科学院工作过15年，在那个氛围里，通常认为是一个人科研正业搞不好了才去搞科普的。如果有一个人只做正业不做科普，另一个人做了同样的正业但还做科普，人们就会鄙视做科普的人。这也是为什么我老说自己不做科普的原因。

刘慈欣当年不敢让别人知道他在搞科幻，他曾对我说：如果被周围的人知道你跟科幻有关，你的领导和同事就会认为你是一个很幼稚的人，"一旦被大家认为幼稚，那不是很惨了吗？"在中国科学院的氛围也是类似的，你要是做科普，人家就会认为你正业搞不好。我的正业还不错，好歹两次破格晋升，在中国科学院40岁前就当上正教授和博导了，这和我经常躲着科普可能有一点关系，我如果老是公开拥抱科普，就不好了嘛。

我1999年调到交大后，对科普的态度就比较宽容了，我甚至参加了一个科技部组织的科普代表团出去访问，后来我还把那次访问的会议发言发表在《人民日报》上了，说科普需要新理念。

科普和科幻在这里是一个类似的事情。但咱还是说回"哲人石丛书"。刚才你说选题非常好，有特色，这里让我们看一个实际的例子。我们"南腔北调"对谈谈过一本《如果有外星人,他们在哪——费米悖论的75种解答》,书中对于我们为什么至今没有找到外星人给出了75种解答。这本书初版时是50种解答,过了一些年又修订再版,变成了75种解答。这本书是不是科普书呢?也可以说是科普书,但我仍然觉得把这样的书叫科普,就是矮化了。这本书有非常大的人文含量,我们也能够想象,我们找外星人这件事情本身就不是纯粹的科学技术活动。要解释为什么找不到,那肯定有强烈的人文色彩,这样的书我觉得很能说明"哲人石丛书"的选题广泛,内容有思想性。

◆ 我还是"中国科协·清华大学科学技术传播与普及研究中心主任",在这样一种机构,做科普是可以得到学术承认的,本身就属于学术工作和学术研究,可见科普这个概念确实发生了一些变化。

当然,严格地界定只普及科学知识,这个确实是狭义的。如果说以传统的科普概念看待"哲人石丛书"是矮化了它,那我们也可以通过"哲人石丛书"来提升对科普的理解。今天科普也可以广义地用"科学传播"来表达,不只是在对社会的科普,在整个正规的中小学教育、基础教育、大学教育也在发生这样的变化。

◇ 有一次在科幻界的一个年会上,我报告的题目是《远离科普,告别低端》,我认为如果将科幻自认为科普的一部分,那就矮化了。我这种观点科幻界也不是人人都赞成,有的人说如果我们把自己弄成科普了,我们能获得一些资源,你这么清高,这些资源不争取也不好吧?科普这一块,确实每个人都有自己的看法和想法。

总的来说,传统科普到今天已经过时了,我在《人民日报》上的那篇文章标题是《科学文化——一个富有生命力的新纲领》(2010.12.21),我陈述的新理念,是指科普要包括全面的内容,不是只讲科学中我们听起来是正面的内容。

比如说外星人,我们国内做科普的人就喜欢寻找外星人的那部分,人类怎么造大望远镜接收信息,看有没有外星人发信号等。但是他们不科普国际上的另一面。在国际上围绕要不要寻找外星人有两个阵营,两个阵营都有知名科学家。一个阵营认为不要主动寻找,主动寻找就是引鬼上门,是危险的;另一个阵营认为应该寻找,寻找会有好处。霍金晚年明确表态,主动寻找是危险的,但是我们的科普,对于反对寻找外星人的观点就不介绍,你们读到过这样的文章吗?我们更多读到的是主张、赞美寻找外星人的。这个例子就是说明传统科普的内容是被刻意过滤的,我们只讲正面的。

又比如说核电,我们的科普总是讲核电清洁、高效、安全,但是不讲核电厂的核废料处理难题怎么解决。全世界到现在都还没有解决,核废料还在积累。

我认为新理念就是两个方面都讲,一方面讲发展核电的必要性,但是一方面也要讲核废料处理没有找到解决的方法。在"哲人石丛书"里有好多品种符合我这个标准,它两面的东西都会有,而不是过滤型的,只知道歌颂科学,或者只是搞知识性的普及。对知识我们也选择,只有我们认为正面的知识才普及,这样的科普显然是不理想的。

◆ 确实如此。我自己也参与基础教育的工作,比如说中小学课标的制定等。现在的理念是小学从一年级开始学科学,但有一个调查说,全国绝大部分小学的科学教师都不是理工科背景,这是历史造成的。而另一方面,我们现在的标准定得很高,我们又要求除了教好知识还要有素养,比如说理解科学的本质。科学的本质是什么呢?"哲人石丛书"恰恰如你说的,有助于全面理解科学和技术。比如说咱们讲科学,用"正确"这个词在哲学上来讲就是有问题的。

◇ 我想到一个问题,最初策划"哲人石丛书"的时候,有没有把中小学教师列为目标读者群?潘涛曾表示:当时可能没有太明确地这么想。当时的传统科普概念划分里,流行一个说法叫"高级科普"。但确实想过,中小学老师里如果是有点追求的人,他应该读,而且应该会有一点心得,哪怕不一定全读懂。潘涛还发现,喜欢爱因斯坦的读者,初中、高中的读者比大学还要多。

◆ 我讲另外一个故事,大概20年前我曾经主编过关于科学与艺术的丛书,这些书现在基本上买不到了,但是前些时候,清华校方给我转来一封邮件,有关搞基础教育的人给清华领导写信,他说现在小学和中学教育强调人文,那么过去有一套讲艺术与科学的书,这套书特别合适,建议再版。学校既然把邮件转给我,我也在努力处理,当然也有版权的相关困难。我们的图书产品,很多都没有机会推广到它应有的受众手里,但实际需要是存在的。我觉得有些书值得重版,重新包装,面向市场重新推广。

◇ 出版"哲人石丛书"的是"上海科技教育出版社",这样的社名在全国是很少见的,常见的是科学技术出版社,上海也有科学技术出版社。我们应该更好地利用这一点,把"哲人石丛书"推广到中小学教师那里去,可能对他们真的有帮助。

也许对于有些中小学教师来说,如果他没有理工科背景,"哲人石丛书"能不能选择一个系列,专门供中小学现在科学课程教师阅读?选择那些不太需要理工科前置知识的品种,弄成一个专供中小学教师的子系列,那肯定挺有用。

◆ 不光是没有理工科背景知识的,有理工科背景知识的也同样需要,因为这里面还有大量科学人文、科学本质等内容,他们恰恰是最需要理解的。但是总的来说,有一个这样特选的子系列,肯定是值得考虑的事情,因为现在这个需求特别迫切。

（本文系2023年8月13日上海书展"哲人石——科学人文的点金石"活动对谈内容节选）

内容提要

《技术哲学——从埃及金字塔到虚拟现实》是俄罗斯科学院哲学研究所高级研究员罗津教授晚年撰写的一部经典之作,是苏联解体10年后出版的唯一一部冠名为"技术哲学"的著作。

该书共9章,较深入地分析了技术的本质、特征,以及技术在不同历史时期的表现形式与特点,特别是对技术与工艺的本质、文化背景对技术的影响、技术与工业的统筹建构、影响技术发展的因素等方面的分析,是其他类似著作很少论述的,在研究方法上亦独具一格。同时,对人类因滥用技术而出现的"技术危机"作了认真的分析,并提出解决这一危机的途径。

全书逻辑严谨,分析独特,是一部难得的与西方同类书风格截然不同的技术哲学著作。

作者简介

罗津(Вадим Маркович Розин),1937年6月28日生于莫斯科,哲学博士。俄罗斯科学院哲学研究所高级研究员、教授。研究方向:科学及艺术的起源、技术哲学、工程设计的方法论等。发表论文400多篇,著有教材及著作84部。

CONTENTS 目录

目　录

中文版序

　　我非常高兴本书可以在中国出版。我很荣幸能为中国读者介绍俄罗斯在技术哲学领域的研究成果。中国有着几千年的丰富文化,正如大家所知道的那样,它的科学技术正在突飞猛进地发展。

　　在这里,简单介绍一下激发我进行这项研究的几个问题。近些年,不断增加的大量研究工作,不论是科学的、教育的,还是针对广泛社会性的,都与技术思想、技术对现代生活的影响、对技术文明危机的分析,以及对克服危机的出路的探索有关。如果说,在20世纪六七十年代,这一领域的实践仅限于对科技发展的预测,那么在21世纪初,可以说新的实践已经形成,它包括技术的评价体系,以及关于技术的新解读和新观念的各种方案。总体上,对技术进行思考的兴趣不断增加的另一个标志是,欧洲和美国的大学开设了越来越多的关于技术哲学各类课题的专业课。

　　对技术的哲学思考开始于19世纪末20世纪初。当然,在哲学史中会遇到技术的衍射,但这只是一种反映,它并不专业。就好像在古希腊哲学中出现的"техне"的概念,它不是专门指技术,而是指一切人造物,从绘画、雕塑到技术产品本身,比如军用器械。虽然培根(F. Bacon)已经讨论过制作机器和技术产品的能力及其给人类带来的诸多益处,但是这种讨论指的不是技术的现象和本质,因为在新欧洲人*的认知中,技术还没有作为独立的领域出现,特别是作为某种问题的现实出现。直到19世纪,技术才作为独立的现实存在,而且出现了一些对这种现

---

　　* 文艺复兴后摆脱宗教束缚的欧洲人。——译者

实的特别反映形式,首先是在技术科学和工艺学的方法学中,随后或几乎同时出现在哲学中。

当代,技术对人类生活各方面的影响越来越大,对社会的影响(社会生活的特点及品质、社会关系等)也是如此,而且20世纪上半叶对技术认知的非此即彼的抉择——技术是我们文明的幸福和绝对福祉,还是危机和毁灭的根源,正逐渐被解决。哲学家和学者们开始理解,技术是一个复杂的现象,对于科学研究来说是一块"硬骨头"。现代对技术的认知应该结合两种观点:一种是技术作为人工现象的观点,即人构思并创建了技术装置(机械、机器、技术设施);另一种是技术作为自然现象的观点。

与此同时,解释技术的本质不仅要对技术活动进行观察,还要研究对技术发展施加影响的可能性。但是,被称为纯客观的、非功利性的研究在今天收效甚微,只可能加深其所引发的危机。当然,这些危机不仅涉及技术所产生的事物,还包括技术本身。关于技术的研究要求承认文化的危机和不幸,而且要把技术作为这种不幸的一个方面来理解。在这一方面,技术是现代文明和文化不可分割的一部分,与价值、意识形态、传统和矛盾等紧密相关。但是,危机不是一件可欣赏的东西,特别是全球性的、威胁生命的危机,是必须去克服的。由此可见,关于技术的研究应该有助于解决我们文明的危机,应该从限制技术扩张性发展的角度出发(甚至拒绝传统意义上的技术进步),关于技术世界、技术创建的新理念也正在发生转变,即技术要被人类和社会所接受,而且要确保人类的生存和社会的安全发展。

与技术哲学中使用的经验论描述不同,技术事实及对技术本质的思考是对基本问题的回答,如技术的本质是什么?技术与科学、艺术、工程学、设计、实践活动等人类活动的其他领域之间的关系是什么?技术是什么时候产生的,它经历了哪些发展阶段?技术是否真的如哲学家们确认的那样，会威胁到我们的文明？技术会对人类和自然产生何种影响？技术发展的最终前景和变革又将如何？

这里我可以补充两点：一、为什么恰恰是在新时期的文化中技术才获得这种意义，而且开始决定文明本身的特征？要知道我们不是平白无故地把现代文明称为"技术文明"，对技术的解读是一个需要进一步研究的问题；二、为了人类的利益而创造的技术为什么常常会带来破坏及危害人类和自然的各种灾害？实际上，对这个问题我们暂时还不能给出令人满意的解释。如果在工程学中，技术的创建基础是自然科学、技术科学，以及保障实践效果的对自然现象的工程学开发，那么对于我们这个时代，技术产生的典型工艺方法应该有所不同。此时，主要的过程是，在发挥社会制度和管理的作用下，拓展一系列已经形成的工艺和技术领域。科学研究、工程、设计、生产组织在这里都是工艺发展的手段。

近些年，文化学研究对技术哲学产生了越来越多的影响。鉴于此，我们还可以提出一个问题：作为特殊心理文化现象的技术解读是否可以归入对技术本质的探讨？文化学研究显示，在古代文化中，工具、最简单的机械和设施都是在泛灵论的世界图景中被解读的。古人认为，在工具中存在着神灵，它帮助或妨碍着人类，工具的加工和使用活动要求对这些神灵施加影响，否则要么会一无所获，要么工具会脱离人类的控制并反过来对抗人类。这类技术的泛灵论思想决定了整个古代工艺的本质和特性。从这个意义上说，古代世界的技术与魔法一样，而工艺则完全是宗教性的。

相应地，技术在新时期近代文化中的形成，使近代人在技术中看到了自然法则的运行以及自己的工程创造。问题不仅在于对技术的抽象解读和特殊说明，这里谈的还有技术的文化存在和延续。技术的神灵是按照一种逻辑存在的，有某种程度的自由；作为上帝的创造（中世纪概念),它则是按照另一种逻辑;作为自然过程(力量、能量),它遵守的却是第三种逻辑。在技术文化中存在并发展的与其说是"需求和需要的规则",不如说是"按照意识、认知的文化形式、世界意义的表达(世界图景)而存在的某种合理性"。但是,对技术的解读在每一种文化中都发生了本质性的改变。这是否意味着技术发展合乎演化的规律,而且处于文化的更迭中?我们认为,在现代文化中对技术的划分是在特殊文化建构和方案形成的同时发生的:在自然科学中描述自然规则,然后凭借这些规则去创建需要的条件,以便释放或有目的地使用自然的力量和能量,最后,在工程研究的基础上创建工业,以保障人类的需求。这样一来,问题出现了:是否需要把这些设想和方案列入对"现代技术本质"的解释,或者认为它们与技术没有直接关系,只不过是对技术的一种认识?众所周知,今天这些设想和方案遭到批评并被重新审视。你可能要问,这是否会使其转变为全新的技术?

目前,最重要的问题是对技术和工艺概念的扩展。应该承认,虽然近几十年哲学家和学者们对技术各个方面的问题进行了诸多讨论,但是他们都进入了一种特别的困境。他们认为,技术是现代文明(以及文化)的限制因素,并不是平白无故地获得"技术文明"的名称的,虽然人类规划并设计着技术,但是实际上并不能对它的发展进行监控,技术几乎改变了人类生活的所有方面,甚至威胁到地球上的生命。技术哲学家和学者们不能指出复杂情境的有效出路,因为如果没有对技术文明的基础进行根本性的重新审视,那么就既不能拒绝技术,也不能对它施加理性的影响。关于工艺的类似问题在一些科技论文中也有所讨论。

谈到古代工艺,几乎要从中石器时代和新石器时代开始,而对工艺的认知则是18世纪末的事了。贝克曼(J. Beckmann)在《工艺学绪论,或者关于车间、工厂和手工作坊》一书中提到了工艺,但与我们对工艺的现代解读相近的说法是在19世纪才出现的。虽然我们经常谈到工艺,但是在概念方面我们仍然不是很清楚。首先,不清楚的是工艺与技术的区别:它们是否为同一事物?

各种技术观也提出了一个问题,即关于技术和工艺本质的问题。通过对相关文献的分析,我们可以划分出三个主要观点。第一个观点与"技术的工具观"相关,主要认为技术是一种工具,人类创造技术是为了满足自己的各种需求。在这一观点的框架下,人类可以完全决定技术的本质和发展,既然是这样,那么只有人类在不正确地使用技术时才会犯错误。从这一观点的拥护者角度出发,在价值方面,技术本身是中立的。

俄罗斯第一位技术哲学家恩格尔迈尔(П. К. Энгельмейер)提出的概念就是工具观的一个代表。无论是人类构思他所需要的工具时的创造思想,还是恩格尔迈尔所阐述的技术用途,都说明了这种工具性概念。

哲学家斯宾格勒(O. Spengler)反对技术工具观,他认为,总的看来,技术是生活的方式,不能把它简单地理解为工具。为什么不能只把技术理解为工具,海德格尔(M. Heidegger)对此作出了解释。他指出,技术的工具性解读(技术是人类活动的工具),以及技术作为中性现象的阐述,使我们无法理解技术的本质。而在说到技术的本质时,海德格尔除了解释与他同时代的技术,还指出人们应该有意识地对技术施加影响(比如,设法摆脱技术的控制)。但是,海德格尔同时也认为,把技术当作工具的这种解读虽然不全面,但遗憾的是它是正确的,当我们把它看作某种中性的东西时,我们就是以最坏的形式屈服于技术。现在特别流行的关于技术的这种概念,使我们对技术本质的认识变得非常盲目。

与技术工具论相对立的是"工艺决定论",或者说是"独立工艺观",它确认了技术是根据其内部逻辑而发展的,而且与服务于人类的目标相比,它更多地决定了人类的发展。"技术群落"和"技术现实学"的观点都属于独立工艺观。

第三个观点可以称为"反技术观"。在这里,人与技术被看作一个统一体的两个部分,而且人们暂时还不能清楚地描述这个统一体。对此,海德格尔认为,技术不是某种存在之外的东西,而是与后者相辅相成的,因此,不改变存在本身,寄希望于对技术产生有利于人类的影响,是很天真的。

虽然这里所指出的每一个观点并不是没有依据的,但是如果考虑到现代技术研究,我们只能承认这三个观点都不合格,特别是在对技术形成的具体机制和途径的分析,以及解释它与人类活动和创作的关系方面。海德格尔的观点也是如此,虽然他提出了方法论的关联性和完整性,但是人与技术仍然被他理解为互不相干的独立存在,这里谈的已经不是前两个概念。很明显,解决问题的关键在于从人类学的角度提出技术的概念,而人是作为技术的存在。

如果说作为哲学独立学科的"技术哲学"这一术语可能会引起误解的话,那么它很可能被认为是对技术进行哲学分析和思考的哲学的一个分支。但是,现今的哲学知识,如"艺术哲学"、"科学哲学"、"自然哲学"、"权力哲学"及"文化哲学"(以此类推,还有"技术哲学"或"教育哲学"),确切地说已经被看作哲学知识的历史形式。如果认为技术哲学属于哲学,那么它就是非传统的、现代的哲学。以下几个方面对此进行了证明:技术哲学没有统一的哲学体系;技术除了哲学的形式还有其他形式,如历史、价值论、方法学、设计、社会的形式;技术哲学具有应用方面的研究和分析功能。

还有一种观点认为,技术哲学不是哲学,是跨学科的知识领域,是技术的广泛衍射。首先,技术哲学包括技术的各种衍射形式,它们在语言表述上与传统哲学相去甚远。其次,与技术哲学的研究任务的特点相关。技术哲学的第一个任务是对技术进行思考,弄清楚技术的本质。

这一任务的提出与其说是由技术危机导致的,不如说是由整个"工程技术文明"带来的。人们逐渐意识到,人类文明的种种危机,包括生态危机、末日论危机、人类学危机、文化危机和其他危机,它们是相互关联的,而且技术以及更广泛的技术关系是这一全球性灾难的因素之一。技术哲学的第二个任务更准确地说具有方法论性质,即在技术哲学中探索解决技术危机的途径,而事实上人们首先应该在新的思想、知识及设计等领域中进行相关探索。一些哲学家建议要将技术(工艺)人文化,使其适应人类和自然,而另一些哲学家,如斯科李莫夫斯基(H. Skolimowski)则认为,任何现代技术文明的人文化尝试,首先都会把人类的价值观贯彻其中,这种做法必定会失败,因为系统善于表现出绝对稳定的美化性操作。各派专家所提供的支持自己观点的论据都很有说服力。

再谈一下技术教育的相关方面。我们生活在瞬息万变的世界中,但是在文化方面,在很大范围内仍然非常传统。一方面,全球化的进程以及与其相关的后果成为一种寻常可见的现实,移动通信、个人计算机、私人汽车、无线电、电视、现代交通和工艺,这些只是正在进行中的技术变革的一些例子;另一方面,人和社会的变化速度远远逊于技术的变化速度,也许这种情况在工程教育领域尤为明显。大多数教育机构在技术方面的教材和设备都是先进的,而教学的方法、目标和形式仍然是落后的。

与此同时,现在对各层次(低级、中级和高级)技术专家的需求都非常迫切。问题在于,改革和变革所产生的教育领域的危机,强烈地打击了职业技术学校和中等专业学校发展的积极性。当然,这里说的不仅仅是关于工程技术教育的重建。21世纪对技术专家的需求相比于20世纪下半叶来说是完全不同的,国家需要的专业人才应该掌握新的专长和技能,同时还应当具备对现实的敏感性,并掌握国家经济发展动态。

　　正如技术教育领域的著名教授巴格达萨良（Н. Г. Багдасарьян）在《文化空间中的高级中学》一文中所指出的，我们面临的职业文化问题就是，在跨入21世纪前，如何创造工程师的新的精神面貌。工程师们应该看到技术所体现的非技术性社会文化意义，包括其历史观、认识论和实践的价值；应该给予工科大学的毕业生同样多的关于科学、技术和社会相互关联的概念；应该随时更新自己的科学知识，获得新信息，理解科学和技术在文化中的地位；应该对工程活动对自然和社会产生的后果负起责任，理解工程活动的人文意义。

　　实际上，现代工程师应该响应时代的召唤，特别是在与其职业相关的领域内。具体来说有两个方面：对现代工程师职业本身的理解及对工程活动模式的实现。后者不应当再对自然和社会产生负面效应，或者要将负面的后果保持在最低限度内。而做到这两个方面的必要条件是，掌握文化方法论以及最低限度的技术哲学知识。

　　总的来看，工科教育培养的学生应当具备社会文化及职业通用专长，包括具备对非典型情景的务实性的思考力，解决并完成现代工程及工艺的各种问题和任务，以及评估自己专业活动所产生的各种后果的能力。

В. М. 罗津

2018年4月22日

前 言

今天,洞悉技术本质的重要性已无须赘言。作为一种特殊现象,技术曾经以机器、武器的形式出现,甚至还表现为技术建构及技术环境。技术的特性体现在大量知识的应用,使用各种文献探讨技术问题以及人类的技术行为方面。与哲学和科学利用实证材料进行现象描述不同,研究技术本质的意义就是对那些基本问题的解答,如技术的本质是什么? 技术与人类其他活动领域(科学、艺术、工程、技术设计及其他实践活动)的关系如何? 技术是什么时候产生的? 经过了哪些发展阶段? 是否像许多哲学家确认的那样,会对我们的文明产生威胁? 技术对人类与自然产生了哪些影响? 还有,技术发生了哪些变化,将有怎样的发展前景? 需要指出的是,这些问题仅在不久前才引起思想家的关注。最初人们对技术的理解是,几百万年前人类在一切活动中所体现的工具制造及技艺创新。现代意义上的技术现象,直到19世纪才得以突显并被认知,而关于技术现象的哲学思考则要追溯到19世纪末20世纪初。

当然,在哲学史上技术也是有所体现的,但是它还未作为专门的研究对象被加以论述。例如,在古希腊哲学中出现过"техне"这样的概念,不过它不是专指技术,而是指所有制作物品的技巧,从绘画、雕塑到技术产品本身,如军用器械。虽然培根谈到了机器和技术产品制造的重要性,以及其为人类带来的好处,但是这种讨论并没有触及技术现象本身及技术本质。因为在当时,经历了文艺复兴的新欧洲人还远没有把技术作为一个独立的现实问题来认知。直到19世纪,技术不仅形成了独立的技术科学,也以多种形式体现在其所影响的一些专业中。首先出现了技术科学方法论,随后或几乎同时,在哲学中也开始讨论技术问题。

现在,最全面、最基础的技术研究领域被称为"技术哲学"。"技术哲学"这一术语很容易让人产生误解,似乎这是认知技术和分析技术的一门哲学分支。实际上是这样的吗?哲学知识的类型或分支有艺术哲学、科学哲学、自然哲学、精神哲学、理论哲学、文化哲学,用类推法还可以得出技术哲学及教育哲学等,技术哲学可以认为是哲学知识的一种历史形态。哲学知识的这种形态,看起来似乎已经落后、不合时宜了,但是作为学科名称,它至今仍被保留着。那么,人们又该如何理解它的含义呢?如果将技术哲学看成是哲学,那么它就不是传统的哲学而是现代的,因为它并不具备一个统一的哲学体系。除了技术的哲学形式,还有技术的其他形式——技术史、技术价值、技术方法、技术设计,以及哲理方面的研究和应用研究。阐述现象本质及个人观点,从历史的视野弄清其在社会整体及文化中的位置,这些意象化的思维赋予了这些思考以哲学的特征,而且这些思考经常表现出哲学的超越性,可以确定,正是这种超越性使技术哲学成为哲学。

还有一种观点认为,技术哲学并不是哲学,而是一个跨学科的知识领域,是技术的广泛衍射。(比较[39])有两种意见支撑了这一观点:其一是技术哲学包括技术的各种衍射形式,因此在语言表述上远远偏离了古典哲学的传统范畴;其二是与技术哲学的研究任务的特点相关。技术哲学的研究任务主要有两个。第一,对技术进行思考,弄清其本质。这一任务的提出与其说是由技术危机所导致的,不如说是由整个文明的危机(按现代流行的说法是"技术文明"的危机)而引发的。人们逐渐意识到,人类文明的种种危机,包括生态危机、末日论危机、人类学危机(人类退化及其精神的不断衰落)、文化危机和其他危机,都是相互关联的,而且技术及更广泛的技术关系,是全球性灾难的因素之一。正因为如此,我们的文明经常被称为"技术文明",所指的正是技术影响到文明本身以及全人类,而这也正是技术发展的深层次渊源。[71]

第二个任务,更确切地说,具有方法学性质,即力图从哲学角度探索解决技术危机的途径。当然要在新理念、新知识的智力范围内来探讨这个问题。许多哲学家把我们的文化及文明危机与技术及其发展联系在一起,对此,海德格尔认为,主要问题是现代技术把自然和人类本身都用于为自己服务,并将它们变成了"座架"*。[78]雅斯贝尔斯(K. Jaspers)也赞同这一观点,认为人类已经成为一种待加工的原材料,无法摆脱他们所创造的技术力的控制。[91]最终结果将导致人类逐渐衰退,大自然不断被摧毁并成为生产产品的、没有灵魂的、机械的、最简单的功能性元素和材料。芒福德(L. Mumford)认为,危机的产生是由于文化中"巨型机器"(人类活动的多层级复杂组织)的意义过于强大。[37]

海德格尔提出,应该让人类认识到自己早已成为技术的一部分,而且要把自然也变为技术的组成——"座架"。芒福德鼓励毁掉这个"巨型机器"。有趣的是,不仅两位哲学家不相信,其他人也不相信:由技术所引起的问题可以通过技术来解决,甚至这样做更为人道和完美。马丁(A. J. P. Martin)认为,"如今我们可以很轻易地毁掉我们的地球,甚至比消除它所带来的损失还要容易得多"。虽然这个问题是由技术引起的,但是解决它的唯一方法并不是抑制它,而是尽力发展它。拒绝或者阻止技术的持续发展,就意味着将使这个世界遭受不可估量的损失。必须选择和发展使人类与自然和谐共存的技术。[36]斯科李莫夫

---

* 技术的功能元素。——译者。

斯基在反驳这类观点时写道:"对我们来说,技术已经变成了我们身体和精神的支柱,达到了如此异常和囊括一切的程度,如果我们认识到它正在毁灭我们的自然和人文环境,我们的第一反应便是想出能够扭转它的另一种技术。"[68]因此,一些哲学家认为,技术应当更加人文化,更适应自然和人类,要在人类价值崩溃之前,更大程度、更深入地进行现代技术文明人文化尝试。因为这一系统相对于那些非实质性的操作而言,具有异乎寻常的稳定性,特别是辩论双方都提出了足以令人信服的论据来证明自己的观点。

因此,如果技术哲学能够解决上述两个中心问题(对技术的本质和特征的思考,以及探索技术及技术文明所带来的危机的解决途径),那么更确切地说,它就不是哲学,而是一种非典型的方法论,甚至是属于跨学科的研究和分析。不过,许多现代哲学家,如什维列夫(В. Швырев)和奥古措夫(А. Огурцов)都认为,除了传统问题,现代非古典哲学正是致力于解决方法论及应用领域的问题,这完全像是技术哲学所讨论的问题。技术哲学实际上是一门名副其实的非古典哲学学科。

技术哲学的地位和本质还与另外一个问题相关,即所说的应用任务及相关问题是否属于技术哲学的范畴。实际上这个问题已经存在。现在技术哲学研究的范围包括制定科技政策的原则、科学技术及人文技术检验方法论、科学技术预测方法论等。但是,该学科形成初期,即19世纪末20世纪初,这类实用性问题,即便是比较广泛的问题,也没有被列入技术哲学。问题在于,把技术本质和特征问题的哲学方法论研究及在知识领域探索这些问题的解决途径、材料和方法,以及多样性的应用研究和任务领域,这两种性质完全不同的研究放在同一个哲学学科框架下是否合理? 或者更准确地说,似乎应当把后一个问题,即应用问题和任务,从技术哲学中划分出来。

众所周知,20世纪初凭借恩格尔迈尔的努力,技术哲学在俄国得以顺利发展。随后,与工程和技术不同,这一学科被当作资本主义科学在苏联停止了研究。然而,研究和讨论不同技术领域的一系列其他学科却发展了起来,如今,其中一部分已经被划入技术哲学。

苏联时期关于技术研究的第一个领域是"技术史",它讨论了技术的历史架构并编写了各类技术(机器、技术发明、专用技术)史。这些技术史研究通常因具有明显的经验主义特征而降低了其科学意义。

技术研究的第二个领域被称为"技术的哲学问题"。这里讨论的是技术的本质和实质问题,但是,技术研究的主流模式是从工程学的角度进行的,如技术发明或技术装置(工具、机器)等。此外,由于竭力鼓励批判资本主义技术哲学,使研究具有很强的意识形态性质。关于技术哲学的这种思考显然不能令人满意,对于资本主义技术哲学的成就只字不提,技术现象的相关研究十分空泛,与现代文化问题和危机毫无关联,最终使关于技术问题的哲学思考被用于证明国家科学技术进步的合理性,以及政府技术决策的正确性,如核电站的创建等。

技术研究的第三个领域是"科学技术方法论及科学技术史",该领域在苏联时期迅猛发展。虽然它们在苏联时期曾经属于科学学和方法论,但是现在它们属于技术哲学学科。这一领域取得了很多有益的结论,例如,将自然科学和技术科学分离,描述了技术科学及其理论的功能和构成,但是这一研究领域是如何被涵盖在通用技术学说中的尚不明确。

技术研究的第四个领域是"设计及工程技术的方法论及历史"。这部分研究也获得了一些有益的结论,形成了工程技术设计学,分析了各种技术的特点及本质,研究了工程技术与设计之间的关系,但是它们仍然脱离了技术所研究的那些普遍问题。

现在,这些研究领域在技术哲学的框架内独立发展。正因为如此,也出现了一定的问题,即现代的技术哲学并没有把上述研究方向或业务领域中所取得的主要成果进行归纳总结。当然,这并不是唯一的问题。

还有一个方法论问题,即在技术哲学范畴内,技术经常被归于非技术活动中,比如技术合理性形式、技术价值,以及某些文化观点。只要研究一下技术哲学给技术下的基本定义,就足以证明这一点。关于技术是什么,一种回答是技术是达到目的的手段,另一种回答则是技术是众所周知的人类活动。其他一些定义则强调观念及其价值实现的作用。比如,拉普(F. Rapp)在其著作[95]中分析技术哲学所提出的观点时,认为技术就是借助于意志改变自然。拉普还强调,技术赋予人类愿望以物质形式,是因为愿望与意志相符,而后者包括了生活中层出不穷的现象和各种可能性,不管技术如何依赖物质世界,它都无法从无限的、纯粹的精神生活中借鉴任何东西。拉普认为,创造性变革的理念是德绍尔(F. DesSauer)的主要思想之一,他在列举了许多关于技术的定义后,给出了下面这个比较个性化的实质性的定义:技术是观念的现实存在,它随自然材料及物品的制造与加工而产生。他在介绍戈特尔-奥特里连菲尔德(F. V. Gottl-Ottlilienfeld)的观点时写道:"从主观意义上说,技术是实现目的的正确技巧性方法;从客观意义上说,技术是保存下来的所有方法和手段。人类借助于这些方法和手段,在一定领域内进行活动。"在介绍通德尔(Tondr)的观点时,拉普认为,技术是指人类能够支配的主观及客观世界中的一切,它可以在一定程度上改变世界的性质,使人类有可能达到自己的目的。[95]

应该注意的是,在这些反映研究者一定态度的有关技术的所有定义中,出现了技术的"非对象化",技术似乎在消失,它不断地被活动形式、价值、精神,以及文化的某些方面所替代。另外,技术还原于非技术,技术哲学转向精神哲学、活动哲学、生活、文化等,类似于认知条件和必要因素。那么,我们是否还需要继续保留这一研究对象?这种非对象化的变化很早就出现了,技术呈现在研究者面前是其作为人类所有活动和文化的一个方面,而不是某种实体,这就是我们通常在直觉上所认为的技术。因此就出现了二难推理：技术是否为独立的现实，是技术而不是其他某种异在（另一种存在）；或者说技术就是一种精神，它是人类活动和文化的一个方面。

可以确切地进行表述的还有另外一个方法论问题，它的产生是由于最近几年文化研究对技术哲学的影响越来越大。对技术的理解是否包含在这一研究中，即纯粹的心理及文化因素是否属于技术本质的研究范畴？文化学研究表明，在古代工具文化中，简单机械及构造被置于万灵论的图景中去理解。古人认为，在工具（以及武器）中存在着神灵，它会帮助或阻碍人的能力，因此加工或者使用工具前一定要先作用于这些神灵（通过祭祀或祈祷），否则就会失败或者致使工具失控，转而与人类对抗。这种万灵论技术思想决定了古代技术的本质和特点，从这个意义上讲，在古代，人们认为技术与工艺都是有魔法的、神圣的。

随着近代技术在新时期形成，现代人已经开始把技术看作自然规律的应用和个性化的工程创造。问题不只在于对技术的抽象理解和特殊解读，还在于其文化存在。技术（工具、机械、机器）作为神灵，是按某种"逻辑"而存在的，具有一定的自由度；技术作为上帝创造的体现（中世纪的一种观点），是按另一种"逻辑"；技术是自然的进程（动力、能源），这是第三种"逻辑"。在文化中，与其说技术是按照"需求规则"存在和发展的，不如说它是按照思想、认知的文化形式及世界观（世界图景）的逻辑存在和发展的。但是，每种文化中的技术观念都在变化，这是否意味着，如果我们将技术的概念纳入文化概念中，那么技术就会按照进化的节奏在文化交替中不断演化？可以说，在这种特殊的文化构想和方案形成的同时，现代文化中发生了技术分离：在自然学科中描述自然规律，然后以这些规律为基础，创造并合理利用自然的力量和能源条件，这已经是工程技术科学的任务了，最终，在工程技术研究的基础上创建能够保障人类需求的工业。这样，问题就在于，是否要把这种构想和方案归入"现代技术性质"中，还是仅认为它们与技术并不产生直接关系，只是人们对技术的一种认识？众所周知，虽然这一构想和方案受到了批判，但是现在已经被重新审视。这会不会引起一个向全新的技术转变的过程？

技术观和工艺观的发展问题已经成为当今最重要的问题。19世纪末20世纪初，技术哲学家已经开始讨论这个问题，[74, 20—29页]如今它已经被提到首位。实际上，一些研究者把技术同工艺的概念混为一谈，而另一些人则认为技术和工艺完全是两种不同的现象。在问及为什么采用美国的新词"工艺"时，格兰特(Д. П. Грант)是这样回答的："这一疏忽是在当代著名思想家的一篇有关该题材的短评的题目中发现的。海德格尔的著作的德文名为'Die Frage nach der techrik'，将其译成英文为'The question concerning technology'，即'工艺学问题'。"他在文中还写道："欧洲人认为，我们的语用习惯使我们偏离了'技术'的字面意义，它的原希腊语词根的意义为'系统地研究技巧'或者'手艺'。"虽然欧洲式的用词沿用了纯粹的词汇含义，但是并没有带给我们直接的现实认知。既然它是个新词，我们就不得不去思考它的新含义。科学将不断征服人类和人类之外的自然，而整个过程的实质可以被称为"技术"。这种发展意味着什么？我们无法预知……技术中重要的不是机器和工具，而是我们所感知的存在的客观世界，即我们醒着或睡眠中感受到的每一瞬间。现在可以公平地说，我们可以作为技术文明的承载者，并将在更大程度上生活在它严密的掌控范围内。[23, 4、5、7页]

换言之，我们指的不是术语而是观念，甚至是不同的事实。分析显示，我们必须区分三种基本现象：技术、狭义工艺和广义工艺。在《综合技术词典》和《大百科全书》中，技术的狭义概念为：技术是在工业中所采用的规则与手段，是材料和原材料的获取、加工或再加工的方法，是半成品及成品的总和（系统）。维格(N. J. Vig)在其著作中提到了关于技术的一种广义概念。他认为,以技术哲学为基础对技术进行研究是最近几十年形成的一门新学科。在我们的生存和生活方式中,技术起到了核心作用,这就是它的基本前提,因此一定要把它当作人类社会的基本特征来研究。当我们思考技术的时候,重要的是使用恰当的语言总结其不同用途。技术体现为以下任一方面:(a)技术知识、规则和概念整体(总和);(b)工程技术和其他职业技术实践,包括使用技术知识的一些专业概念、标准和条件;(c)在实践中创建的物理手段、工具或人工制品;(d)技术人员、大型系统流程及工具的组织和一体化(工业、军事、医学、通信和运输等方面);(e)"工艺条件"的特点和性质,作为工艺活动累积成果的社会活动。[99,8、10页]

在众多研究工艺的学者中,维格把技术的概念归入工艺的广义概念中。埃吕尔(J. Ellul)在其名著《另一种革命》中强调,从广义的工艺概念来看,自然和艺术都成为技术和工艺的元素。埃吕尔写道:"根据事情的本质,我们周围的环境将渐渐发生变化,首先是机器的世界。根据这个词的完整含义,技术本身正在成为广义上的环境。现代艺术根植于这个新的环境中,而环境本身是完全真实并严苛的,当代艺术是技术的现实反映,但同镜子一样只能反射映入其中的影像,镜子是不了解影像的,也无法研究它。"[89,29—30页]

现在讨论几个与技术有关的问题,其中一个就是对技术本质的认识。维格认为,大部分有关技术本质的讨论都集中在三个概念上,即工具、社会决定论,以及自动化技术。他指出,工具主义者认为,技术只是达到目的的手段,所有工艺创新的设计都是为了解决一定的问题或是服务于人类某些特定的目的。这可能会产生下列问题:最初的目的是否可以被社会接受,设计方案是否可以由技术实现,是否能够利用发明来达到所设定的目标。[99,12页]我们马上会发现,尤其是在技术工作者和工程师中,尽管这一观点具有普遍性,但如今它却受到很多批评。

维格指出,很多研究工艺的人,特别是历史学家和社会学家,都在维护所谓的社会决定论或与其类似的观点。这类观点认为,技术不是解决问题的中立手段,它是社会、政治及文化价值的体现。在技术哲学中体现出来的不仅是对技术的评价,更多的是广泛的社会价值、设计和使用者的权益。[99,14页]格兰特认为,技术的形式就像是由其创造者(人)控制的工具库——重要的摆脱困境的手段,它使北美人偏离了对其本质的解读。与其说"技术"是机器和工具,不如说它是引导我们理解所有存在的一种观点。语言在这里已经显得苍白无力,我们现代人总是对"命运"和"劫数"这两个词不以为然,而技术仿佛就是我们的"命运"。[23,7页]在批评计算机技术时会发现,其使用方式并不受技术所左右。格兰特认为:"对我们来说一个显而易见的真相是,在任何政治经济条件下,计算机只能出现在那些有大型联合研究机构的社会中。计算机的使用方式也受限于所要求的条件。从这个意义上讲,它们不是中立的工具,但可以排斥或鼓励某些社会形式。我们只要了解,已经使用和即将使用的计算机方法是无法与对现代观念的理解割裂开的就足够了,这些概念同样出自导致计算机创建的理性观念。"[23,11—13页]格兰特的这个关于技术受限于社会研究机构及社会价值的观点很有趣,也非常有益,后面我们会再次讨论这个问题。

最后,技术决定论或技术独立观认为,工艺是一种可以自控的力量。这意味着技术是按自己的逻辑发展的,而且促进人类发展的目的比服务于人类的目的更多些。[99,15页]温伯格(A. Weinberg)认为:"可行的技术解决方法,通常集中在那些需要使用新技术解决的问题上。比如现在我们未必会强烈地专注于能源不足问题,因为我们已经有了解决能源不足问题的适宜方案——核能源。"[98]

应该说,如今"工艺独立"的观点已经非常流行,因为在本质上,它是以自然科学进程为基础的，而这一进程有望揭示工艺技术运行或演化的规律。同样，也可能会发现新的技术工艺规律，正如这一观点的拥护者们认为的那样，它将成为对技术工艺本身产生有效作用的条件，甚至承认存在影响技术的外在社会因素，这一观点的追随者为技术进化附加了其内在法则。夏多夫（M. H. Щадов）、尤里·切里耶戈夫（Ю. Чернегов）和尼古拉·切里耶戈夫（Н. Чернегов）认为："技术体系不仅受人类的需求及所积累的关于自然知识的影响，其发展还被技术进化的内在规律所左右。人们不止一次地尝试确定这些规律。目前，最完善的技术进化规律阐释是穆奇尼科夫（В. С. Мучников）教授所得出的结论，在手工业生产向系统自动化生产合理化转变的基础上，技术工艺变革的特点是缩减工序，更多地向系统自动化、无废料及尽量少排污的生产方向发展……了解技术变革的规律，可以更有信心地建立提高国民经济技术发展水平的战略。"[87,98、113页]

在《矿产综合体中工程创造方法学》这一著作中，三位作者还列举了技术变革及演化的其他规律：多功能多需求扩展规律、技术对象阶段性发展规律、技术对象结构性进步演化规律、技术对象多样性增加规律、科拉恰规律，以及工艺的形成和变革规律。[87,90 — 94页]

不难发现，这些规律大部分首先确定了工艺的"工具性"观点，在第一个概念范围内，以及现代技术工艺的制度依据，即现代技术的工具论。关于第一个规律——多功能多需求扩展规律，另一种说法是"提高社会需求的规律"，库兹涅佐夫（Б. Г. Кузнецов）认为："这些需求能够依靠生产基础的发展而得到满足。"莫里森（R. Morison）在题为《幻想》的文章中反对这种制度性法规："为什么我们总是想要增加人均能源的需求？如果我们获取比现在少一半的能源，我们是否会比瑞典人更幸福，更健康，或更容易达成某种理想？或者我们是否会比未使用某些重要能源的南非布什曼人更幸福？"[94]在文章的结尾处，莫里森作出了一个很有特色的评论:"原来评论技术比我们想象的要难得多。仅评价实现技术的既定目标的有效性及如何避免我们不期望的附带结果与外来损失是远远不够的,还应该注意价值体系本身,或者这种技术功能的'世界梦想'。"[94]显然,上述所有这些规律都是在"世界技术图景"或如今天人们所说的"技术论"的框架内确定的,因此,或许它们会增强当今传统技术正在受到严厉批评的这一趋势。

根据技术进化和转换的规律,或许可以找到一些关于"技术群"的规律。根据库拉吉(Г. К. Кулагин)和艾里杰科娃(З. А. Эльтекова)的观点,"技术群是由技术和工艺构成的共同体,是在技术环境中演化形成的,根据各种技术工艺彼此之间的结合程度,不断扩展其应用范围的构成要素。复杂的技术群具有稳定的特点。第一,在技术群范围内出现了其存在的条件;第二,抑制和摒弃从内部破坏其存在的新事物;第三,只采用那些增强该技术群生命力且使其保持现状的新技术"。[87,119页]

埃吕尔的研究被认为属于技术决定论,其理论基础是系统化方法。埃吕尔所确定的系统概念是这样的:"系统是彼此间相互联系的元素的总和,其中一种元素的任何变化都会引起整个体系的变化,整个体系的改变也会反映到每一个构成元素上。"[51,97页]按照埃吕尔的观点,技术体系的特点是自主性(根据技术自身的发展,重新设定工具功能的技术程序)、统一性(这是一个不断联系的体系,任何变化都会影响到其他构成要素与它的联系)、多样性(涉及生活所有方面的技术普遍性)、累积性(在形成封闭的技术世界、克服技术化的所有矛盾时)、无意识性(用纯粹技术手段解决所有的问题,以及从两种技术解决方法中选择更有效的一种),以及获得技术能力和有效性的自我增长。埃吕尔写道:"技术体系在自我增长时,好像是在其内部力量的驱动下,无人为参与的情况下进行的。"[51,98页]由此可以看出,埃吕尔的思考正是在技术决定论的语境中进行的。

◆ 第一章

技术现象的研究方法

1. 海德格尔和福柯提出的研究方法

　　虽然我没有把海德格尔和福柯（M. Foucault）归为同一哲学思想流派，但是他们关于复杂现象（如技术和性）的某些研究内容是相近的。两位哲学家都遵从相同的方法学宗旨——正确的思想，即永远新鲜的思想。[79;80]对于复杂的当代现象的思考，海德格尔及福柯指的不是已经形成、存在并经受批评的表象，而是"可能的"（可以实现的技术，可能发生的性），即那些在不久或遥远的将来即将成就我们的现象。海德格尔和福柯之所以对所研究的现象及事物的存在状况持否定态度，是因为他们认为事物的状况取决于对这些现象的感知（思考）形式。两位哲学家为自己制定了任务，一方面要避开这些复杂现象、复杂的形式及其思考的现有认知形式，另一方面要提出对这些现象的新解读，指出可以实现的技术的本质或可能发生的性的本质。

　　实际上，在对技术进行分析时，海德格尔首先提出了对技术的工具性的解读（技术是活动的工具），因为把技术当作中性现象的阐释使我们无法解读技术的本质。至于技术的本质，海德格尔不仅对他同时代的技术进行了解读,还探究了如何有意识地对技术施加影响,比如摆脱它的控制。关于技术的工具性概念,海德格尔认为:"很遗憾,它是正确的,当我们把它视为某种中性的事物时,就是我们以最坏的形式屈服于技术控制。我们都知道,这是现在特别流行的技术观,完全使我们对技术本质的理解变得盲目。"[78]他把技术解释为"座架",将所有的技术看成是保证生产的功能元素,如莱茵河的水是水电站运作的手段,电站是生产电能的手段,而电能又是城市照明或电机运作的手段,等等。他接着指出,人与自然会自动转化为"座架"。海德格尔规避了我们习惯已久的人类凌驾于技术与自然之上的观点,这种观点认为技术不会对自然造成影响,因为技术是因自然而生的,并根据自然的规则运行。换言之,海德格尔提出的关于技术的问题就是人与自然的问题。

同样,对性"公开解读"的批评贯穿于福柯关于性的整体论述中。福柯指出,虽然实际上性被加倍传播且赋予神话色彩,但是表面上在公众的观念中,谈论性无论如何都是被鄙视和犯忌的。福柯证明,我们习惯的、各种自然主义神话的性观念与认知,阻碍了公众正确理解作为各种当代论述及权力关系的性的本质和特性。

不难发现,相对于简单的哲学思考,两位哲学家对现象本质的理解是不同的。对于海德格尔来说,技术的本质是换一种方式去思考技术,从尽可能摆脱其控制的角度去理解技术,并对技术施加影响以使其向着人类需要的方向发展。对于福柯来说,性的本质是可以按新的方式来思考的,评价其对于人类和文化的意义,理解它作为特殊权力形式的意义。

海德格尔还有一个重要观点,认为现代技术不仅与自然科学紧密相连,而且更广泛地与新时期的形而上学(玄学)产生关联。按照海德格尔的观点,后者滋养了主观主义和世界控制论的观点。[80]1938年,在题为《世界图景的时代》的报告中海德格尔写道:"人类的主观主义在全世界有组织的人类帝国时期达到了技术性的顶峰,从此坠落到单一组织层面,并一直停滞于此,由此使技术成为对地球进行控制的绝对可靠的工具。"[83,144页]海德格尔认为,人作为主体主宰自然和历史的观点,以及与其相关的精确计算现象的能力,确定了现代科学与技术的关系。海德格尔在这个报告中还指出:"当研究可以更快地计算出未来的存在,或者使用后面的数据可以重新推演过去的事,那么它就是真实的。往前推演得出本质,而在历史的重新推演中,历史看起来是同一的。"[83,143页]

这样,技术一方面与当代自然科学和形而上学有机地联系在一起,另一方面与特殊形式且有组织的生产(供应)相结合。海德格尔确信在"座架"的框架下,人类与自然都已经成为给人类本身的存在带来威胁的技术因素。既受制于技术,却又是技术现实的一部分,人类已经不能奋起反对技术。人类关于自然的决策再现了技术的所有原则,已经无法再思考任何其他的非技术活动。海德格尔写道:"不是声名狼藉的原子弹,而是带来死亡的杀人机器。那些很久以来使人类感到毁灭威胁的,完全是由于一种绝对的不安,以及在各方面证明自己的刻意追求,仿佛通过解放世界,改造、积蓄自然力量并控制它们,就可以使人类的存在更加美好,而且总的来说是幸福的。"[83,148页]

这里需要特别注意的是,海德格尔认为,应该在更为广阔而全面的人类新时期世界观的指导下,在现代生产、科学与需求的框架下,对有关技术的本质进行研究。否定那些将人类置于风险及灾难边缘的技术,同样也是重要的。海德格尔说:"危险并不是技术本身。没有任何技术是魔鬼,但是它的存在是一种奥秘。技术存在的使命是揭示秘密,这就是风险。如果现在考虑的是关于'座架'的供给性和危险性,那我们就把'座架'这个词的意义改变一下,这样可以使我们更容易理解它。"[78,234页]同样地,福柯把性解释为整体的一部分,把它当作应对监督人类私密的、被压抑的社会实践而产生的、独特的病理反应,并从本质上否定它。

海德格尔和福柯强调,在论述这些现象(技术和性)的形成并发挥作用的相关实践的框架下,是不可能思考并解决人们感兴趣的问题的。为了解释自己的想法,海德格尔致力于证明,技术不是相对于存在的某些外在的东西,而是与存在相符的且不改变其自身的存在。期望技术产生影响并向人类需要的方向上转变则是天真的想法。海德格尔写道:"如果技术的存在,是作为一种有可能带来风险的'座架'式的存在,那么风险就是存在本身,而技术永远不可能只由意志力来控制,不管它是正面的还是负面的。如果技术的本质是其存在,那么它永远不会让人类战胜自己。但愿人类能成为生活的主宰。"[78,253页]海德格尔随后补充道:"没有人类有意识的努力,技术也不可能发生改变。既然在'座架'中,'存在'作为技术的本质成为事实,而人类的本质也属于真实的存在,或者存在需要人类在现实中实现自我,并作为存在保留下来,那么不借助于人类的存在,技术的本质就不可能发生历史性的改变。人类当然需要承受技术的存在,但是人类需要它成为符合自己限定的存在。也就是说,相对于人类接受和发展技术及其手段的过程,首先应该根据事件的意义为技术的存在揭示人的本质。为了使人类更关注技术的本质,为了使技术与人类之间在其本质深处的非表象关系得到加强,人类应该清醒地认识到,从新时期开始要成为什么样的人,并重新感受到自我存在的广阔空间。"[78,254页]换种说法,海德格尔认为,理智地对技术施加影响的必要条件是人类对待自己的态度——人类应该采取新的思维,即"揭示技术的本质","清醒过来"重新"意识到自我生存空间的广阔"。也就是说,认识并且理解自己的高级价值,使低级意义的价值屈服于它们,比如追求舒适、控制自然、控制世界。

在分析海德格尔的工作时,赫斯勒(V. Hösle)一方面赞同技术问题不能通过技术方法来解决,一方面指出海德格尔未能探索到解决问题的正确方法,因为哲学观察比积极的伦理观更有效。赫斯勒认为:"当然,我们应该认真接受海德格尔的警示——完全用技术的方法解决技术问题是很危险的错误认识。掌握技术的愿望本身就是技术思想的形式表达……但这是否意味着要盲目地屈服于存在的命运呢?海德格尔最终对这个问题作出肯定的回答,表现出他观点的独特辩证法。许多对现代技术提出严厉批评的人无法真正接受技术本身的诉求,因为如果要决定性地、有效地回应这种诉求,他们就要被迫把行动的自由奉献给技术。海德格尔留下了关于技术本质的思考……只有当价值合理性与目的合理性同时被倾听,当'精神上的东西呢'这个问题的提出再一次高于'还能做什么'这个问题时,这个时代才可以被掌控。但是期待用海德格尔的哲学来巩固伦理的合理性是徒劳的。"[83,148—149页、152页]

赫斯勒的观点只有一点可以同意:海德格尔推测现代技术最终会和古代"τεχνε"一样,在美与和谐的名义下屈服,然而这非常不现实,而且未必可以如海德格尔所提出的那样来解决问题。我们也不能赞同把这些都归罪于海德格尔对问题的伦理方面的忽视,他与赫斯勒只是对于伦理责任有不同的理解。对于赫斯勒来说,这可能只是价值的更替,否则他就不会提出"价值合理的理性"。对于海德格尔来说,这个"问题"更复杂:在技术的本质存在中,如果要与其保持一致,那么人类就不会同时存在。你可能要问,这怎么可能呢? 在这种情况下,人类将依靠什么? 在这里,简单的价值替换显然是不够的。

讨论类似的问题,福柯使用了"配置"*的概念。就技术而言,他的

---

* 配置(dispositif)一词最初是由福柯提出的,因为英语中没有与其相对应的词,所以福柯纪念文集的译者阿姆斯特朗(T. J. Armstrong)将其译为"social apparatus"(社会机制),福柯的朋友德勒兹(Gilles Deleuze)认为,它是"一个交织缠绕、线索复杂的组合体",是福柯哲学研究的主要对象。——译者

回答可能是这样的：需要研究技术的配置，判定特殊的社会活动与它的相互关系。为了理解这个论点，我们来分析一下福柯对配置的理解，以及他所指的社会活动是什么。

2. 关于配置的概念

如果我们思考一下福柯的创造性思想的逻辑，就会发现他的研究进程。福柯作出了有益于历史文化的重要抉择，他开始分析外在的东西，从分析语言和物质开始。很多人可能都记得他的名著《词与物》。福柯由此产生了讨论相关研究的兴趣，而这种讨论是第一次关于物质和世界的语言表述。但是在福柯分析的第一步，语言和物质存在的特殊语境就被质疑，他一方面从历史文化的角度研究社会实践，另一方面又从社会的角度研究社会实践，比如研究权力和管理的关系。

在康德理性主义精神的指引下，福柯转而分析那些可以决定语言与物质存在的条件。福柯的研究对象首先是标准语言表述的规则，其次是物质和规则形成和发挥作用的实践。1978年，在东京大学的演讲中，福柯解释说，他作为科学史学家，面临的第一个问题就是这种科学史是否存在。他认为："研究科学的出现、发展和组织不仅要根据其内在结构，还要从它所依赖的外在因素出发……我试图探索产生这一切的历史基础*，而这正是前沿的实践，以及17世纪社会条件和经济条件的改变。[75，358页]我不想在讨论中探询人们的想法，我想讨论的是，在其显而易见的存在中创建存在及共存的规则，以及在功能系统的驱动下它们是如何进行某种实践的……我努力使人们看到那些明显存在于事物表面却又轻易不会被发觉的东西。"[75，338页]

———————

* 这里是指《历史的疯狂》。

　　按照福柯的逻辑,下一步应该寻找分析权力关系的限定成分和条件(规则和实践)。福柯所指的这三个分析层面是以配置概念为基础连接起来的,在他的关于性的历史文献中,有关配置的研究更为详尽。在思维活动的所有三个阶段当中,都伴随着对传统观念的批评,因此福柯有关论述的观念包括两个不同的含义:"公开论述"是指社会认知公布的、在科学和哲学文献中讨论的,而"潜在论述"是指研究者提出作为事情真实情况重构的。一方面,福柯一直在描述"公开论述"并遭受严厉的批评;另一方面,他在重构并分析"潜在论述"。正如我发现并指出的,性在西方社会不仅没有被鄙视,也没有被排挤,而且许多作者对性所进行的描述也是如此,与实际情况正相反,这些描述得到了更多的鼓励和支持,促进了权力关系的实现。福柯的系统思想非常重要,因此我们再详细地研究一下关于配置的概念。

　　福柯的方法是由公开的知识性论述转向潜在(重构)的实践性讨论,以及由二者转向社会实践。这些实践使人们了解到研究者感兴趣的现象(如性或神经错乱行为)是如何创建、维持和改变的,以及如何出现在与其他现象紧密相连的各种关系中。与上述过程相反的是,由相应的社会实践转向隐秘或公开论述,配置的概念就是福柯用这个方法获得的本体论形式的观念。

　　福柯写道:"我试图在此名义下找到的,首先是某种完全多相的组合,包括讨论、制度、建筑规划、制定决策、法律、行政管理措施、科学命题、哲学,以及道德和慈善的规则,这就是配置的构成元素。配置本身就是这些元素构成的一张网。

　　"其次,我想要在配置概念中分辨出的,正是这些多相元素之间关系的本质。那么,某些讨论可以作为某种制度*的提纲出现,相反,它们

* 可以公开讨论的。

也可作为给实践进行辩护和掩饰的因素，而这种实践自身是无声无息的*，或者说终于可以作为对实践的重新思考而发挥作用，使其达到合理的新范畴**。

"最后，我理解的配置，是在某一历史时刻出现的、适应某种刻不容缓的需求的、具有重要功能的构成物。可以说，配置具有重要的战略功能。"[75，368页]

这里可能会产生一个合乎情理的疑惑：这是一个什么概念呢？自身掺杂了多少不可并存的特征？首先，确切地说这不是概念，当然也不是物体，而是研究的方法和观点。其次，论述和配置的概念开创了社会和人文科学发展的新篇章。特别是这些方法的使用把一些重要的研究观点结合为统一体，如认识论观点（知识-论述）、文本的描写和比较性的叙述（论述-规则）、活动和社会背景条件的分析（实践-论述及权力关系-论述）。可以说，按照科学和实践的传统分类，所有这些方面及其构成都分属于不同的学科——认知理论、语言学、符号学、哲学、文化、社会实践和活动的理论。但是，传统的学科构成和分类已经不符合时代的要求。很久以来，更有效的研究及理论工作都是在交叉学科或跨学科领域中进行的。"论述"及"配置"正是这样的概念，它们可以使研究从一个学科"横跨"到另一个学科，可以把属于不同科目的异类资料联系并汇聚起来。最终，有助于建立完全不同的新学科，比如福柯创建的这些学科。

福柯使用配置、论述、权力关系及其他概念（同时还有其结构），分析了一系列同时作为历史文化及个性心理产物的各类现象（发疯、性等）。他指出，关于性的现代概念是在17—18世纪实践的影响下产生

---

* 它作为隐秘的讨论被重构。

** 在这种情况下，才能谈及保障发展和改变的条件。

的,比如基督教的告诫、医学及教学实验、加强镇压和监控罪犯的惩罚手段等社会实践。按照福柯的观点,所有这些已经使权力关系扩展到人类行为的新领域。通过对结果的分析,福柯得以证明,性的现象并非来自天性,它只有部分是生物属性,相反,性是一种文化历史现象,甚至可以说它是决定社会实践及关系的社会技术现象。与此同时,福柯得出结论,作为向人类施压及控制的工具而言,性的属性是反常的(病态的)。如果考虑到性生活是新时期人类生活的一个正常方面,这个结论看起来有些奇怪。

这里出现一个原则性问题,对于新时期人类性生活的负面评价是在什么条件下产生的?是性的本质,还是福柯自己的个人设定?我想,应该是后一种情况,更准确地说,是福柯采用的研究方法所产生的痕迹。福柯所使用的重构方法是什么?是为研究对象提供自然科学解释的现代遗传学分析方法。实际上,在福柯的研究中,性被看成是根据一定规则发展的历史文化产物。福柯试图研究这些规则,正如他所认为的那样,完全从客观的立场来研究性。但是实际上却要面对现实中持负面评价的人的观点,他想要认识性的展现规律,改变并重建它。如福柯所认为的,"理性感受到自己的需要,或更准确地说,不同的合理形式代替了它们所需要的东西而出现——在这一切的基础上,完全可以写出一部历史,并发现那些错综复杂的偶然性;但是不能认为,这些合理形式是非理性的,这表示它们建立在人类实践和人类历史的基础上,因为这些东西已经出现,如果能够知道它们是如何被创造出来的话,那么它们也可以重新被创造出来"。[72,441页]

还有一个具有方法论特点的观点。有学者认为,在自然科学中客体的改变不是在某一目的的作用下发生的,而是在这样或那样的功能要求的作用下发生的。实际上,福柯就是在这个逻辑下开展研究的。在资产阶级社会的马克思主义评价体系的影响下,他把以病态及权力剥削为特点的这类发展归咎于性。

如果不采用福柯的重构理论,那么又该如何进行解释呢? 在17—18世纪,发生了巨大的文化历史变革:人类开始学习不依靠教堂,而是依靠自己和社会去生活,因此形成了自主的行为和特点。一方面,出现了新的社会行为标准;另一方面,也出现了作为个体的人的道德和其他行为准则。这两种情况出现的必要条件是建立在对一系列新事物的个性认知上,包括对世界和自我的新看法。人类开始分辨自身的思考、意志和激情,以及后来出现的浪漫爱情和性。这并不是简单的辨别,实质上,对于通晓神秘主义的人来说,他们从这些现实的观点中获得了自我重生。正如笛卡儿(R. Descartes)说的那样,"我思,故我在"。新时期的人说:"我意识到(发声、用语言表达)自己所有的激情和感受,我存在着。"神职人员要求信徒讲述自己所有关于性的想法和体验,类似的要求还来自教育工作者、律师、医生,他们鼓励被保护者或顾客"忏悔"所有过错。这些要求完全不是为了监督和权力,而是作为制定社会标准的必备条件,不论是个体的人,还是全体社会都开始以这些标准为目标。相应的实践也不会那么有压力,它们使人们彼此疏远,变成了可以掌握心灵和肉体这类新现实的社会心理技术实践。

这样,在读者面前出现了两种不同的重构(这里指的只是复原的结构示意图),它们中哪一个更真实呢? 有一种情况可能有助于我们的理解。近几年,福柯转而使用完全不同的分析类型来研究古希腊罗马式的爱和性问题,他已经把性当作完全正常的文化现象来研究。在与厄德(F. Ewald)谈话时,福柯说:"这些谬论使我自己很震惊,甚至我在《知识的意志》一文中就已经看到一些,当提出这一假说时,原本可以不仅仅从机体的压力出发,去分析和建立关于性的知识。让我感到吃惊的是,古希腊的那种关于性满足的更积极的思考观完全与那些各种形式的传统禁忌无关。相反,正是在那里,性是最自由的,古代进行道德说教的人非常顽固地为自己提出任务,建立最严厉的规则。"有一个最简单的例子:禁止已婚女子发生婚姻之外的任何性关系。根据这一"垄断性"的规则,几乎不会获得任何哲学思考和理论方面的收获。相反的是,对于男子来说,爱在一定的范围内是自由的,并根据这些规矩建立了关于压抑、克制及非性关系的全部理论。因此,完全不是因为禁忌使我们去理解这些问题。[75,314页]换言之,福柯抛弃了这种成年时期发现的重构类型。为什么福柯在自己创作的最后时期提出了社会及个性现象的另一种历史重构方法? 我们至少可以找到两种引起这类转变的原因。

首先,福柯认清了自己的社会实践及自身的价值,坚决抛弃了马克思主义改变世界的宗旨,他提出了新方法来代替它。福柯没有放弃自己在历史和社会事件进程中力所能及的责任,但他指出,这只在一定的条件下才可以实现。福柯后来认为,专注倾听历史和社会现实,弄清楚它们如何运行并往哪个方向发展,是个人发挥社会主动性的必要条件。只有在这种情况下,才能寄希望于参与并影响历史进程。在《教育是什么》一文中,福柯写道:"我想说,我们倾尽个人全力进行的这项工作,不仅应该开启历史研究的新领域,也应该开始研究人类的现代活动,同时关注可能的或者期待改变的一些状况,并准确地判断这些变化应有的形式。换言之,历史本体论要求我们放弃所有主张全面性和彻底性的对象。历史经验显示,如果不反对最危险的传统,那么摆脱现有系统并设计新社会、新文化及新世界观只能是一种奢望。"[76,52页]

福柯的另一个观点对我们理解他的新思想很有帮助。现在,我们来谈谈左翼知识分子。福柯在1976年的一次谈话中说:"长久以来,被称为'左翼'的知识分子得到话语权,作为支配真理和公平的那些人,他们被赋予这种权力。大家都听从他们,或者他们希望大家把他们当作知识渊博的人而听从他们。成为知识分子,这多少意味着自己的观点要成为大家的普遍意识。我想,这与马克思主义并且是庸俗马克思主义转化的观点有关……他们认为知识分子是知识最渊博的、个性鲜明的、神秘莫测的人物,如同无产阶级的集体化形式一样。但是,多年以来,知识分子不再需要完成这一角色。在理论和实践之间,人们制定了新的关联方法。对于知识分子来说,他们开始并不那么习惯以正义的以及为大家追求真理的形象出现在包罗万象的前沿领域,之所以在国民经济中的某个部门内工作,只是因为工作条件或生活条件(比如住房、医院、栖身之地、实验室、大学、家族或性的关系)适宜。"在实践领域开展研究的塔巴奇尼科娃(C. B. Табачникова)提出了自己的评论,或者像福柯说的,允许或者应该允许知识分子在这些"平台"上工作,而且正是在这里,对于他们来说,可以把公民和哲学家身份结合起来"诊断现实"。不应该把我们已经拥有的东西进行"简单的特征划分",而是应该根据今天的发展断层,研究采用哪种方式去抓住那些现有的且可能不会再有的东西。正是在这个意义上,应该永远根据可以开启自由空间的潜在的断层来描述,这种空间可以理解为具体的自由空间,也就是可能改变的空间。[72,391 页]

探索解决这个问题的下一步是,从社会和历史的角度开始到福柯本人的思想领域分析其制约性的原则。正如上面所提到的,在海德格尔之后,福柯继续强调,真理的思考就是一种新的思考,正确的思考是不可能按旧方式进行的。对于福柯来说,通常思考是帮助人们改变自我、改造及超越社会历史局限性的一个支点。塔巴奇尼科娃认为:"这是边界的观点,福柯称之为'立场-边界',对权力的批判及分析明显超出纯认识论范畴,因此,对知识形式与制度(主要的、基本的、公共机构的)实践的分析,在这里只会成为对主观性及其变化形式进行批评的工具和条件……福柯在《什么是教育》一书中提到,主要问题在于'了解认知不应逾越的界限',对于他本人而言,这个问题转化为另一个问题,即

'通常对于我们来说,在必要的事物中,任意产生的单个偶然事物占有多少份额。问题还涉及把以限制形式提出的批评转变为以超越形式开展的实际批评'……或者这一论述,就像巴赫(J. S. Bach)的赋格曲,戛然而止,但却没有结束,就好像它正好停留在产生新课题的地方,一个可以成为用这个现代哲学家名字的'花体字'命名的题目。正因为如此,他可能是当代思想家中最现代的、真正的历史学家,他一次次试图解放思想——首先是自己的思想——从所有人和所有落后的、麻木的、形式的桎梏中解脱出来。因为,这些形式已注定灭亡,不能成为永恒的现实在思想中的鲜活回应。这个'现在'永远是新的、别样的,只有在思维绝对自由的时刻才可以达到。这就意味着它不可能被任何其他事物所替代,哪怕是自己昨日的思想。"[72,440—441页]乍一看,这些立场似乎与我们所研究的课题无关。但这只是第一印象。我们回忆一下海德格尔所说的,为了抓住技术的本质,需要先研究人的本质。但是,如果我们的想法仅在概念的惯常的范围内周旋,那结果又会如何呢?

对分析的材料进行思考,可以得出以下结论:

根据福柯的观点,不能仅靠以改革或外部控制的马克思主义式的设计来对待技术,对于技术的影响应当从其本身开始,一方面要契合其自然的发展趋势,另一方面要符合研究工作的目的。

应该对**"技术的配置"**加以分析,其研究内容包括关于技术的论述(公开的及隐蔽的)、技术创建和发挥作用的实践、决定专业实践和论述的权力关系网。

所分析的论述、实践及权力关系的复杂系统的映射和客体化都被称为技术。

3. 本书作者的观点

前言中提出的问题,实际上可以用另一种方式解决。现代方法论的一个特点是,明确规定了对复杂哲学问题的研究方法。

今天有一种观点认为,被称为纯客观的、无利害关系的技术研究很少能取得较好的效果,只能加深危机。当然,这并不是仅由技术引起的,但技术仍然难辞其咎。对技术的研究反倒让我们认识到不幸和文化的危机,要求我们从负面去理解技术问题。从这个意义上讲,技术是现代文明和文化不可分割的一部分,与其价值、理想、传统和矛盾有机地联系在一起。但是,危机并不是一件可观赏的东西,特别是,威胁生命的全球化危机必须消除。因此,对技术的研究应该有助于解决我们的文化危机,应当从限制技术粗放发展的观念出发,甚至需要抛弃传统解读的技术进步。

这种思考方式的建立当然会依据一定的价值,符合一定的价值哲学。新西伯利亚哲学研究所的罗佐夫(H. C. Розов)教授成功地建立了这种价值哲学的原则。罗佐夫理解的价值是建立人类行为和认知事实的最高标准的依据。[67, 89页]在进行定义之前,他用一个章节分析了我们这个时代认知价值论的意义。他写道:"20世纪下半叶的政治经验总的来说逐渐加强了在世界范围内解决问题的趋势,也就是说,需要对话和妥协,需要共同话语,需要一系列可以共同理解和接受的论证。需要每个意识形态及宗教的代表可以进行局部的退让,并且不被归罪于背叛。需要灵活的系统,可以持续地、一部分一部分地解决问题……价值认知要满足所有这些要求,在不同宗教、意识形态、社会、文化、经济、民族及其他时代精神价值领域内,进行最广泛的多元论认知。此时,以所达成的协议为基础,价值认知坚定地捍卫具有普遍意义的价值——

人的生活权及公民权,并保障其实现的所有必要条件。"[67,80页]随后,罗佐夫提出了几个基本原则,其中四个如下:

价值体现及建构的二重性原则。"二重性原则是为了克服主观-客观、永恒-历史、传统-革新等二律背反两极之间的断裂。价值绝对论者及价值相对论者们,看起来不会抛弃各自的立场。但是,不必去注意那些习惯性的互相指责,他们之间需要建立有效的对话。'价值设定'这一术语可能是这个对话的共同语言要素,绝对论者可以把这个术语看作永恒真理的发现,而相对论者可以把它理解为真实的社会文化调节科目的创建,理解为历史柏拉图主义的观点——开启精神层面的双重研究过程。"[67,92—93页]

无损修正原则。"无损修正原则是指减少价值异常修复的过程。它的基础是价值的双面特征概念:理性的概念层面更加多变,更紧密地与行为的目的、规则及限制相结合;更深层的非理性和象征层面则稳定地、持久地与文化传统交织在一起,与心理和行为的无意识化及情绪形象化的构成有机地联系在一起……由此产生了无损修复的策略,即重点关注针对概念性、理性元素进行价值改变的必要性,而这些元素永远是局部的、动态的、短暂的、历史性的。"[67,94—95页]

多重支点原则。"必须进行价值修正时,多重支点原则集中在工作的两个方面。首先,在新条件下对旧的非对等的价值概念的批评,应当考虑到众多关联的存在,要把人们的生活和活动中的不同支点结合起来进行理解。忽视这些支撑点是所有理性论证缺乏力度的主要原因。其次,只有当这种理解本身在民族文化、社会经济、政治法律及其他领域中获得自己的根基,对价值的新理解才能被共同体所接受,随即才可能被纳入社会认知中。"[67,96页]

价值系统的有机性(严密完整)原则。"不论是直接联系,还是通过人类存在的可控领域建立的间接联系,各种价值之间更加现实及有效的系统化有机联系,应当在概念体系中占有一席之地……价值系统的有机性原则并不是集中精力建构系统,而是致力于解释价值的功能机制,即在进行决策时,建立价值之间相互关系的规则和结构的机制。"[67,97—98页]

除以上所列价值哲学的结构性原则之外,罗佐夫还补充了两个原则,也许可以将其称为"实现性原则",即我们重新制订更适合哲学思考的原则。

结构性原则,即理性、自反性、对于批评和修正的开放性、规则的逻辑性联系。换言之,哲学思考的依据应具有明确的意义及清晰的结构关系。如果批评是有理有据的,那么就可以进行修正、补充或替换该结构中的独立环节(单元),或者核心之间的关系本身。

价值论证原则,即追求在哲学思辨的不同立场与不同世界观之间建立价值共同语。[67,100—101页]

最后,罗佐夫建议把价值分为三大类: 基本价值、次要价值及精神价值。我们来介绍前两个。

基本价值。"基本价值如果被损害,就会直接妨碍个体及社会的正常生活、思考并按自己的目标活动的权利。生命的价值就属于基本价值,例如,属于生活、健康、不可侵犯的完整的个体的价值,以及重要的公民权……"[67,118页]罗佐夫认为,基本价值是具有普遍意义的。他提出,价值的普遍意义是这样的:"在现实的条件下,若主体之间没有达成关于生活标定点的共识,那么请关注那些共同的价值,那些可以使当前与未来一代主体实现自己生活目标的必要的价值。"[67,118页]

次要价值。"次要价值是属于基本价值的,因此第一种价值的损害会给第二种价值带来现实性的危机。众所周知的政治-法律原则即属于次要价值:自由独立的出版权、选举权和公民参与政治生活的其他形式、独立司法权以及生态价值……"[67,120—121页]

如果我们认定技术研究最终应该促进现代文明和文化危机的解决，那么遵守罗佐夫建构的价值哲学规则，显然可以有助于我们的思考。

还有一种观点是关于技术作为研究客体的特点（不是通常意义的，而是指哲学领域的研究）。海德格尔强调，哲学研究的客体不只是技术现象，还有**技术的本质**。1989年，达维多夫（Ю. Н. Давыдов）在苏德技术哲学大会上指出，必须从中心本体论的事实（不是本质）出发，对于我们这个时代来说，切尔诺贝利的灾难就是这种事实。其实，这个问题的研究应该从技术的本质出发，但是为了解决和解释主要的本体论问题，需要明确揭示这一本质，比如，为什么世界原子能技术变成了死亡的因素？或者，为什么现代技术引发了生态危机？为什么技术正在征服人类？按照海德格尔所说，技术的本质是揭示现代文化中蕴含的东西，也就是人类和自然会转变为"座架"。我认为，技术的本质更为复杂。谈到本质，他所指的这些概念是可以使我们思考技术现象、解释技术发展的悖论、对致力于技术创造和功能研究的理论活动进行定位、创建解决技术哲学的实际任务所必需的知识。

方法论的下一个准则，即要承认综合技术特征直接本体化的非有效性。我们尝试给出技术的概括性定义，但结果往往是无效的。把各种技术本体论的特征（物质性、活动性、价值论、文化性等）集合起来并概括成一个整体，按照我们的观点，这种做法并没有使知识有任何增殖。尽管同时构想其理论释义时，所有类似的概括在概念关系中并不矛盾，但是它们也仍然是机械性的组合。在这种情况下，怎样把对待技术的不同态度、不同的描述方法，以及技术在其他学科中获得的异类特征综合联系起来呢？

如何理解我们对问题的思考，是否必须把对本质的理解和观念纳入技术的本质和概念中，我们倾向于肯定的回答。但是这就意味着，技术作为技术哲学研究的对象,变成了完全特殊的构成。尽管按经验来看,它是一个实体结构,而且表面上像是自然科学和技术科学的一个科目,但是确切地说,在技术哲学研究中,它只是人文认知的对象。在哲学中,技术不可能只被看作类似第一自然*的对象,就像没有被纳入人类的存在,没有影响到人类的存在,确实,这种认为它属于第一自然对象的观念今天仍然存在。在技术中人找到了自我,他带着自己的想法和观念去从事技术活动,但是却以冷漠的技术现实的形式出现。作为现实,技术的内容是丰富的,是人类赖以为生且使其不安的现象。现在,在人与技术的关系中务必要解决有效性和可靠性的问题,以及技术的发展、技术思想、与技术共生、摆脱技术制约等一系列问题,也就是人文学及哲学的双重问题。同时,还有一个非常复杂的问题:如何理解技术的本质并将其概念化。正如我们指出的那样,技术被当作一种特殊的技术现实,在每种文化中其表现都不一样,那么技术存在的意义是什么? 这一点非常清楚。当我们提到技术的物质存在时,我们所说的却是其他的东西。那么,不仅作为物质和天然的现象,还有人工现象(具体的机械、机器、武器),以及通过技术解读的技术环境、技术现实等,这些技术存在意味着什么呢?

如何对存在的人文化进行解读,这是一种与研究者本身的经验及价值相对立的存在。正如狄尔泰(W. Dilthey)所说:"理解别人的能力是一个最深刻的理论认知问题……这种能力的条件是当其他人出现时,必须表现出认知主体中某种不曾有的东西。"[15,247—248页]同时,这类存在决定了与人文科学和实践的相互关系。存在的人文化概念是相对于个体的,甚至是针对人类生活及实践的人文领域(艺术、教

---

* 哲学上把未经人类改造的自然称为"第一自然",把经过人类改造的自然称为"第二自然"。——译者

育学、伦理学等)的,但是认知仍然是主导的观点,并反映了社会而不是个人的经验。[14]

对存在的人文主义的理解的另一个意义是提出"现实"的概念,也就是人文角度的技术——"**技术现实**"。现在,人们对现实概念的兴趣与日俱增,它在当代被单独提出有三个条件。

第一个条件:早在19世纪,个人的生活形式及个人意义逐渐增强,在价值关系中,开始把个人生活和经验与社会生活和经验相比较。当然,在之前的时期,独立的个体已经感受到自己是可以与社会或文化相提并论的[想一下苏格拉底(Socrates)的辩护就足够了],但是这只是个别的个体。在我们这个年代,个体(个人)与文化的相提并论是逐渐被大众认知所掌握的,是已经实现的事实。

第二个条件与科学及认知的新观点相关。实际上,在康德(I. Kant)之后,作为我们文化的主要价值核心,对科学的思考开始逐渐减少。人们对于艺术、宗教、美学,以及人类的心理学、生活和文化的兴趣与日俱增。众所周知,与此同时展开了针对科学中心论及科技进步的批评。其结果是,今天我们对科学认知的思考成为人类生存活动的形式之一,在价值关系中已经很难分出好坏。

第三个条件:预测性逐渐加强。正是语言、符号学和精神,而不是现实的劳动、活动和其他现实的东西,决定人类和社会生活中潜在的特性,决定我们心理和认知的特点。我们需要一个涵盖这三个方面的,而且着重从科学认知和社会经验角度进行思考的新概念。关于现实的概念就属于这种。如果从存在的观点来说,最重要的是确保科学认知的本体论,那么对于"现实"的观点,确认在现实中个体生存的全部价值才是最重要的。

现实——个人(个体)可以拥有充分价值去生活的世界;现实(有别于"存在")不是单个的:某些现实与另一些现实是对立的;现实当然可

以被认知,但只是在后一个意义上它才存在,而且不是按物质主义,而是按人文主义存在的。从现实主义观点来看,存在本身只是一种现实,但却是"可认知的现实"。这里可能出现一个合乎情理的问题,个体在何种意义上才算是拥有充分价值地去生活,他是否生活在梦境或虚幻的现实中?关于这个问题,我们试图通过一系列的研究工作予以回答,[60—66]比如,从心理学及文化学的角度看,我们的生活是"用语言在语言中生活",这是进入生活体验及现实活动中的语言创作。

这里所说的一切,是否意味着我们无法描绘出技术的专业化特征,是否在研究不同类型的技术时,错过了对其本质的理解?也许,需要理解的并不只是这些非本体论的特征,还有观念,对技术进行历史文化解读的专业方法,以及对技术本质和技术现实的研究。我使用海德格尔和福柯提出的研究方法来描述这种观点的特征。也就是说,我的观点结合了海德格尔和福柯两个人的思想方法论传统。在这一背景下,我认为,现代知识界的情况如下所述:

根据其意义创建一个涵盖知识、概念、典型客体及示意图有机结合的学科是现代思想的产物。在功能关系中,学科将致力于解决三个主要任务——描述并解释"学科学"以及学者们感兴趣的现象(研究对象),如技术或工艺;如果可能的话,对这种现象施加有意义的社会影响;在该学科的创建过程中完成自我实现。学科是现代思想的终端产品,在它的研究范围中,除了对现象认知的思考,还包括对现象施以重要的社会影响,以及组织和建构意义本身。后者使我们可以认知现象,并对其加以社会影响。

关于技术或工艺现象的观点表达了我对这类现象的看法及态度,包括我对影响这类现象的可能性的理解。

通常,与时俱进的思考是在与其他学科的思想交流中展开的,借助其他学科,可以了解类似的信息和问题,并以另一种或者相反的方式解释,正确思想的必要条件是对这些观点进行思考、认同和吸收,对无法认同的概念进行差别论证。下面,我将分析如何看待技术哲学领域专家们的一些观点,如海德格尔、福柯、拉奇科夫(Рачков)、埃吕尔及其他哲学家。

为了确定针对主要交流者观点的态度,必须分析各种相关论述及论点。关于技术的论述和论点也同样如此。我理解的论述不只是福柯所写的那些。对于我来说,对某些现象(如技术)的论述是了解现象、思考现象和用语言表达现象的途径,包括对现象产生某种影响的特征进行定义。比如,扎尼科(Д. Жанико)是这样对"技术论述"进行定义的:"技术论述既不属于严格的技术范畴,也不是独立的论述。技术中相对稳定且闭塞的语言促进了技术的普及,或者为了变得更好而使其几乎不可能发生任何根本性的退步,也不可能针对其特点对现代技术现象进行任何修正。任何技术都有自己的辞典、自己的编码、自己的组合、自己的状况、自己的问题和操作方案。技术论述——通过视听手段实现的语言功能,是技术统治者的思想,是关于世界竞争和生产效率的政治-理想-视听的调和物,等等。如果关于技术的论述不断增多,那么是否意味着这些论述在技术世界里发挥了一定的作用? 人们丝毫不怀疑社会及技术的作用,那么在西方如果没有广告,技术世界又会如何呢? 我们反对社会技术化,而这些技术论述却在激励它,并引领它。这些论述起到了提高和加快全球技术化信息继动器的作用,它们阻碍了对科技发展的解读,把全部现实用符号转换成编码放入信息库中。"[51,119—120页]我们注意到,技术论述使用了各种类型的语言(技术语言以及关于技术的语言),是技术统治论的思想,甚至是一定的影响方法(创造促进全球技术化发展和封闭过程的条件,如妨碍对这种发展进行等值解读)。

区别于论述,观念要求对一定的哲学或理论现象进行解释。可以预见,技术观念在一定的论述范围内被扩展。

研究对待主要交流者观点的态度,要求学科学至少在两个方面进行自我定义:其一,对所研究现象产生影响的特征进行定义,我们把这种影响称为"有社会意义的活动";其二,对被研究对象的本质进行解读。例如,海德格尔认为对技术产生的这种影响,首先就适用于思考者本人,思考者就是听从命运的声音、感觉到担忧、了解到换一种方式理解技术的必要性的人。前文已经提到,海德格尔把技术的本质定义为"座架",福柯对社会意义活动的特点和性的本质的解读进行了分析。我自己倾向于福柯后期的观念——必须听从现实,摸索它的变化趋势,把自己的活动与这些趋势进行对比,考查这些影响的特点和形式。除此之外,与海德格尔一样,我也认为,应该从自身出发,改变自己的思维。

我认为对任何科学研究而言,现象的本质问题的提出并非臆断,而且正相反,现象的本质是在研究建构的过程中摸索出来的。即便如此,像每一个思考者一样,我不得不屈从于某种传统,而且无法摆脱它们。特别是作为方法论思想学派的代表,我倾向于在历史、文化、文化认知或个人认知、活动及语言(符号学)的层面上进行描述。这些任务也应该根据对思考者个性化工作的批评和反映,以及对事物的真实感受随时调整。

技术或工艺类现象的本质包括:客观地认知和解读过程、问题化、经验论验证,创建典型对象、概念、示意图,以及知识的组织系统。

在方法论方面,配置概念提出了对技术或工艺类现象本质的研究。下面,我用作为理想客体现象的示意图来解读某种现象的配置,该示意图包括客体的各个方面,并对这种现象展开的论述进行分析,解释属于这一现象的问题,创造对其施加影响的可能性。"配置"提出了整体多相异质的客体概念,在情态方面,该客体可能作为"可能(潜在)的客体"

（例如，可能实现的技术和工艺）被识别。思考者对论述进行分析，把不合乎要求的情况形成问题，对与其相关的现象产生影响。在后来的研究中，以及在描述并解释这一客体学科的创建过程中，潜在客体的创建变得更清晰、更明确，而且更加具体化了（必要时可以对其重新审视）。在创建这一学科时，"配置"被用作方法论的计划卡片和潜在客体的配置器，因此，该学科可以被称为"配置学科"。

根据思考者对社会活动相关论述及特征的探索，可以建构出所研究现象的本质。除此之外，还应该确定现象的本质及其所描述的界限关系。对待历史和社会现象（如社会实践、社会经验、社会关系等）的态度的研究，属于后者。例如，技术作为"座架"的观点完全与海德格尔对技术影响力的观念相对应。同时，海德格尔还从历史学角度描述了技术，把它与古代技术进行了对比，并认为技术的未来发展完全有可能重新转向与艺术的融合。在社会关系方面，海德格尔反对技术对自然和人类的控制，他指出，实际上这种控制力是最近两个世纪才出现的，并决定着社会发展的方向。福柯则把性作为历史和社会现象来研究。

在描述现象（例如技术）时，是否必须跨界？回答这个问题并不简单，必须对现象进行历史的、社会意义的描述。一方面，这种描述把所研究的现象放到被称为"存在的空间"的更广阔的整体中（历史、社会环境、文化）；另一方面，这种描述也使研究者本人可以根据这个整体来进行判断。因为思考者在研究这种现象时应当采取坚定的立场，然后再从这一立场出发进行论述。而且，这种立场应当允许其他的参与者在思想交流中表述自己的观点。换言之，这种立场应当是思想交流的参与者共同的立场，他们中的每一个人都能够保留自己的"主权"，保留自己对现实的看法和解读。我认为，或许"历史性"和"社会性"才是思考和社会活动的共同基础。如果只采用自然主义方法，是不能够理解这一点的。历史和社会事件只是部分地取决于人类存在的空间和现实。

相反,把历史或社会事件(关系)独立出来,人类才建构了历史、社会及其自身。但同时对于社会生活和历史的其他参与者而言,这些事件是作为客观条件而由人建立的,一切仿佛都必须被卷入其中。在这里,共同点不是人之外的现实,而是人获得的条件以及人本身所成为的条件。部分条件是物质的(自然现象、生物体、人工物),部分条件只存在于观念中(符号学、活动、影响等)。在历史方面,人类可以根据社会变化进行自我判断;在社会方面,人类则要根据历史进程自我判断。在这两种情况下,思想创造了潜在变化的条件,而这些变化使人类不得不作出反应。实际上,海德格尔把技术与现代生产混为一谈,预测它与古代所说的"техне"相融合。作为预言家以及由"座架"向"未来技术"转变的倡导者,他有可能使自己获得在历史学中的双重地位。同时,正是出于这一立场,他批评对技术所进行的现代诠释。同样地,福柯把自己置于历史革命者的位置,在自己成熟期的作品中,隐含了对压迫的权力关系以及17—18世纪形成的社会实践的批评,这不仅证明了关注社会活动的马克思主义特性,还阐述了性作为社会病态的本质。一些思想家加入关于社会历史的阐述中,随即促进了一些历史和社会学流派的形成;而另一些(比如我)以其他的理由加入有关历史和社会的讨论中,建立了另一种历史社会流派。即便如此,不论是福柯还是我,都是在历史和社会的现实中去思考关于性的问题,并声称已经开始使用自己的历史社会学方法,尽管这些观点是不同的,但是它们之间产生相互作用的条件已经建立。

思想家对自己的研究成果进行反思和论证,并且把它们发表出来,他们将自己的思考方法、观点和看法与其他学科观点对比,尽力使自己的论述更加容易被人理解,这些都是思想家们进行交流的必要条件。

思想家进行交流及反思的另一个必要条件是,面向自我的工作(针对自己的看法、理解、思考),必要时还要面向自己的认知状态和心理变化,也就是说,首先要使自己处于有效的思考状态。

为了更好地理解方法论的描述元素,请见图1。该图可用来描述技术研究的方法论特征,其中涉及技术哲学作为一门学科的创建问题,当然创建的要求同样也左右着研究的方法。

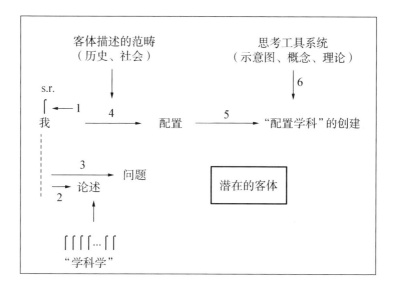

图1 符号"「"表示思想交流的参与者。符号"s.r."表示思考者的"主体框架"(他的价值观、看法、对社会重要活动的解读)。箭头的号码表示上图的阅读顺序及思维活动的特征类别:(1)面对自身的工作;(2)论述的分析和批评;(3)形成问题;(4)建立配置;(5)"配置学科"的创建;(6)在创建学科时使用必要的示意图、概念和理论

4. 作为教学科目的技术哲学

目前,在德国、美国、法国、英国和俄罗斯,技术哲学已经作为独立课程进行讲授,俄罗斯科学院哲学研究所开设了"科学与技术的哲学"联合课程。即便如此,要说已经形成了完善的"技术哲学"教学科目,还为时过早。特别是因为这样的课程并不是有意识设立的。

教学科目是指什么？首先，要在方法论中讨论关于技术哲学学科以及科目的授课任务和目标，讨论同类教育的形式和内容。其次，设置讲授技术哲学所必需的课程和编写教学参考资料。最后，根据完整的教学大纲建立授课的具体模式。

讲授技术哲学课程的任务和目标。这类课程应当完成两个主要任务：提出概念，阐释技术哲学科目和学科的主要特点；帮助学生培养从事技术哲学某一领域工作所需要的思维方式、研究技巧和能力。当然，在实际操作过程中必须考虑听众及学习者的情况。一类是我们所说的关于技术哲学领域或相近领域的专业人士的培养。比如，在工艺设计理论或工程技术思考方法领域培养研究生。另一类是为文科大学或自修课程的大学生开设的技术哲学课程。在第一种情况下，应当讲授全部的内容，并开展创造性的自主研究或研讨工作；在第二种情况下，可以适当缩短或精简内容，略过某些课程的章节或某一技术哲学领域的部分内容。

今天，在许多领域中，技术哲学方面的知识都是必须掌握的，特别是哲学及国民经济管理系统（科研项目的技术鉴定、咨询、预测等），以及很多技术科学领域，当然，还有人文学科（比如在技术及技巧方面的人文学工作和反思）。根据不同的教学目的，要进行不同程度的适应性调整，比如对于人文学科研究者来说，最普遍、最简单的技术哲学概念，更详细的有关人文学思考的专业技术知识（近代的一些技术，如虚拟现实技术），以及技术对我们文明命运的影响，人文学工作的某些典型模式，都是必须学习的。

技术哲学的讲授形式和内容。虽然引起我们兴趣的这个学科还比较年轻，但是关于技术哲学的阐释已经有好几个版本了，技术哲学方面的知识也比较丰富。换句话说，这个学科已经出现了教育领域中典型的知识选择问题，教育的内容问题也与其相关。在教育领域，掌握所有知识既是不可能的也是不合理的,但是我们不清楚哪些知识是必需的,哪些知识不需要学习就可以获得。此外,讲授知识的教学方法也受到大量的批评。需要讲授的不仅仅是知识,还有"反思的内容"——人类活动的方式、思维、方法等。我认为,只有这样才可以解决日益增长的知识量和教育时限之间的"剪刀差"问题,并满足"使教育更现代化,更符合现代思维发展水平及其认知形式"的要求。

技术哲学的教学内容设置应当包括四个主要方面:人文学方面、方法论方面、历史方面及课程方面。

根据人文学科的规律,技术哲学的不同概念、理论和知识可以作为独立思考和工作形式进行研究,这些形式可以根据作者的价值定位和传统、观念形成的知识水平来确定。在这类学科的人文学思考方法中,例如技术哲学,作者与其他流派的交流被描述为对话平台的形式,在研究大纲中,这些对话的观点可以是对立的,也可以互为补充。伦理学和价值论的问题在这里也具有重要意义,比如对现代技术及工艺的社会心理学后果的文化意义评价、对各类问题的讨论、对技术的未来发展及命运判断等。还有另一种观点:应该关注文化符号学及沟通方面。

下面是方法论观点的两个主要要求:不仅要分析相关学科的内容,还要分析思维的结构,为此要抛开物质现实的自然主义概念,因为这种现实性使思维内容及客体形式非对象化。对于方法论专家来说,对技术或工艺的概念应当有一定的思维方法和途径,因此他们提出了适当分析这种现象的任务。我正是努力通过这一途径来讨论技术的本质的。克服思维的自然主义不能被简单地理解为不再关注的对象,当然这也是不可能的。我们说的是另一个问题,即通过这些学科中固定下来的主要特点,去分析认知和思维的过程,而且分析产生这些概念的知识基础。

历史定位不仅要对主要概念进行历史性定位,还要关注其起源,即历史的理论重构,技术和工艺就是这种情况。在教育领域出现了理论性历史重构的观点,不论是对技术哲学的问题化及其本质特征的分析,还是对某些哲学的教学宗旨及内容的反思,都要求建立创造性思维,要求在"教育出口"获得现代水平的知识和概念,要求遵循思维及个性培养的发展规律。学科的宗旨是:所有的原则,包括人文学、方法学、教育学,与所研究科目的特点和本质都应当是相互关联的。技术哲学也应当如此。

如果从技术哲学的特点和本质出发,遵循上述的这些原则,就可以提出以下教育内容。所有内容组成了三个单元:主要单元、补充单元,以及基础单元。

主要单元课程:

技术形成的历史及本质;

技术的概念及本质;

技术的文化起源;

技术环境及技术现实;

技术哲学的伦理及价值问题。

补充单元课程:

技术历史;

科学的特点及其形成;

工程活动的特点及其形成;

传统及非传统设计;

技术科学的创建及其形成;

技术及美学(工艺设计研究)。

基础单元课程:

技术的文化学与哲学;

人类活动理论与技术哲学;

技术价值论与哲学。

下面简单解释一下这些单元课程。在第一个主要单元中,重要的不是阐述个别的观点,如仅反映作者或其他某个权威的学院派立场,而是要反映不同的立场、声音及研究大纲,它们之间的沟通本身就是教育的内容。但是这就意味着,教学资料的主要内容应当反映知识水平的状况。后者与前者可能完全不同,比如克服某种困难和问题、提出研究大纲并尝试实现它、批评其他方向代表的落后观点等。

教学内容划分方法的第二个特点,我称之为反向思维方法。同样,这里要求将内容进行专门的方法学重构,并以活动理论、思维理论、文化学及一系列其他专业学科为基础。

很明显,主要单元的资料表述形式应该是问题式或对话式的,并广泛使用反向思维方法。

补充单元课程内容的主要表述形式是概述。问题在于,概述本单元课程的全部内容是不可能的,而且也不需要。概述只要给出该学科的主要问题、其所采用的观点和方法、学科的构成、使用该学科知识的领域及科目范围,并能够对学科历史资料概况进行勾勒就可以了。概述作为所讲授科目的专项指南,有助于大学生自学。

补充单元的所有课程应当根据技术哲学的课题进行专门的适应性编写。第三单元的教学内容同样也以概述形式进行组织,并使之适应技术哲学所研究的问题。

除了讲授所列出的理论课程,在技术哲学的教学科目中,应当规定创造性系列教学–教育活动。在形式上,可以是关于技术哲学(基础的或实用的)现实问题的、开创性的研讨会,可以邀请技术哲学领域的前沿专家主持这些研讨会。除了不同水平的学生,研究者和设计专家们也可以参加。这些研讨会工作的特点是集体解决问题并完成任务,可以随时针对各自工作进展或复杂情况展开讨论和反馈,可以根据需要向大学生推荐补充的教学资料。研讨会工作的这些特点(可以称之为定期的某类大师课)使主持者(大师)可以传授自己的工作和经验,真正思辨性地传达技术哲学的信息。下面,我再分析一个教学观点。

"人文化"是工程教育完善的条件之一

对教育著作和实践的分析显示,虽然我们大学里的授课情况总的说来是值得赞许的,但是俄罗斯国内的工程教育却有一系列不足。其中一个问题是,工程师的专业化范围相对较窄。早在20世纪初,工程设计和教育的创始人里德列尔(А. Ридлер)教授就认为,高等技术院校的任务并不只是培养化学家、电气专家、汽车制造专家等,也就是说并不仅仅是培养那些循规蹈矩的专业的人,还要为工程师们提供多方面的教育,让他们可以钻研该领域的核心知识。作为与社会和国家政策紧密相关的经济活动的领导者,我们需要的是超越专业知识范围,并且专业素养深厚的工程师。里德列尔指出,好的教育是可以调整的,它应具有前瞻性,可以及时掌握时代及未来所赋予的任务,而不是让自己毫无奢求地被推拉着往前走。很遗憾,这种改革,正如里德列尔认为的那样,在俄罗斯至今也未能实现。

第二个问题,我们远远没有意识到:实质上,我们的大学仍然是按照19世纪下半叶20世纪上半叶工程师的工作模式来培养未来工程师的。问题在于,现代的工程活动不仅涉及更加复杂的技术装备,如计算机,还常常要解决新工程学所面对的非传统问题。非传统类工程活动和思考有一系列特点:(1)活动的工程学观点与社会、经济、生态学观点相关联。人们频繁地要求工程师研制(设计及加工)的不仅有技术产品(机器、机械、建筑),还有复杂的系统(除了技术子系统,还包括其他非技术产品,而这些产品需要关注这样一些学科,如工程心理学、工艺设计、工程经济学、应用生态学及社会学等)。(2)需要模拟和计算的不仅是工程项目设计的主要过程,还有其运行可能产生的后果,特别是负面的后果。这些后果通常有三种:在新技术的影响下,环境和自然的改变;活动和基础设施的改变(例如,新航空工艺的应用导致必须建设新的工厂、设计所、教学大纲、资源分配等);"人类活动方式的改变"——新技术对人类的影响,如人类需求的改变、生活条件的改变等。(3)工程学思考的新特点要求工程师本人要具备更多的通用文化,对个人活动有足够的发展性反思,在工作中可以使用现代方法学并应用人文学科的方法和概念。

第三个问题,如何避免工程主体只是或更多地定位于自然科学思维模式,进而使他们能够面向技术文化。技术文化和人文文化的对立,大家都很清楚。技术文化派的代表认为,世界屈服于可以认知的自然法则,而且在认知后让它们服务于人类。他们确信,世界上存在着合理的关系,一切(不排除人类本身)都可以设计、建造,一切现象都是"公平和透明"的,而且它们的本质和构成早晚都会被人类掌握。类似的观点最终鼓舞了很多人,比如基因工程的专家、许诺维持人类科技持续进步和不断提高福祉的大系统和政治设计师们,还有确信我们星球的本质就是为了人类生活富裕和舒适的普通消费者,因此需要尽快地"装备"工厂、城市、机器和设施。在现代文明中,技术文化毫无疑问是最大众的、前沿的(我们眼看着它改变了我们这个星球的面貌);而人文文化明显是相反的,定位于人文化的人不再认为工程技术的制约性和因果性是独立的,它们取决于人类本身的生活、社会或自然的关系。他们认为,人类本身、自然和精神教育都是不能用技术文化的标尺来对待的。对于他们来说,所有这些都是有生命的主体,理解倾听它们是非常重要的,可以与它们交流,但是不能去操控它们,把它们变成工具。定位于人文化的人珍惜过去,渴望有价值地生活,对于他们来说,其他人以及他们之间的交流并不是社会心理现象,而是其生活的自然现象,其周围的世界和现象不是客观的、"透明"的，而是神秘莫测的，并且始终隐含着某种精神。在这两种文化中不断加深专业化和社会化，实际上最终形成了两类对生活方式和所有一切有不同理解和观点的人。对于人文学的工程师，不少人看起来或使自己像是"火星人"，即使生活在技术文明的世界，也不想认清这个世界；对于人文学者来说，研究技术的工程师看起来同样很奇怪，从事技术的人与技术的世界看起来就好像一个理性的装置，一台使人害怕或者给人带来舒适的机器。

今天，关于技术教育的人文化问题被提出来是必然的。一种观点认为，在技术类高校中需要讲授哲学、社会学、文化的理论和历史、心理学及其他人文学领域的学科。另一种观点表述得并不像第一种那么清楚，其支持者认为，在人文学教学中，对人文学科的研究不应该比对待现实的特别观点、特殊的思考方法以及特殊的世界观研究得更多。在这种情况下，一般会引用美国的经验来证明第二种观点，未来的学者和工程师们接受相应的人文学科课程，或者有选择地研究某种人文学课题，比如"中世纪日本诗的特点"或者"19世纪俄罗斯文学"。但是，这两种观点的论据都不充分。持第一种观点的人并不清楚，为什么讲授各种人文学科目可以帮助工程师转换思考和转变其看待事物的方式。另外，正如大量的讲授经验所表明的，大学生也不怎么理解他们为什么需要这类人文学知识。第二种观点没有回答，为了培养工程师的人文素养，哪些人文学科目需要讲授以及如何讲授。总的来说，关于技术教育的人文化问题的提出，很明显不应当简单地归结为在工科高校讲授人文学科的问题，因为所涉及的问题应更广泛：什么样的工科教育才能满足现代工程职业需要，符合现代工程学的特点和趋势，适合现代教育过程，满足后工业化文化中人类的一般要求和模式？提出这个关于技术教育人文化的问题有何意义？也许不能把技术和人文割裂开，因为这种割裂会加深我们文明的危机，我们应该把它们融合起来，努力培养完整的人文化的技术人才。理想的典范是完整的有机结合的人,即定位于两种文化中的人,这是一种新文化的自然"萌芽",在这种新文化中已经不存在"人文-技术"的对立。实际上,下面所列的这些观点都提出了人文化教育观点的意义。很显然,人文化教育的第二个意义,即未来的工程师及其他技术学科领域的专家们应该掌握某些人文学科的专业知识和方法。我们再来分析一下这些观点。

技术教育的人文化

这个问题的提出,完全不是为了让学者和工程师去研究某种人文学科目(或课题)在现代实践中是如何占据一席之地的。我们首先需要理解自己的局限性,去认识另一种自己并不了解却带有成见地对待的世界(另一种文化),接触它并与它交流。正因为如此,人文学家应该明白,他们生活在象牙塔中,他们对精神、人、语言或认知的热爱,并没有考虑技术的制约性,而且没有考虑如海德格尔所说的现代人(包括人文学家)已经变成了"座架",即技术领域中的功能性元素,且他们早已不自由了。人类应该清楚地认识到,并不存在某种单一的人文文化,我们文明的命运与工程学、设计、工艺紧密相连,而人文学家也是这种文明的产物。与之相应,研究技术的文化学代表也应当清楚自己的局限性,而这些已经威胁到了地球上生物的生存本身。今天,人们应该了解,其雪崩式增加的职业性失误的根源(河流改向、设计的非彼性、没有考虑到极其重要的因素,诸如此类),与其说是由于职业素质水平较低,不如说是缺乏人文文化及必要的价值观,缺少符合时代的处世态度。

在教育方面,这就要求对自己的职业及其涉猎范围进行反思,对所属的文化(技术或人文的)进行认知和批判性的分析,以了解对立的文化(通过交流以及与代表人物对话,认清问题与任务、属于该文化的思维方式、生活和活动的形式等）。人文化的另一个方面表现为在技术文化中出现了人文制约性。实际上，今天的学者和工程师们经常会发现，对于社会、自然或人类自身来说，他们的活动并不是无个性的，他们的创造不仅带来了进步和福祉，同时也在破坏自然，把社会机械化了，损害了人的精神。因此，工科教育要求了解工程学导致的危机情况，分析技术活动的负面效应（对于自然、社会或人类），从科学研究到工业生产过程都要对价值、世界图景及相关观念进行分析，要预测出学者、工程师、设计师或工艺师们的活动及各种重大失误。实际上，在这里我们不得不去关注不同的人文学科，现在发生的这些，我们只是为了给学者或工程师们解释自己的工作对人类和自然产生的不良后果，以及造成典型错误并决定技术活动的非人文化特点的根源。

显然，技术教育的人文化不仅引起了上述情况，还要求具备一定的内容体系。内容体系包括几个层次。我们用职业组织管理体系（生产组织者、系统程序设计员、主管专家等）的工科教育作为例子来分析它。

第一层次可以称为"职业定位"或"职业引导"。在这里大学生们应该了解组织管理的职业领域、任务、历史，在管理和组织领域里出现的问题，以及它们在文化中所处的地位，等等。

第二层次可以称为"社会工程教育"。在这一层次应创建具有职业定位系统所必需的专业性的学科。对于经营学领域的专家来说，可能需要的是组织理论知识、技术方法理论知识、心理学知识、社会心理学及社会学知识、经济学知识、决策理论知识等。当然，这些学科还应是管理及组织学专家们感兴趣的，如经营学组织理论、管理学新措施、管理学决策等。在这一层次应当提出并分析一些需要关注的所列专业学科的知识和概念的情况。例如，研究分析企业（组织）管理领域中复杂的决策情况，要求具备调控经济争端的理论知识、经济法知识、反射过程理论等。

　　第三层次可以称为"哲学方法论的准备"。在这里,大学生们了解由哲学、方法学、科学三个学科组成的综合体,并且首先以反演的方式进行学习。换句话说,就是将人文学和方法学引入这些学科,了解哲学、方法学及科学的特点,了解与它们相关的论文的特点、相应知识和思想领域的主要流派,演示某些思维模型,分析哲学、方法学及科学之间的关系,以及这些学科知识运用的主要领域和伦理学问题(也就是哲学家、方法学家及学者的责任问题)。

　　第四层次可以用希腊术语"техне"来称呼。在这一层次(反演的方式)研究艺术、设计及工程学等活动领域。学生要了解这样一些学科:一类是"文本"的技巧,如艺术作品、项目、工程计算等;另一类是设计和工程学中使用的人工设施,如机器、机械、建筑、城市等。这些活动领域中的每一个都可以解决独立课题并有一系列自己的价值规定和原则。在"техне"的课程中,大学生学习某些规定和原则,了解艺术、设计和工程学的思维特点,以及它们的局限性(不适合使用艺术、设计及工程规定的领域),把人文学及方法学引入艺术、工程学或设计中。

　　第五层次其实就是世界观。它可能包括由人类、自然和社会或者宇宙、世界和其他变体三个学科组成的综合体,是世界或其他有关这个课题的某些变体。在这里将阐释有关人类、自然及社会的不同观点,以及它们之间的关系,还有哪些学科研究这些现象。阐述应该采用对话式的、历史性的及问题化的风格,而且应与一些困扰人类及社会的当代问题紧密相关。

　　最后,第六层次是关于学科或课题的自由选择。如果可能,大学生可以定制自己感兴趣的题目或科目。

第二章

技术与工艺的本质

分析和建构技术及工艺的本质包括两个方面：第一，需要阐释这些现象在当今产生的主要问题（这些问题在前面章节中已经分析了一部分）；第二，说明技术及工艺的特点，以便能了解如何对其产生影响。后者要求对技术及工艺方面的社会活动的本质问题进行讨论。

1. 技术的本质特征

首先，我觉得没有必要专门去论证决定技术本质的特征，因为这些特征是显而易见的，在各类研究中已经确定了一些，下面是其中的几个主要方面。

技术是人工制品（人造物），由人类（技师、技术员、工程师）专门创造出来，同时还采用一定的创意、观点、知识及经验。通过技术的这个特点可以很自然地推导出技术活动组织（工艺的狭义观点）。创造技术设备，除了创意、符号工具，还要求有特别的活动组织。最初，这只是技师的个人活动（班组、技工车间），经过漫长的历史发展进程（从法老的劳动大军到现代工业生产），已经成为组织复杂的集体活动，即芒福德所说的大机器。从理解技术的角度出发，甚至在生物培养试管中增殖的人工培育物也是人工物,即技术。人工物的全部范畴可以分为两大类:技术及符号。如果技术的存在符合第一本质,符合其实践活动的规律(技术创造,即众所周知的实践活动或活动手段,而其中也实现了一定的自然过程),那么符号就是根据语言交流(人们需要传播、互相了解及其他活动)的规律表征,以及在科学、艺术和设计中创建理想客体的活动规则。任何一种技术创造都是用某种语言表达出来的,但技术本身并不是语言。

技术作为工具,总是被作为满足或解决人类需求(力量、运动、能量及保护等)的工具和手段使用。技术的工具功能使我们既把它当作简单的工具或机械(斧子、杠杆、弓等)对待,同时又把它当作复杂的技术环境(现代楼宇或工程、通信等)对待。

技术是独立的世界和现实。技术与自然、艺术、语言及所有有生命的事物相对立,但是技术与人类生存的一定方式紧密相连。在当今时代,技术就是文明的命运。古希腊人最先认识到技术具有的独立作用,他们发明并采用了"техне"的概念,后来,直到19世纪末20世纪初形成关于工程概念的新时期,创建了技术科学及技术的特别衍射——技术哲学。

技术是利用大自然的力量及能源工程学专业的方法。当然,在所有历史时期,任何一种技术都是以使用自然力量为基础的。但是,只是在新时期人类才开始把自然看成是独立的,实际上是把它当作自然资源、力量、能源和过程的取之不尽的源泉,人们开始学习科学地描述所有自然现象,让它们服务于人类。虽然在古希腊时期,进行技术创造时部分地使用了计算,有时也应用科学知识,但是主要还是依靠经验,技术人员的创造并不仅仅是为了建立培根提到过的"新世界",也是为了实现不断改变的世界观及各种"天性"(本性)。一切可以创造的,都只是人类活动从隐藏状态导出的这样或那样的具体发明。从这个意义上讲,不论是在古代世界、古希腊,还是在中世纪,技术创造都只是一种发明的才能,人们当时并不清楚为什么要创造出物品及机器(实际上只有上帝可以进行创造)。在新时期,技术创造开始有意识地计算自然力量,根据人类的需要和活动有意识地使用工具,在工程学中建立以自然科学知识与技术知识为基础的技术。这一时期的主要活动是发明和工程设计,这两个工程学活动的前提是自然科学与技术的合理性。

毫无疑问,技术的这个特性与下面所要说的特性一样,都与其现代解读相关,但是必须强调的是,对技术进行通用的、超历史的解读是不可能的。

当今世界,技术与广义的工艺密不可分。在一定时期之前,工艺与组织、资源及技术等一样,只被看作生产过程的一个方面。近二三十年发生的情况完全不同,在工业发达国家里,大型国家技术规划及项目的实现使我们意识到出现了新的技术活动,应当在更广义的范围内研究工艺。

研究者和工程师们发现,在各种工艺过程、作业(操作)及原则(其中包括新的)之间,在国家及其文化中已经形成的科学、技术、工程、设计和生产状况之间,虽然它们是不同的社会文化过程与系统,但是彼此间也存在着紧密的相互联系。

我们回到前言中提出的问题。先来说如何解决技术向非技术退化的问题。也许,在研究技术时必须要注意文化与活动的理论及其他规则,但重要的是要避免退化。为此,我们需要关注的是技术本身的问题,还是对描述技术的这些规则的认识?如果只是在技术文献中讨论哲学与价值论中的自由和实践价值问题,那么我们就遇到了退化的问题,但是如果哲学及价值论的方法是用来讨论人类在被技术全面严密束缚的世界中的自由问题,那么在这种情况下技术就不会发生退化。如果我们根据上述技术的本质特征,用与时俱进的态度来对待技术,那么就可以有效地防止技术退化。在研究中形成关于技术本质的固定解读之前,它的任何"非技术"特征都将使技术的意义变得更为清晰。

现在谈一下关于技术解读的双重性问题,即技术同时作为独立的世界和人类活动及文化的一个方面。这种双重地位反映了技术现实的特点:技术,原本是独立的现实,而实际上却取决于人类活动和文化的建设需要。这个两难选择不需要解决,相反,它的压力既有助于避免使技术陷入退化,又可以保留探究技术哲学问题的积极性。作为独立的现实,技术可以通过技术、人类及文化存在所经历的各种事件形式被认知,如幸福或与此相反的不自由、风险及生存威胁。海德格尔说:"不存在任何技术魔鬼,但它有存在的秘密。技术的本质有揭秘的使命,这就是风险。"关于这些事件和体验的哲学及现象学方面的思考,是分析技术及其他规则(如活动的理论、文化学、方法学等)的必要条件,这些思考同时也形成了技术哲学的新问题。

还有一个问题:根据什么来收集并组织技术的这些不同研究方法及规则?对于技术本质的确定,既然必须要对其进行思考和解读,而它们在不同文化中又是不同的,那么就可以初步认为,对技术进行的合理的文化历史重构,可以作为收集和思考有关技术相关研究的依据。这就要求合理的文化历史重构本身应该借助其他学科的思考及相关工具。比如,在研究古希腊文化中的技术起源时,必须要有关于古希腊的文化学知识以及技术历史知识;进行关于古希腊科学的科学学研究,要具备柏拉图(Plato)和亚里士多德(Aristotélēs)建立的最早的研究纲要及世界图景的历史哲学和心理学知识;要了解关于古希腊文化中科学与实践经验之间关系的理论实践概念,就要进行关于古希腊技术文献及技术认知的哲学及现象学研究。

对技术进行合理的文化历史重构,使我们可以在独立的学科和方法的框架下,对技术研究的各种现有方向进行比较,而且不是本体论式的对比,而是使用文化历史重构的研究者们创建的"坐标体系及工具"

来进行对比。但是,在完成类似的重构之后,是否就无法获得关于技术的概述性的本体论概念呢? 也许可以,这么做甚至会更为合理,但是要明白,技术的这种概括性的客体化是由研究者本人提出的,原则上被文化历史方法的框架所限定,同样,该技术哲学的概念也将被作者的思维所限定。

现在,我们使用方法学的概念再次来说明技术的本质。换言之,我们尝试以理论(哲学–方法学思考)的观点来进行分析。

2. 作为理想对象的技术示意图

正如技术所表现出来的那样,其实物性及结构性形式只是它的外"壳",即现象,而非本质,技术的本质另有所指。为了获取技术的本质,我们在分析一些技术创造时,可以发现,任何一种机器都有其用途,而这个用途是针对人类有目的的活动(移动货物、抬升重物、为某种用途生产能源)而提出的。由此可以得出结论,技术是作为人类活动的手段而出现的,并在一定程度上由活动的背景所决定的,我们暂且称之为"技术应用活动"。但是,事实上使用该技术活动功能的并不是人类本身,而是机器。那么,这种技术活动凭借的是什么呢? 众所周知,是大自然的力量。甚至连简单的古代工具(比如杠杆或锤子)的有效运用,都是结合了人类肌肉力量和自然过程的作用。如果说在古代的技术活动中,人类肌肉力量的作用还很大的话,那么在现代技术活动中,在工具的有效性方面,这个作用已接近于零,当然不排除在机器控制及启动方面使用一定的人的肌肉力量。由此可见,技术的第二个方面是启动和"运行"自然过程(物体的移动、力量的作用、热量释放等)。当然,创建技术的前提是找到或创造这种自然过程,正是这些自然过程使人类的技术应用活动的目的得以实现。也就是说,技术不是应用技术的活动本身,也不只是简单的自然过程,而在原则上是依靠自然的力量和过程来创造条件使人类完成一定的活动。同样地,为了建立这些条件还有一件事是必须做的,我们称之为"技术生产活动"。技术生产活动与技术应用活动的结合点是独特的技术创造(工具、机器、机械)。但是,技术创造出来的不只是技术活动的产品,以及所使用的活动工具,还有人类生活的文化条件(环境)。从根本上说,文化条件影响了人类生活的所有方面——生活方式、需求、生活环境等。

由此可见,我们可以在四个空间坐标中对技术的本质进行描述:第一个坐标——"技术应用活动"范畴;第二个坐标——"技术生产活动"范畴;第三个坐标——"技术创造"范畴;第四个坐标——"技术环境"范畴。我们用图2来说明。

图2

在这里应重点关注中间部分——技术创造,它具有独特的纽带作用。一方面,技术创造是技术生产活动的产物;另一方面,根据技术和活动的规律,技术创造是技术应用活动的手段和条件。技术的这种双重存在正是对其进行研究的复杂性所在。有些研究者只强调技术的活动本质,有些则重视研究其本质基础,有些人认为技术生产活动最重要(很多工程及技术创造概念都属于这一类),也有人认为技术应用活动更重要,还有些研究者认为只有技术创造属于技术。

关于技术本质研究的主要问题在于,一是对所列四个技术范畴(坐标)的描述;二是应该根据技术的本质把这几方面结合起来。与解决这个问题相关的第一个观点是,只有当技术生产和技术应用活动交叉结合时,技术(技术行为)才存在。第二个观点是,要明确技术应用与技术活动两方面的联系:一个是人工活动,一个是天然的、自然的活动。第三个观点是对第一个观点的补充,认为技术(技术行为)是通过技术现实来认知的一种现象,具有符合技术生产和技术应用活动的特点。第四个观点是,技术生产活动建立的基础是专业的知识和世界图景,即运用这些知识、手段和概念。第五个观点是,技术对自然、人类及其周围环境的影响是技术不可分割的一方面。我们从第二个观点开始解释。

在古希腊哲学中,亚里士多德建立了技术的两方面(人工的和天然的)之间的联系。在那里,技术第一次被呈现出来。亚里士多德分辨出,一个是"天然变化的自然",另一个是"人造物"(在古希腊时期其被解读为所有生产加工,包括技术的生产)以及"活动"。亚里士多德认为,在形而上学中,我们认为那些属于自然的东西才是天然的……拥有自体运动的物体的本质最首要的意义就是自然。按照亚里士多德的观点,人工制造要依靠经验及科学知识("原因"及"起源"的知识)。亚里士多德就是这样为人工制造建立了天然和人工方面的联系。亚里士多德写道:"比如,根据一个医生一系列思考的结果,患者最终获得了健康的身体,因为健康取决于某种应该的东西,如果身体应该健康,那么它就注定是健康的。如果健康取决于均衡性,那么为了获得均衡性,可能就需要热量。这样,在一直没有达到最后一个环节之前,他就一直在思考,他本人能做什么。从这一时刻起,为了身体能保持健康而开始运动,后面就可以称之为创造……"在这里,从过程起源及形式开始,这是思考,而从"思考"到最后一个环节,就已经是创造了。[1,122页]我们看到,亚里士多德在这个讨论中区分并联系起来的不只是自然与人工的一个方面,他还指出了技术行为(人造、创造)借助思考和科学知识的这一方面。

培根以新欧洲思想为基础,同样获得了进步。他分析了新实践(也就是工程学)的特点,并在《新工具》一书中写道:"在操作中,人类只要连接及分离自然体,就不需要再做什么了,其他的都交给自然自行完成就可以了。"[12,108页]俄罗斯技术哲学大师恩格尔迈尔对这一点另有表述:"自然不追求人类思想语言所表达的任何目的,自然是无意识的。自然现象之间相互关联,朝着一个方向鱼贯而行。比如,水只能从高处向低处流动,位差只能通过坡度变化来改变。A–B–C–D–E就好比一个自然链,物理链是A环,后面其他的会自动跟随,因为自然与事实是保持一致的。而人,正好相反,是被假设存在的。比如,我们想要对象E出现,但不能靠自己的力量把它拿出来。但是知道这个A–B–C–D–E链,知道对象A可以通过自身力量达到,那么只要找出A,自然链就运动起来了,而对象E也就得到了。这就是技术的本质。"[88,85页]在其他著作中,恩格尔迈尔提出,技术是作用于自然的人造物。换言之,技术是利用自然法则有意识地引起某种现象出现的人造物。哲学家们按照不同的方式解读自然和人工制造的本质,但是把自然的概念与人类目的性活动的概念联系起来,却是从亚里士多德开始的。

现在解释第三个观点。初看起来是这样的,技术之所以成为技术,难道必须认识技术现实?如果不把技术现实当作技术本质的客观知识来理解,而是作为该时期和某一文化所获得的关于技术的解读,那么答案是肯定的。比如,最早的一批哲学家之一博恩(F. Bonn)提出,要区分那些取得了成果,但是还没有弄清指导方法的目的性活动,以及通过提前讨论指导方法而取得成果的目的性活动。博恩认为只有第二种活动属于技术。早在亚里士多德时期,讨论诗歌艺术时,就开始关注可以检验技术活动质量或结果有效性的方法和专业知识:"不论我们要谈的是一般意义的诗歌艺术,还是其中的某一类,大概都会说到它的每个意义是怎样的,该如何编写梗概,才能使美学作品更好。"[3,39页]但是解读技术现实的前提不只是反思,所谓的"运用技术方法"(有时被称为工艺)还要求认清技术的天然和人工两方面的联系。这再次显示,这个要求并不是必不可少的。比如,在古代技术中,这两方面的联系好像并没有被认知,而技术就已经存在了。但是需要考虑的是,在古代文化中技术与魔法是结合的,魔法本身被理解为人类对其所依赖的神秘物质的神灵作用。在古代文化中,对技术现实也有一定的认知,只是技术现实在古代世界中是与魔法一起被解读的。顺便说一句,在"技术-魔法现实"的框架下,虽然灵魂(鬼神)与人相似,但是它们的活动完全不服从于人类,相反需要人类去适应它们,为此必须了解它们的特性。正如现代人说的"要征服自然,必须先服从自然"一样(培根的名言),古人听从灵魂(鬼神),并战胜了它们。在现代文化中"天然的"被认定为"自然"的概念,古代"鬼神"的概念就符合这一理解方式。

下面解释第四个观点。如果古代世界的技术活动是通过"技术-魔法"世界图景表现出来,那么在后来的文化中,是通过理性概念的各种世界图景。可以说已经存在三个世界图景:以"техне"观点和亚里士多德概念为基础的古代世界图景、科学技术图景,以及工艺图景。目前正在形成的新世界图景及理性类型,被赋予使命去克服我们技术生态文化的主要矛盾。在所有四个表现类型中,技术活动的建立不仅依靠那些我们掌握的极其复杂的专业知识及概念,还有经验。

在20世纪,由于一系列下面将要分析的原因,情况越来越明晰,工程活动与技术已经极大地影响到自然和人类,并改变着它们。在16—17世纪,古代和中世纪关于自然解读的成就斐然。柯瓦雷(A. Koyré)着重于通过柏拉图的方法学原则及德谟克利特(Demokritos)的个别观点[它们曾使伽利略(G. Galilei)得以用另一种方式观察自然及物体的运动],分析了17世纪的科学革命及伽利略所发挥的作用。对于亚里士多德来说,自然(更准确地说应当是宇宙)是等级有序的,而且每种物质及其存在都有自己的"自然位置",相对于这个位置完成所有运动(当物体从此位置消失时是"被迫"运动,当它返回时是"自然"运动)。对于柏拉图来说,宇宙及自然都具有自己提出的独特规律,在存在层面掌握这些规律的前提条件是数学运算(数字及几何的模式化)。但是,如果存在的思考是分等级的,而运动又分为自然运动和被迫运动,那么数学运算就不能完成,因为数学本体论把它所描述及代表的一切变成同源的了。柯瓦雷指出,为伽利略理论提供支持的德谟克利特、阿基米德(Archimedes)、哥白尼(N. Copernicus),逐渐完成了对自然的新解读。德谟克利特给出了一个非常好的对宇宙同源的定性描述,阿基米德则是一个可以用物理数学来描述对象的人,这些对象(指被理想化的对象)仿佛从自然中消失了。哥白尼和后来的开普勒(J. Kepler)创造了宇宙同源的"统一模式",它同时也是物理和数学的"统一模式",在这个模式中,任何运动(天体及地球的运动)都遵循自然和数学规律。

传统科学技术图景危机重新出现,但是很显然,已经是在另一个层面上了,是对自然的非同源解读,为此必须区分通常意义的自然和星球自然。在星球自然框架下,独立于认识、工程活动及技术之外的人类和自然已经不存在了。需要说明的是,产生于当代的星球自然的新形态还没有被人类所熟知,它已经不是人类活动的简单对象,而是有生命的工具。这种自然法则不是永恒的,而是由历史及文化关系决定的。在这里,人类活动本身(包括科学认知、工程及设计)是自然演化的工具。演化有自己的目的,而且不止一个。自然不只是人类活动及进步的条件,还是它们的目的,甚至是其特有的精神存在。它可以感受并适应人类,汲取人类的影响力及活力。现在,要重新审视的还有需求的观念,以及人类应有的存在模式。因为现代人类的需求在很大程度上是由科技进步决定的,正是这种进步把人类变成"座架"(也就是失去了自己的自由),由此提出关于人类摆脱技术影响的问题,它要求人类重新审视自己对待技术和自然的态度。简单地说,当下人们必须重新研究所有这些传统的科学-技术世界图景的构成,包括工程技术观念本身。

最后,简单解释一下第五个观点。直到20世纪,所有这些由技术创建的主要影响和作用,变得越来越广泛和重要,而且与技术的概念无关。那么我们要问,为什么设计某种机器时,工程师要考虑空气质量、人类需求、发展道路?要知道,他们不是这些领域的专家,而且他们也没有责任去分析自己的科技活动在更广阔范围内的后果。但是,现在已经不能不去考虑和分析这些问题,因为对技术的理解必须包括技术对自然、人类及人类周围的人造环境产生的所有主要影响和作用。对于哲学家来说,这里有两个问题:技术是如何影响人类存在的(自由、安全、生活方式、认知现实的能力)?技术型文明指的是什么,命运如何,是否有一种更安全的文明,为此我们需要做什么?

3. 工艺的概念

今天,谈到技术,我们通常会使用这样一些表述,比如农业技术、建筑技术、医疗技术、管理技术、爱的技术等。但是,我们还必须把这些表述与"工艺"联系起来。19世纪末,埃斯皮纳斯(A. V. Espinas)在《工艺的诞生》一书中提出创建关于不同类别技艺及技术的学说,并把它们作为一类活动进行研究。根据埃斯皮纳斯的意见,研究人类实践活动主要规则的工艺填补了缺少"行为哲学"的现代知识工具的空白,应该是一种"通用人类行为学"。[74,38—40页]作为活动的一种,建筑技术或爱的技术实际上别无二致,不论是哪一种,我们都要划分出操作顺序、规则及行动条件。

但是在"工艺"的概念中,我们还可以捕捉到埃斯皮纳斯的概念中缺少的两个意思。实际上,工艺与技术紧密相连,而且不限于此,工艺还与自然科学、技术科学,以及技术发明创造的文明成果息息相关。当我们今天谈到计算机与信息工艺时，其实指的是那些新的能力，甚至是这种工艺带来的整个科技革命。观察表明，当人们部分地掌握了管理生产和技术发展的方法之后，发现监管下的生产和技术发展可以解决一系列复杂的国民经济或战争问题时，人们开始讨论工艺的种种。换句话说，与工艺概念相关的另一个意义是，有目的地提高技术有效性的能力。其实不仅仅是技术效率，后来的分析表明，文明的成果和劳动效率的新成绩不仅与新技术有关，还与新的合作形式、生产或活动的组织、劳动文化、科技及文化趋势、资源的聚合能力，以及社会和国家影响的程度和目标的坚定性相关。渐渐地，工艺被解读为提供文明功能性成果的复杂现实（也就是创新和发展的机制），从根本上讲，工艺是影响范围的扩展（政策、管理、现代化、知识及资源提供等），实际上这些影响来自社会文化因素的作用。

但是，埃斯皮纳斯的部分观点是正确的，他确认了工艺及"活动"学说在精神和用途方面是相近的。当工艺的概念被概括为比简单的"新技术"更广阔的解读时，下面两种情况开始变得清晰了，即工艺是"活动"发展的专业化、现代化的形式之一，工艺的发展由活动发展得更普遍的机制所决定。显然，"活动"的范畴比"工艺"更广阔，但是工艺的范畴更具体、更专业，因为与工艺相关的是一系列特殊的、现代的活动发展机制——跟踪其在文明方面的有效性、监控其发展、关注事物的工艺方面等。

众所周知，对工艺的专业性认知出现得很晚（19世纪末到20世纪初），也正是这一时期形成了上述工艺观点。但是，工艺的"活动性本质"使我们几乎要从新石器时代开始讨论工艺及工艺革命（在追溯之前从工艺角度对活动进行研究的条件下）。当然，在发明了轮子、书籍印刷或电机设备时，谁都没有专门跟踪观察过技术或活动的有效性，也没有有意识地对"活动"发展进行监控。即便如此，我们今天仍然可以在一定意义上谈及这些发现和发明所带来的新工艺甚至工艺革命。"活动"本身被创建(准确地说,我们把这种创造归于活动),包括一些与本质相近的元素,决定了工艺的本质。实际上,在文化中"活动"是有目的性和功能性的,要求具备社会的有效性。通常来说,科学活动是一种发展的特殊机制,"活动"其实是在历史现实中发展和再现的事物。当然,"活动"要求进行认知和监督,否则就不能控制及再现其主要参数。在通常条件下,认知和监督活动的方式不是以技术现实特有的形式来实现的,而是通过依靠职业经验和实践方法的相关知识(规则、行为原则、禁忌、活动方式方法描述等)来实现的。但是,这些工艺的非专业认知及监督方法,是用一系列参数标准来衡量的,虽然它们很像工艺的方法,却很少被实现。考虑到工艺的活动性本质(在方法学方面,要考虑到代表潜在的、未经表达的工艺形式的活动),我们可以了解旧时代的工艺,并讨论工艺革命。虽然从历史的角度以专业形式研究工艺完全是不久之前才发生的事,但是从根本上说,在这些情况下应该对"活动"及其发展进行分析,并重点强调文明的进程与成果(社会效应),以及管控的机制。从持续发展的角度来看,还要分析它们将来会如何。但是,人们必须清楚的是,活动和工艺不是一回事。作为研究对象和原则的"活动"属于哲学和方法学思考的基本领域。结合不同的研究方面(物质、功能、结构、程序、知识的方面等)进行分析,为"活动"制定再现、发展、改革、传播、合作的方法。而工艺只是"活动"的专业化类别之一。在哲学-方法学范畴的思考中,工艺不属于基本原理,它属于对象领域,也就是说要通过"活动"、"现实"、"存在"及其他范畴来研究工艺。但是在技术哲学中,"技术"及"工艺"的概念本身就是根基。如果它指的是相应的背景,用它来分析技术与工艺的文化本质,那么把"活动"的概念作为工艺来接受就是完全合理的。在这一语境之外,把工艺与"活动"相提并论可能会导致各种混乱。我们只是在这一语境下,把工艺和活动视为同一。

现在,我们回过头来分析一下关于农业技术、建筑技术、医疗技术、管理技术、爱的技术等表述,可以发现,文明之所以会发生变革,是因为其得益于第一自然效应的发现和应用,也就是说,得益于技术的发展。第一种情况,新技术的发明(创造)才是决定性的;第二种情况,新工艺是关键;第三种情况,二者作用的结合和混合才是关键因素。每一种情况都要进行具体的历史性分析,以便于了解借助哪些技术或工艺的"工具",或者哪些新技术与工艺的结合,技术才有可能获得一定的文明成果。最常见的当然是第三种情况,顺便说明一下,分析并解释历史和技术的本质是非常复杂的。如果不区分上述三种情况及对象——技术、工艺和活动,那么实际上什么都无法弄清楚,包括研究的对象以及从这三个方面提出的合理创造技术的观点。在文化历史学中,我们感兴趣的是:(1) 技术及工艺现实的创建;(2) 对技术及工艺进行监督和管理的认知和解读形式;(3) 决定技术及工艺相应结构的社会文化因素。

现在我们试着回答一个问题,即"技术"及"工艺"的概念之间有什么联系。因为"技术"的本质定义包括技术手段(产品、创作)的创造方面,所以如果将工艺简化到人工制造物的加工活动,那么工艺似乎就是技术的一个方面。但是,工艺不是任何一种人工制造物的加工活动。根据其概念我们可以得出,工艺不是任何技术的一个方面,是现代包含技术管理在内的人工制造物生产活动,而这种生产可以促进文明发展,它是由一系列社会文化因素所决定的。但是,工艺的概念包括技术的概念,工艺是创造人造物的活动及实践。再来看一下当代的情况,要知道,工艺的广义概念在20世纪才出现,这样,根据其概念只有现代技术可以被看成是工艺的一个方面。通常认为,虽然技术和工艺的概念相互关联,但是上述事实说明不应该把它们混为一谈。

第三章

古代及中世纪的技术

1. 古代技术：文化背景

　　古代文化与后来的文化相比相对简单,但是古代技术形成的背景及条件值得研究。古代的技术实践在这一背景中呈现出来,如打猎、墓葬、医疗、建造房屋、制作衣服、与灵魂和神灵进行交流,以及一系列其他活动。所有这些实践活动的突出特点是,它们都根源于灵魂的概念。为了解释清楚这一情况,我们从符号学的角度来分析关于灵魂的概念,以及古代文明的其他概念形成的特点。从符号学的观点看,灵魂是一种复杂的符号,我们在一些研究中[55;56;59]称之为"生成符号"。在更早些的研究,如《数学中符号工具的符号学分析》一书中,[57]主要把符号划分成三种：模拟符号、标记符号、代码符号。与模拟符号和标记符号不同,生成符号不仅代替了真实的客体,还可以在创建符号时随意进行组合。这样,关于灵魂的泛灵论概念,从符号学角度可以解释为生成符号,一方面,它代替了真实物体(人、动物、植物),另一方面可以解释它们的行为(死亡时,灵魂永远与身体分离;昏迷时,灵魂暂时离开身体;做梦时,灵魂则到另一个世界游弋)。"解释功能"在这里是相对自由的。但是,一定的说明类型预先决定了随后对所代替的客体的解读和看法(结构)。最后,所有符号可以作为独立的物体(我称之为"再现"的物体)使用,这时一系列被符号代替的物体(原始物体)的特性进入再现的物体中。比如,在苏美尔-巴比伦数学中关于田地的平面图,无论是相关"田地"的表示(模拟符号),还是独立再现的物体,分析重建它们,都把面积计算的结果和田地的形状知识相结合。

总之,灵魂符号的发明使古人领悟到了死、昏迷、梦,并"用图画表达野兽和人的起源"。不仅如此,同样重要的是古人还对它们进行了相应的实践。实际上,我们把古人与神灵的活动看作人与符号的活动。生成符号运用的符号学公式是这样的: 符号 A(灵魂)包含在转换序列 a_1,a_2,a_3 中,得到符号 b_1,b_2,b_3 等。这些符号属于真实客体 X(在这种情况下,属于人)。类似的导入使客体 X 中分出(由此得出符号名称——生成符号)一定的限定特征 c_1,c_2,c_3 等,也就是在这种情况下,得出灵魂的特性及状况,这些特性使人类可以把理想新客体 Y 具体化为真实的灵魂。生成符号运用的一个必要的条件是预先建立意义联系,也就是用符号代替客体。生成符号的突出特点是,这里的客体 X 及客体 Y 在物质性状上是不相符的,正如在符号的其他类型中发生的一样。比如,模拟符号属于客体 X(按其他分类法属于"光电显像符号"),在物质上(不是按功能和本质)与客体 Y 一致。那么,古人用来数数的手指(以及小石子、牡蛎壳、砍痕、线条),就可以被看成是模拟符号。它们属于真实的物体(客体 X),也被列入相应的"物体整体"(客体 Y)中。根据材料看,它们是同一个客体;但是按功能来说,它们却不是同一个客体。客体 Y 只可以计算、加减、组成一组或分成几组,与客体 X 同时可以实现某种实践中通常所做的一切。

下面分析一下这种符号使用行为的建立,如灵魂。第一类操作 a_1 表示灵魂永远从身体中"离开";在归入客体 X(人或动物)时,这个操作即代表死亡。这里我们再次看到,人类自古就了解的死亡的经验事实(客体X)与形成的死亡Y概念不符。在这一思考基础上还形成了相关的古代实践——墓葬,古人认为坟墓是给灵魂建造的房子。考古资料显示,在这个房子(坟墓)里,人类放入了灵魂在新地方继续真实生活所必需的所有物品——食品、武器、器具、衣服等。后来,有钱人还把马、奴仆,甚至爱妻都放进去,想让其随自己进入另一个世界。显然,墓葬的实践首先限制了新工艺的形成和建立,因为它所使用的基本上都是已有的技术。

第二类操作a_2,人们认为,在人患病时灵魂会暂时离开身体。在这一想法的基础上,古代医疗(治病)实践活动开始出现,它是以不同方式作用于灵魂。为了使灵魂回到身体里,去说服灵魂,为它贡献礼物——祭品,为它创造喜欢的条件——温暖、寒冷、潮湿、草药的作用等,意识到"康复"——与"灵魂直接短暂离开"相比,这实际上是符号的逆向操作。古代医疗首先要求对自然效应进行探索及记忆,然后组织一系列引起这种效应的实践活动。换句话说,真正的治疗技术形成了。但是,实际上它是在泛灵论世界观的框架下被理解的。

第三类操作a_3,指另一个灵魂在睡梦中进入人的身体(或者在做梦期间,灵魂到体外旅行)。这个操作定义了梦的概念,相应的逆向操作即离开梦境苏醒的意思。在此基础上,进行解梦的实践证明了灵魂的存在。这一实践与技术没有直接关系,因为它完全属于人类行为的范畴。

第四类操作,准确地说是两组对古代文化有着绝对重要意义的操作。首先,召唤灵魂,使其可见;其次,面对灵魂,借助古代艺术手段(绘画、歌唱、演奏乐器、制作面具及雕像等)与它交流。在这一实践框架下,形成了一些专业技术(如制作乐器和面具,制作绘画及雕塑的工具和材料),以及复杂的古代艺术技巧(绘画、舞蹈、雕塑等)。

从技术本质的角度分析,是否可以认为乐器(比如长笛或者鼓)属于技术装置？一方面,它们具备技术的所有要素：技术生产活动、技术使用活动,以及专门的技术装置——乐器本身。但是从另一方面来看,演奏乐器的效应不是第一自然的活动效应,而是一种心理学效应。与声音的作用不同,音乐效应的前提条件是理解音乐、培训演奏乐器、在学习的过程中培养特殊的音乐才能。很明显,可以通过两种途径来进一步分析。第一,我们只把那些以第一自然效应和过程为基础的技术装置归于技术。那么在这种情况下,乐器就不是技术,但是这个定义有一系列问题。第二,自然效应及过程的概念可以归纳到任何自然效应及过程中。也就是说,它们可以属于第一自然,也可以属于人类的心理或社会"自然"。在后一种情况下,大众传播媒体可以作为技术的例子。这些分析重要的是,保留了"天然-人工"的对立关系本身。这样,虽然音乐能力是有意识地建立的,但它们仍然是音乐教育或训练的人造物。如果已经具有音乐能力,并掌握音乐在人的灵魂及心理中产生的理论音乐学、音乐心理学及符号学的概念,那么完全有理由认为这是天生的。由此可见,在我所倾向的第二种情况下,乐器可以被认为是货真价实的技术。

分析显示,在古代文化中所有认知和实践的主要类型都是在这一逻辑下产生的,而且有关灵魂的概念是这一逻辑的起源,甚至可以认为这种直接与死亡、梦、疾病或艺术的现象相关的实践,好像无法不受灵魂观念的影响而发展。对于文化学,古代文化的资料使我们得出一个结论："指号过程"成为文化形成的主要机制,即符号的发明及其运用。在这种情况下,新符号的形成遵循了这样一个规律：或者在一些生成符号的基础上形成其他更复杂的符号,或者某种生成符号是其他所有符号的起源。

在古代文化中,逐渐形成了古代技术及工艺产生的背景(古代实践)。在古代文化中,人类在自己的活动中开发并使用各种自然效应,创造了最初的技术(劳动工具、武器、服装、房子、炉子等)。工艺领域的主要成果是创建了两个主要方法:把属于不同活动的各种操作结合到一种活动中,掌握活动本身的"逻辑",也就是说了解并记忆构成某项活动的操作类型及顺序。正如民族学研究所示,最后一个任务同样在符号学的基础上被解决了。古人创建了"文本"(歌曲或故事),用其来描述达成需要结果的活动。在这些"文本"中,除了描写它们的操作和顺序,很大一部分是讲述如何能使神灵来帮助人类。今天,我们把"文本"中的这些现象归于古代魔法,虽然魔法不是这里必须使用的词语。在魔法中显现出神秘的超自然力量,对于古人来说,可能没有任何神秘的超自然的东西不属于神灵。在古代文化中,技术经验传播的主要方式是口头相传和记忆,当然还有模仿。人类的技术活动不是以理性的形式而是以泛灵论的情态被认知的,这种解读的主要特点是把自然产生的计划解释为神灵的活动。作为这些规则的实证,我们分析一下在古代文化中大型重物的抬升技巧,它们在海尔达尔(T. Heyerdahl)所著的《阿库-阿库》一书中有所描写。在某一部落中,居民们需要抬起一座宽约3米、重25—30吨的石雕神像。在开始之前,他们举行了歌舞仪式,之后,酋长开始给11个人分配工作。"他们唯一的工具是3根圆木撬杠,数量后来减少到2根,还有很多在附近收集的大圆石和小石块……雕像面朝下趴在地上,工作组里的人成功地把原木的一端放到它的下面,3—4个人吊在另一端,酋长平身仰卧躺下,开始把小石块塞到雕像的头下面。当11个小伙子在圆木另一端施加重力,雕像有点颤动,然后一点点动起来,但是总的来说,好像什么都没有变,只是石块越放越大……夜晚来临,巨人的头部已抬起距地面整整1米高,形成的空间被小石块严严实实地塞满……工作的第9天,巨像趴在仔细堆积的石塔顶部,高度达到距地面3.5米……在第11天,他们已经准备要把巨人调整到站立的状态,为此开始加高小石山,这一次加到了雕像的面部下面、胡子下面、胸下……在第17天，人群中出现了一位满脸皱纹的老妇人，她与酋长一起在雕像将要矗立的巨大石板上用石子摆出一个半圆。到这里已经纯粹是魔法了……酋长在神像的额头上缠上绳子并用力把它绑到位于4个方位的、被打入地下的桩子上。就这样，第18天到了。一些人开始把绳子拉向岸边，一些人向相反方向减速，还有一些人小心翼翼地用圆木推雕像。突然巨大的雕像开始明显地晃动起来。这时响起了口令声:'抓住! 抓住!'庞然大物全身站立起来，开始翻转，临时搭建的石塔开始失去平衡，石头及大石块轰隆隆散落下来……太阳神巨像已经站立起来，轻轻地摇晃了一阵，就这样站住了……"[82, 143—148页]有趣的是，你要是问酋长是从何得知这种抬升技术的呢? 他会说:"先生，当我还是个很小的小男孩时，我总是坐在爷爷和他的大女婿波洛特(Порот)跟前，听他们给我讲故事。准确地说，就像现在在学校里学习一样，他们教给我很多东西。我那时候就知道很多事了。他们让我一遍遍地重复，直到我记住每一个字。我还背诵了很多歌*。"[82, 141—142页]

海尔达尔描述的古代工艺，对于当时相信万物有灵论的工匠们来说，是非常典型的。它包括在实践中观察和选择的一系列有效操作，要求必须有一代一代口口相传的仪式程序。我们不禁要问，在古代要是没有仪式程序就不能完成任何一项严肃的实践工作吗? 这个仪式程序有什么作用呢? 古人又是如何理解(认识)自己的工艺呢? 当海尔达尔问从自己爷爷那儿继承了抬升和转动巨大雕像的秘密的酋长，如何把石像从采石场运来并竖立起来，通常得到的回答是"雕像是自己走来的"，它们是自己站起来的。海尔达尔把这一解释归为魔法。但是，真的是这样吗? 是因为这些古代魔法、魔术、礼仪歌曲、咒语及其他类似

---

* 这里的歌指的是抬升和转动雕像时所唱的那种仪式歌曲。

的事情才使巨石像立起来的吗？

我们试图想象古人的世界观。他们认为所有有生命的存在都有灵魂，它可以从自己的身体中离开并重新回归。灵魂是某种力量（在《阿库-阿库》的例子中），这种力量可以自我引导，可以成为帮手（这时，人会健康、幸运、有力量），可以成为敌人，在这种情况下，疾病（另一个灵魂——恶魔）进入人体，人会感到虚弱无力，无法做事。灵魂不仅可以生活在人体中，还可以暂时离开身体（做梦、昏迷）或者永远离开诞生自己的身体（死亡——灵魂回到祖先的房子中；之后灵魂再次"迁居"到其他人的身体中，比如新出生的婴儿）。

从万物有灵论的观点看，人是可以影响灵魂（以及人、部落的神灵）的，古代魔法及仪式的各种活动就是为了这一目的。对于持万物有灵论的人来说，自然作用的方式包括交换（祭祀）、说服或恐吓（咒语）、招魂（仪式舞蹈）等。

那么，在万物有灵论文化中，人们又是如何理解自己的"技术"行为呢？他们不可能意识到，是他们自己让神像在没有意愿的情况下也可以站立或行走，他们竭力劝说鬼神的灵魂（通过祭祀活动、咒语等）向人类需要的方向发挥作用。当酋长向海尔达尔讲述雕像"自己站起来并行走"时，他指的不是石头雕像，而是藏身其中的部落神灵。当时人类复杂的技术行为都是为了一个目的，即唤醒鬼神的灵魂使它们站起来并行走。当古人发现自己的行为会产生任何一种效果（投掷石头、杠杆、切割或刺扎的效果等）时，就会解释说类似行动的这种效果对灵魂产生了好的影响。按照这个意思，所有古代工艺都是有魔法或仪式的，也就是可以影响到那些帮助人类的灵魂，就像《阿库-阿库》中的情况一样。都说古代工艺是从需求和观察中诞生的，对此应当进行一个基本的修正：若需求按照万物有灵论来解读，那么工艺是灵魂赋予的一种能力，即创建可以有效地作用于神灵的活动。

这样一来,那些按现代观点来看是真正的古代工艺,而对于古人来说,却是唤醒及作用于隐藏的灵魂的方法。

2. 古王国文化：技术的形成

古埃及、苏美尔、巴比伦、古印度和中国都是现代文明的摇篮。公元前五六千年到公元前一两千年,出现了强大的帝国和国家、出色的艺术、先进的技术、文字、数学及天文学基本原理、哲学萌芽等。古王国文化末期,在其内部形成了新文化的发源地,后来由此发展出古希腊文化以及人类个体的新世界观。

古王国时期的人们也相信神,但这时的神已经是真实的神,而不是古代文化时期人们臆想中更为强大的神灵。好像表面上看很多东西都是由前朝流传到古王国时期的：相信灵魂和鬼怪、祭祀及祈祷、赋予自然元素灵性。虽然很多东西流传下来,但是在古王国时期它们已经被重新解读。一方面,很多神灵像从前一样仍然是自然的本原及现象,如太阳、月亮、海洋、天空、大地、火等。但是另一方面,神再也不是强大的灵魂,而是神秘生物,比如帝王、执政者、高级祭司。他们看起来完全跟普通人一样,是国家和人民的首脑。这一时期的神与帝王和执政者的相似之处是,他们从一出生开始,就注定要肩负一些使命。就好像神同古王国的国王、执政者或祭司一样,负责某些被严格指定的人类活动领域。有些神监护全体人民的命运,有些神负责城市,还有些神负责各种事件和生活的进程。"命运"是这一时期非常重要的概念,它巩固了神的职能。苏美尔、巴比伦文化的研究者克洛奇科夫(И. Клочков)认为："世上每一个人都有自己的命运。神有,任何一个自然及社会的现象也有,所有的东西都有自己的命运,每个人当然也会有自己的命运。神灵的命运决定了其职能的活动领域、神力程度,以及神灵等级,比如一个神可能是负责管理加工砖的形状,而另一个可能会是太阳神。自然的现象被解读为某个神灵的显现,这些现象的每一种命运看起来都是所对应神灵的命运,如雷电的'自然属性'被理解为阿达德神的命运。"[30,35页]

古王国时期的文化与之前文化的观念相比,一个主要的区别是神灵和人们不仅完成了赋予自己的职能,而且共同维护生命本身、世界和世界秩序。古代文化中的人类受神灵的影响,却不会与神灵共同对生活、地球及天上的世界负责。现在完全是另一种情形:神灵应该彻底地关注所制定规则的执行情况,而人则为神灵提供协助。在巴比伦宗教中,人类虽然渺小,但是却位于关注的中心。"伟大的神灵"人格化的宇宙力量总是深入人们的日常生活,他们做的仿佛只有这些:警告、提醒、拯救并奖励自己卑微的创造物。[30,126页]古王国文化中的人类确信,这个世界的秩序由命运、神灵、祭品、法则来维持,其人格化的体现是帝王或高级祭司,他们把地球上的世界与神灵的世界连接起来,帝王及祭司维护法律并调配祭品。人们深信,为神灵提供祭品,遵守其规定的法则,对帝王及祭司恭敬,绝对服从于他们,世界就会存在,如果其中一环断开,世界就会灭亡。在第一种古代文化中(古埃及、巴比伦、古印度和中国),这种世界观包含了许多独一无二的形式。

在古王国文化中,人类和神灵共同参与对世界秩序和生活的维护,而这种共同参与借助于神话和神秘传说进一步得到巩固。神灵创造了这个世界并建立了秩序,为了感谢他们,人类应该为此付出鲜血和生命的代价,为神灵献祭,并遵守他们创建的规则。

下面举例说明苏美尔神话关于人类诞生的传说。

在巴比伦(苏美尔)流传的《阿特拉-哈西斯》神话是这样描述的:众神聚集在一起开会决定创造人类,以使神摆脱为了维持个体的存在而必须进行的辛苦劳动。

> 如果神灵，像人一样，
>
> 完成劳动，承受重荷，
>
> 神灵的负担会非常沉重，
>
> 辛苦劳作，多灾多难。
>
> 伟大的七大上神安努那基(Anunnaki)啊！
>
> 请让小神们去劳作吧。

被沉重的劳动折磨得疲惫不堪的小神们暴动抗议，"把自己的工具抛到了火中"，并成群结队地来到大地的统治者恩利勒(Enlil)神庙的大门口，震怒的恩利勒召来安努(Anu)、恩基(Enki)，以及尼努尔达(Нинурта)、埃努吉(Эннуги)、女神宁图(Нинту)……最后宁图和恩基开始着手创造人。但是，恩基说，为此需要杀死一个神并进行净化，再把被杀的神的血液和黏土混合。

> 在集会上，众神回答"就这么办吧！"
>
> 伟大的上神，主宰命运。
>
> 在第一天、第七天及第十五天
>
> 恩基完成了净化。
>
> 拥有理智的维依拉神(Веила)，
>
> 在自己的聚会上被杀死了。[30,38页]

就这样，为了创造人，众神在聚会上杀死了一个神。但是对于人类来说，在创造这个世界和人本身时，众神与人类之间的"这个协议"具体又意味着什么呢？

通常认为，它要求人们遵守法则，并且向王宫、军队和神庙缴纳重税，主要是天然形式的税：谷物、啤酒、武器、劳动力。而神通过祭品的形式接受这些税，这是一种维护世界和秩序所必需的方式，目的是让众神完成自己的职责。如果不这样做就没有世界，没有秩序，也就没有人类。

如果由于某种原因世界秩序被破坏了,那么人们就会认为是神愤怒了,一切都会遭到毁灭的威胁。因此人们可以付出任何代价来努力恢复被破坏的秩序,还有什么是不值得付出的呢? 由于这些影响,尽管它们看起来很奇怪,但是却产生了科学、权力、农业及艺术的构成要素。

众所周知,一个强大的国家是不能没有军队、经济生产活动、组织及管理的。在古王国文化中,形成的正是人类活动的这三个领域。新的指号系统的形成使这些成为可能,从文化学的观点来看,这一时期的主要特点是: 符号系统的建立(数字、图纸、计算法)使人们可以组织大型的集体活动,并解决上述三个领域中出现的其他复杂任务。我们举个例子来说明,比如,在土地划分中长方形田地面积的计算方法是如何产生的。

河水泛滥冲毁了田地边界,古人每年都面临着同样的问题:每个土地所有者为了获得与河水泛滥前同样大小的土地,就必须要恢复田地边界。根据考古资料及保留下来的面积测量名称可知,当时每块田地的"尺寸"不仅由边界来确定,还按照田地播种的谷物数量来确定,这个问题就这样被部分地解决了。实际上,所有古人最古老的面积测量方法就是"谷物",其与有同样名称的重量的度量单位相符。

但是借助谷物来恢复田地并不总是可行或方便的,有时虽然要恢复田地,但是并不是需要耕种它,而且如果按照不同的方式耕种,也会得到不同数量的谷物,还有许多诸如此类的情况。经验论的文献显示,人们发明了恢复长方形田地面积的新方法:假设现有待恢复的长方形田地Y,数值等于田地X,需要计算出田地中犁出的垄沟数量(宽度为标准宽度),以及其中一列垄沟的长度。古人所说的"垄沟",不只是田地一部分的名称,还是面积的度量单位。

引入标准的垄沟,计算垄沟数及其长度也不能解决所有的难题。因为在古代,土地所有者经常面临一个必须解决的问题,即比较两块以上田地的大小。假设有两块需要比较的长方形田地,第一块田有25条长30步的垄沟,第二块田有50条长20步的垄沟。按照数量是不可能直接进行比较的:第一块田的垄沟长比第二块长,而垄沟数却比它少。

显然,拥有相同数量的垄沟或相同长度的垄沟就可以比较田地的大小。古代税吏及土地测量者要努力解决的正是这一问题。我们发现,比较田地的收成时,田地的大小没有改变,如果垄沟长(垄沟数)提高n-1倍,并且相应的数量(垄沟长)减少(n-1)/n,他们开始重新计算田地,但不是用实际的田地,而是用代替田地的符号。比如,为了解决所提出的任务,需要把第一块田的垄沟数提高一倍(25×2=50),而垄沟长相应地减少一半(30÷2=15)。那么在古代,通常在比较大量不同大小的田地时(例如,在巴比伦同时比较几百块田地),渐渐地形成了这样的算法:把垄沟长换算成田地的最小长度,最后再换算成长度单位(1步,1肘),相应地田地的大小不变,用垄沟的数量乘以田地的长度。比如,对于用数量表示的田地为10.40,5.25,15.20,2.30,见下表。

田地的大小	垄沟的数量
10∶10	40×10
5∶5	25×5
15∶15	20×15
2∶2	30×2

在经过相应的运算之后得出:

田地的大小	垄沟的数量
1	400
1	125
1	300
1	60

　　既然左列数字总是1,那么田地的数量只能用数字和运算在右栏显示,也就是垄沟长与垄沟数的乘积。很自然,我们可以假设,这一事实早晚都会被古代税吏认识到,他们开始略去左栏的数字1,建立了全新的方法:首先测量垄沟的数量以及平均垄沟长(对于长方形田地,计算任意一条垄沟;对于梯形及三角形田地,则用最大及最小长度计算出的平均值),然后把得到的数字相乘,就计算出田地的大小了。但是,对于首次发现长方形田地面积计算方法的苏美尔税吏来说,如果说是他想出并计算出了田地大小,他会表示反对,仿佛这样说会亵渎神灵。得出这一公式,他认为只是写出了神灵创造的某物,是神灵赐予他这种天赋和知识。

　　关于这类解读还有另一个例子,即对天体现象的观察。日食、月食的计算,太阳、月亮和星球的出现及消失都被理解为对天上神灵生活的描述。比如,在塞提一世(Seti Ⅰ)圣坛上图像的注释描述了旬星(星星经过10天升起到东方的地平线上)一个接一个地"死去",就像它们在阴间给尸体涂防腐剂的房间里"被清除了",以便在消失70天后可以"重新诞生"。[53,97页]在很多技术活动的领域内都会用到数字、图纸及计算方法,比如在建造庙宇、宫殿、其他建筑和民用建筑时(方案、示意图、建筑材料所必需的计算、配比),在造船时(示意图、比例、计算船舱容量),还有一些手工劳动和其他活动也都会使用。

　　这一时期的技术有两个特点:

　　第一,数字、图纸、计算方法还没有被当作技术知识,总的来看,并没有作为知识来被认知。这只是一些方法(算法),以及税吏、祭司、帝王的仆人等所掌握的玄妙智慧。我们今天用来解答苏美尔-巴比伦数学题的代数或几何的比例(知识),看起来与它们没有任何关系。比如,长方形田地被划分为两个三角形,像很多科学史专家认为的那样,是基于长方形平分成两个三角形的原理,这正是两个数值(面积)的分割算法。[41,58]在此类计算活动中形成了特殊的构成,可以称之为"理想客体"。

第二,不同于模型(带有数字的图纸或数字序列),理想客体是一系列可以直接使用的、逆向操作的图纸和数字的换算,这些换算已经不属于实践客体本身,而属于模拟。在这一背景下,模型被想象成具有特殊魔法活动的神秘客体:画出图纸或写上数字,就仿佛祭司召唤土地或物品的神灵一样。当时的人们认为只有具备学识的圣人才能获得理想客体,在苏美尔和巴比伦废墟中挖到的黏土板上,就可以看到这样的格言:"知识可以从有学识的人传给另一个有学识的人,但却不能传给无知的人。"后来,人们还用一些理想客体导出另一些理想客体:用比较简单的客体构成复杂的客体,把复杂的客体转化成简单的客体,由几组简单运算构成更复杂的运算。毕达哥拉斯(Pythagoras)用这种方式创造了三元数组,解决了"代数学"以及巴比伦天文学中的曲折式及阶梯式"函数"的课题。[13]

需要指出的是,在这一阶段,当理想客体被当成模型在实践中应用时,这类信息的"逻辑"(由一些理想客体到另一些理想客体),以及得到的结果(新的、更复杂的理想客体),可以在实践中得到验证。因此,虽然是在符号工具的层面上"建构"新事物,但是新的设计(一系列数字和图纸运算)在客体中进行了检验。应该再次强调的是,古代实践的解读具有更多的魔法属性及神秘性,但是与古代文化中的解读相比还是不同的。

古王国时期,文化的进步首先得益于工艺的发展。不断地发明新的劳动工具、武器以及其他技术创造物(这里特别指出的,如车轮、灌溉装置和犁的发明),总之,工艺的变革是重要的一环。因为创建符号系统使实践活动有了质的改变,使其完全变成另一种面貌,而且更加有效。这里指的是使用符号运算代替使用客体的活动。归根结底,由于活动中出现了符号这个媒介环节,实践活动有了质的改变,在使用现实客体的活动层面上变得越来越简单、准确有效,而且成功地完成了一系列在此之前通常无法完成的新任务:把一些活动与另一些活动联系起来,实现有效的监控,组织更大型的活动。

在认知方面,古王国时期也取得了重大的进步。虽然自然方面的技术认知暂时还与古代文化时期一样(认为技术不是自然过程,而是神灵的活动),但是对神灵活动的解读已经更接近自然的真实。比如,在苏美尔文化中,神灵与人类共同负责"生产"过程,太阳神负责白天的阳光和温暖,月神负责夜晚的照明,城市神负责城市的秩序,砖神(苏美尔曾有这样一个神)负责使砖具有正确的形状并且快速干燥。在这种情况下,可以发现对神灵活动的解读有拟人的特点,更准确的说法是,这种解读是功能性的。个性化的神的职能参与了人类孕育和出生的过程,并且在后来的各项事务中帮助人们。职能的意义已经足够接近自然,几乎就是自然法则。另外,神灵与灵魂、精神不同,它们更接近于人,从这个意义上说,它们与人类非常相像。关于这一点的解读可以使税吏和祭司认为他们领悟到神灵的意图和活动,在同样的事件中(也就是在我们对古代事物的重构中)正是税吏和祭司开创并发明了新事物。

3. 古希腊文化:主要形成阶段

古希腊文化是我们文明的摇篮,在这里形成了哲学、科学、艺术及理性思维。古希腊人的生活方式、他们的天才智慧至今仍令人激动,鼓舞着当今时代的人们。尽管关于古希腊的研究汗牛充栋,但是这一文化的本质及其形成的途径至今还没有被清晰地解读。

总的看来,古希腊文化有两个主要进程:尝试克服可以称之为人类世界观的危机,以及战胜导致谬误的论述引发的认知危机。第一种情况在古王国文化衰落时期(大约公元前1000年)出现,与古代人类对阴间生活的忧愁前景所感受到的不安相关。人死去之后,灵魂离开身体,在阴间过着悲惨的生活,这里虽然算不上是生活,却有点类似真实的生活。所有这一切不能不给人类带来压力,使其陷入深深的悲观主义之中。在古代早期的抒情诗中,可以看到反映这种悲观主义思绪的诗歌。

但是毕达哥拉斯的信徒及后来的柏拉图认为,人类就像英雄,可以"幸福地结束自己的生命",也就是说人类可以战胜死亡,获得永生。智者(哲学家)的使命正在于此。永生之路上必须完成特别的功勋:不管这有多么奇怪,他们不仅要保持禁欲主义的生活方式,还要认识自然,学习使用数字和绘图。之所以要认识自然,学习使用数字和绘图,是因为在毕达哥拉斯派和早期哲学家们追寻的智慧之地东方(巴比伦和古埃及),祭司和税吏们讲述神灵和他们的神迹时,伴随着自己论证计算的故事。正如我上面所指出的,对于神灵的生活及其神迹的认知是与建立运算、绘制图纸,以及获得最简单的自然知识密不可分的。这就是为什么在古希腊人的认知中,智慧的知识与计算、数字和图纸的运用融合交织在一起,就可以确保永生的实现。因此,这个关于存在之物的概念,不仅"看起来"是关于真实的世界(现实),对它的认知还可以使他们幸福地结束自己的生命。这里的存在之物是指在数字、图纸和运算中的那些真实的存在。

第二种情况是关于古希腊人发明的推理。在这里,可能避不开东方的影响。文化学的观点认为,古希腊哲学及科学的形成是由两个任务决定的:必须掌握其他民族(古埃及人、巴比伦人、波斯人、腓尼基人)的智慧(首先是神话概念),并为古希腊人自己讲解这些智慧。这里需要指出的是,首先,与这些古代文化比较,如与古埃及文化和巴比伦文化相比,古希腊文化相对"年轻",知识渊博的人(智人)也并没有那么多。因此，第一批哲学家泰勒斯（Thales）、毕达哥拉斯、阿那克西曼德（Anaximander）、赫拉克利特（Heraclitus）等很想借用东方的智慧，但是很自然地，正如他们所理解的那样，他们对其进行了重新思考。其次，古希腊人热爱自由，他们长期从事商贸业，个性独立，甚至连自己所尊敬的同乡的话也不会轻易相信。说服他们接受别人的智慧，需要进行论证确认，证明别人的智慧是真实的。换句话说，需要不仅仅转述东方的智慧并把它作为自己的观点，还要认证这一智慧，诉诸某一已知事物。最后，在古希腊人的认知中，两种规则可以同时存在却没有特别的对立，他们信奉自己的神与崇拜英雄一样，在很多情况下，相信是按照商业模式（等价交换、计算、为商业伙伴或第三方证明交换的等价）思考的"自然的"关系。

可以推测，所指出的这三个方面的活动与某种其他情况一起，促进了古希腊文化中建立关于真实的表达结构"A 是 B"（"一切都是水""一切都是火""一切都由原子组成""人会死""动物在呼吸"等）。它们代表着什么？这是古希腊思想家思考的东方智慧。例如，巴比伦关于海洋神创造了大地、鱼、人类、动物及其他的观点，可以用古希腊思想家泰勒斯的方式来解读。海洋是实际存在的（神和水同时存在），也就是说是智慧；人、鱼、土地、动物及其他（在感觉的层面上）是人类肉眼可见的。如果探究其深意（物质的本质），"了解"智慧，那么代替这些肉眼所见之物你即看见了水。把这一智慧解释给自己的同乡，泰勒斯所做的与税吏和商人做的一样：他不仅诉诸神秘的起源，还探讨看到的、感觉到的东西和水，它们的起源同样都是神灵起源（被视为同等交换）。泰勒斯说："永远都会有水，因为神灵自己用斯堤克斯河*的水发誓。"

---

　　* 希腊神话中的冥河。——译者

在"A是B"型的表达式中,所有的希腊思想开始萌芽:把真实分为两部分(实际上有的,即存在的,以及感受到的);通过直觉来确定(需要看出所见的物质中实际有的东西);规定了两种事物间的等量关系(有、是、存在等)。

在"年轻的"希腊文化中,"A是B"型的表达式展现出了独特性、方便性及必要性。在文化交叉(借用东方——巴比伦、古埃及、波斯及腓尼基人——的智慧和符号工具)与文化内部交流(从希腊城邦国家开始与不同亚文化交流)的条件下,这些表述不仅吸取了古希腊人感兴趣的不同观念,而且从心理上为这种同化辩护。这时,同化概念的证明及论证无疑是研究文化过程的必要条件,因为它是在不同认知和理解的交流背景下,以概念和符号工具的"转换"为基础进行的。

所有这些都导致了各种不同概念和信息开始被翻译成"A是B"型的"语言"表达式。首先,基本神话概念(本族及其他民族的)正在被同化并被翻译为这种语言。这样就出现了最早的这一类关于自然建构的概念:"一切都是水""一切都是大地""一切都是火""一切都由原子组成""一切都在变化""一切不可变、不可动"等。类似的论点建立在两个现实的交叉点上:神话及商人世界观下的实践(现实)。其次,物体间规定模式的相互转换也被译成了"A是B"型的表达式,如长方形田地在运算中转变成两个三角形、由一些数字转换成另一些数字等。这样就形成了"长方形等于两个直角三角形""数字A等于数字B"等这样的表达式类型。

"A是B"型新概念还有一个来源,正如任何一个符号一样,复杂的符号所表达的"A是B"成为第二物。这时,一种情况是,把物体A和B与模型进行对比或用模式符号或象征符号来代替,并用标记符号记录这些彼此替代的结果。比如,在"一切都是水"的表述中,作为第二物的可以是研究及表达的客体"湿的""液体的""透明的"等。因为物体B

（"水"）同时进入"A是B"的表达中,可以在"A是B"的表达中表示出相应的特征是"湿的""液体的""透明的"等。这样就可能会得到下面的论点:"一切都是湿的""一切都是透明的""一切都是液体的"等(这些观点与观察到的事实是否矛盾,这里暂不做讨论)。

另一种情况是,物体A及B可以列入其他类型的"A是B"型的表达式中。比如,第二物"水"可以归入"水是幸运"或"血是水"型的表达式。又因为物体B("水")属于原始表述"A是B",其中反映出相应的特征:"一切都是幸运""一切都是血"。

这两种情况在刚刚出现的希腊几何学中也有所体现。在几何体中,在客体中表现出新的特征,如三角形ABC包含三角形ABD、DBC,以及角A和角C,再就是,三角形ABD等于三角形DBC。由此在几何图形中可以看到新的"A是B"型的表达式,如三角形ABD的角A等于三角形DBC的角C,以及三角形ABC的角A等于三角形ABC的角C。在物体中以及表达式"A是B"中可以看到新的心理学特性。当然,它的条件就是一系列复杂的思维活动。比如,以符号替换第二物体A及B,这些物体属于其他"A是B"型的表达式,这些物体所获得的新特性属于原始"A是B"型表达式,等等。

在相对较短的时期内,古希腊文化中就出现了大量的"A是B"型的表达式。在吸取东方智慧的同时,在新的语言中"A是B"整合了经验知识,最终可以与使用"第二物"一样运用"A是B"型的表达式。不同思想家们所提出的这些表达式都或多或少地带有各自不同的目的。泰勒斯、巴门尼德(Parmenides)、赫拉克利特等学者努力解读世界是如何被建构的,由什么组成,哪些东西只是看起来好像是某物。而且,一些思想家认为各种构成,如水、空气、火、大地、运动、静止、原子、观点、统一体等,就是存在。另一些思想家(最早的哲人、智慧及语言导师)开始使用"A是B"型的表达式以及该表达式其他用途的结构。还有一些人把这些表达式用于辩论技巧,或者只是简单地用于游戏。还有的学者(毕达哥拉斯的信徒、几何学家、光学家等)把"A是B"型的表达式用于对神秘事物的表述及部分实践用途。例如,早期毕达哥拉斯的信徒在数字及田地示意图中使用从古埃及和巴比伦文化中借鉴的转换语言进行思考,然后开始在得到的表达式"A是B"("A平行于B""A与B相似"等,A及B处——数字或图形)中观察到数字及几何体的新特性(比例),借助这些,他们成功地获得了"A等于B"型的表达式链。

这个时期的文化环境同样需要考虑。公元前5世纪的古希腊,在人民民主的体制管理下,在城邦与国家不断产生争端、不同居民阶层利益发生冲突的这些情况下,学会控制争端、说服其他人,建立新型"A是B"型的表达式等都具有重大意义。个人以及整个居民群体的生活及富裕,经常完全依赖于完成这一切的能力和技能。问题在于,实际上有什么,哪些只是感觉到的,谁是正确的,谁是错误的,确认某人错在哪里,所确认的某物是不是抽象的,这些都是关于生活本身的问题,事关希腊城邦人的生存。在概念的本体论范围内出现了残酷的竞争,他们不能和平共存,每一位思想家以及支持他的"流派"和拥护者都要维护自己的真相(真理)。巴门尼德、芝诺(Zeno of Elea)、苏格拉底及柏拉图的活动就是这类残酷论战的例子。

这些思想家把获得矛盾(二论背反)的过程变为规律的认知方法,建构"A是B"型的表达式的实践,导致矛盾提前自然发生。正如我所指出的,它们有着双重性质:沟通性(确保解读)以及操作性(把A物及B物在运算意义上联系起来)。矛盾的一方出自"A是B"现象的语言阐述,如我们真正能看得到的是物体(星球、动物、太阳等)在运动,因此可能会得到"一切在运动"的观念。矛盾的另一方可能来自思考,就像在思考东方智慧时一样,如从"一切都是水(海洋)"及"海洋不可移动"可以得到"一切不可移动"的观点。有意地建立矛盾可以质疑及推翻"A

是B"型的表达式,对于这一点,与其他流派代表进行论战的思想家们并不赞同。

在这一时期,除了大量有意无意得出的矛盾,还出现了其他问题。因为不同的思想家及流派在几乎相同的文化环境中形成了"A是B"的不同观点群组,这就出现了一个问题,即它们中哪些更正确(真实)些呢? 另一个问题是关于偶然发现"A是B"型的表达式中新特征的诡辩者(哲人)的行为。因为,没有任何一种裁定的规则,可以建立千变万化的"A是B"型的表达式,或提出最不可能的关于A物及B物的论点(真实的、虚假的、怀疑的、清楚的、不清楚的等)。

在这一时期形成的自然哲学知识,需要与神秘主义或实践的论点进行区分。知识是"A是B"型的表达式中的元素B,与元素A相对并说明它的特征。相应地,元素A甚至得到了新的解读——这就是"所说的是"或者"存在的就是必需的",这就是知识所讨论的。知识概念的形成是科学思想形成的极其重要的一个方面。通常认为,人类总是与知识打交道,获得知识。我认为并不是这样。关于知识的概念是在古希腊文化中才形成的,是由于使用了"A是B"这个表达式。必须理解这个表达式,强调并论证B成分就是客观存在,是说明物体A的,A通过B来体现其特征。关于知识的概念,从根本上说就是这种功能的确定,这种确定的必要条件是建立关于知识客体的概念。

但是,在这一时期知识还有另外一种解读,即知识就是智慧。实际上,古希腊人称呼有学识的人为智者,认为智者是学识渊博的人,他们与神灵相通,是神派遣来的,因此他知道事情实际上是怎样的,他告诉大家的不是自己个人的观点,也不是简单的名称,而是客观存在之物。亚里士多德认为,不应该学习关于不存在事物的知识。被解读为智慧的知识不仅采用"A是B"型的现实表达,而且还有另一种现实——产生思想的现实。有别于观点或诗学的谵妄,思考是一种观察及推理,属于上帝的智慧，人们被它主导，听从于它，就像赫拉克利特听从逻各斯*神，苏格拉底听从自己的逻各斯神一样。

古希腊思想家如何战胜由诡辩家、各流派导师，以及充满奇谈怪论的各种知识群体的竞争活动引起的危机？总的来说，思考者们所引用的内容（按柏拉图的说法是"观点"，按亚里士多德的说法是"意义"），以及意义所表达的存在之物和本质（柏拉图的世界观、亚里士多德所说的"必需的东西"），等等，所有这些作为活动被成功解读时，胜利的曙光开始出现。错误和矛盾是由于不正确的思维造成的，这时存在之物会被认为是不矛盾且统一的。古希腊思想家们的下一步任务就是：分辨哪些推论和思考方法是不正确的，哪些是正确的，以及哪些是判断正确性及不正确性的表征。正是在这里，柏拉图以及后来跟随他的亚里士多德迈出了决定性的一步，他们把寻找解决思维问题的途径与已经解决的关于如何安然地结束自己生命的世界观问题相结合。他们开始确认正确的思想是描述世界真实构造即存在的思想。确定这一点的心理学基础很清楚：正确的思考不应该导致矛盾，它是智慧的知识，即把世界真实构成的知识从矛盾对立中解放出来！特别是在柏拉图后来的推论中产生的这些概念："当灵魂可以进行自身的研究，它所去之处一切都将是纯净和永恒的，并将永生不变，因为它与这一切如此接近，总是与其相伴，不会遇到任何阻碍。灵魂的这种状态我们称之为思考（沉思）……我们的灵魂在高级层次上，仿佛是神灵的、永生的、用头脑理解的、同一式样的、不可分解的、恒定的、自身不变的；而人类的、死亡的、非头脑理解的、多样的、可分解的、易朽的、善变的、与自身不符的我们

---

* 逻各斯（logos）是欧洲古代和中世纪常用的哲学概念。一般指世界可理解的规律，因而也有语言或"理性"的意义。在希腊文中，这个词原本有多方面的含义，如语言、说明、比例、尺度等。——译者

的身体,同样也位居高层次上。"[47,79c、80b]相应地,在正确的思考中所获得的知识开始被称为"真理的"知识,而在不正确的思考中获得的知识则是"虚假的"。但是,知识的产生有其独特的历史,需要讲述得更详细些。

在古希腊,逐渐开始产生获得知识的方法,把错误的论点从正确的论点中分辨出来,对不正确的论点进行批判。苏格拉底指出,如果进行推论的人接受某些关于物体的知识(定义"A是B"型的表达式),那么以此为基础,这一知识的起源可以得到完全是另一种定义的知识,也就是在"A是B"型的表达式中观察到新知识。阿赫马诺夫(А. С. Ахма́нов)注意到,古希腊的思想家不得不关注"在语言中,在思想的交汇处,根深蒂固地存着一种特别的强制性:只要承认某事物,那么就应该关联到另一个"。[6,40页]关于思维的另一个重要知识点是,在推论中,不同知识之间的任何关联都被证明是正确的,其中一些却导致悖论,而另一些则没有。逐渐地形成了一个观念,推论的错误性和正确性取决于人类的头脑是如何结合、关联推论中单独的知识。因为知识是必要条件,在一些情况下知识的结合符合客体结构,而在另一些情况下却不符合,因而导致悖论。通往这些观念的路上,从本质上说,是这种推论的特殊模式帮助柏拉图和亚里士多德获得了关于客体表达的知识,也就是关于真实存在物的知识。众所周知,柏拉图认为,实际上观念是存在的,而物体及其他概念是观念的复制(或复制品的复制);亚里士多德认为本质(起源、原因)及物体是知识的客体,具有双重起源。但是,既然亚里士多德把物体本身导向"存在的本质"(物体的实质定义)、形状、实体物质——同样的本质(起源),那么物体就是在现实存在中被理解的,就像结构成分的某种聚合体。

从"水"或"火"型概念开始,主要的"观念"及"本质"的概念出现了:观念及本质不只是实际上存在的,同时还是推论的原始点(起点)。

柏拉图对通用定义的探索(比如,英勇或公正是什么)是最早尝试认知人类在推论起点所使用的"A 是 B"型的表达式,随后在其基础上获得新知识。在一个概念(观点、本质)中混合了关于推论起源及知识客体的概念,促进了人们提出关于正确及不正确推论的区别问题。建立真理、谬误和知识与其客体的关联,由此解决了这个问题。柏拉图说:"关于存在,谁说它是有的,他说的就是真理,而谁推断它是没有的,谁就是在说谎。"[6,65页]亚里士多德附和道:"谁认为分开是被分开的,结合是被结合的,那他就是正确的,而其意见与真实的情况对立的人就陷于谬误……"[1,162页]乍看起来,这些真理和谎言的定义是同义语反复,要知道每个人,甚至那个说谎的人也认为他所说的东西是存在的。但是,这些判断的意义另有所在,不是在于检验具体的真理或谎言的推论,而在于确立推论标准原则本身,在于如何从某些扎实的依据出发得出正确的推论。

在《裴洞篇》*对话中,柏拉图试图凭借观念的联系在推论中建立知识的关联。他证明,因为偶数与奇数的概念相对立,而数字 3 与奇数概念相关,那么数字 3 的概念也与偶数的概念对立(在现代语言的形式逻辑中,柏拉图的推论与三段论的第二部分相符)。阿赫马诺夫写道:"柏拉图用表述三段论结论的示意图来证明灵魂的永生,灵魂与生命的概念将产生关联,在接近与生命相反的那点时,也就是接近死亡,没有灭亡,而是成为永生,进入冥王的国度。"[6,68页]

根据我们的观点,这里没有三段论的重构。柏拉图创建的不是三段论结构,而是模拟推论的标准化,论证正确(真理)的东西。这样,推

*《柏拉图对话集》中的一篇,又称《论灵魂》。对话的参与者裴洞与艾克格拉底都是苏格拉底的学生。裴洞是爱利亚学派创立人。该篇以裴洞的口吻叙述了苏格拉底在狱中临刑服毒之前和学生们的最后一次对话,讨论哲学家如何对待生和死的问题。——译者

论的标准化及模式化成为众多古希腊思想家不断努力的重要成果。毕达哥拉斯的信徒使得物体与世界观服从于人类的关系,奠定了这一转折的基础。在思维发展的历史上,柏拉图走出了第一步,亚里士多德把推论的标准化和模式化变成了常规的方式。

在柏拉图之后,亚里士多德反对出现混乱的论述,也就是说要赋予思维一定的结构。按亚里士多德的论断,所有的谬论都证明了推论的错误。首先,应该揭示并纠正这个错误,即应当正确建立推论。其次,应当确认推论的正确性或错误性,一方面,可以观察其结果(是否有矛盾、是否建立了联系、是否进行了解释,如果不是,则出现了混乱),另一方面,可以把推论与规则(及思维起源)进行对比。思考的规则本身也建立在特殊的模式上。"关于判断""关于三段论""关于证明""关于知识""关于起源""关于科学"等概念都是。什么是判断呢? 这是"A是B"型的表达式的模式。如果三段式是基础推论的模式,那么证明就是正确的、真实推论的模式,而知识和起源则是这一模式的基本元素。科学为自己建立了模式,提出关于科学对象的真理知识系统。

正是在所有这些模式的基础上,亚里士多德得以建立"正确的"推论规则(不会引起矛盾),并说明错误推论的特点。三段论的建构规则属于前者,包括三段论的三个主体的划分、三段论根据情态模式进行的分类(根据"存在""存在的必要性""存在的可能性"的规则),以及建立证明的规则。属于后者的是建构三段论时出现的错误、争论的规则、禁止兜圈子式的证明。

第一,毫无疑问这是一种"规定",也就是创建符号的规则,这些符号体现了客体的构成及活动的操作,以及根据某种标准("正确的""不正确的""完美的三段论"等)对其进行的评价。比如,在"完美的三段论"(例如,当A属于B,而B属于C,那么A必然属于整个C)的建构规则中,指明了活动的客体(在这里是知识术语A,B,C)以及操作("属于"和"包含")。第二,在类似的规则以及模式的基础上建构了生成符号,也就是有助于思考并同时提出建构基本推论元素的方法("A是C"型的表达式中新知识的发现方法)。第三,某些方面的规则和模式,像任何一种语言一样,是独立的。使用它们进行运算,对比三段论及证明,由一个导出另一个(从更复杂到更简单,从不完善到完善)。第四,对于具体的推论,这些规则是作为推论的模式及标准出现的。作为模式,是因为在这类规则中禁止使用具体的推论;作为标准,是因为在思维的现实中有详细的规则,确定了这种具体推论的结构。最后两个功能(模型及标准的功能),以真实的原则为支撑:新知识的建构方法与其实际的情况相符,把推论规则变成了模式及标准,因为它们作为一定客体(按规则所要求的构建)的表述而被认知。

亚里士多德把"不可证性"这一特性列入起源,一方面确定了所建立的实践(每个思考者都把某种东西作为起因,在这种规则的基础上证明下面的知识);另一方面他在解释证明的理由时,如果被迫停留在某处,而这种规则也不可能被证明时,就不要陷入其中不能自拔。

亚里士多德以这种形式把运动引入对推论的证明,反映了自己对于其他思想者(包括柏拉图的观点)的独特观点。柏拉图和亚里士多德制定了这些规则,并把推论的一定规则和模式联系在一起。他们是以谁的名义发言?是以神灵的理智的名义,以秩序及幸福的名义。这里出现了下一个问题,神灵的理智和统一体是什么?既然亚里士多德自己以神灵的名义发言,反思自身的活动,那么他就要用这个来回答关于神灵理智的问题。亚里士多德作为哲学家作了哪些贡献呢?首先,是思考。之后是指引其他思考者,也就是思考他们的思想。由此得到"神灵的理智"——关于思想的思考,也就是反省和自我剖析(对新知识和起源的斟酌思辨)。不过,亚里士多德在这里只是追随自己的导师。

实际上,柏拉图认为,作为观念而存在的东西之所以存在,正是因为创造者(神灵)创造了它。格里高里耶夫(Н. И. Григорьев)在自己有趣的、简短的著作中令人信服地指出,在柏拉图的《蒂迈欧篇》*中,创造者不只是创世主,还有两个"位格"(基督显现的形式),他就像某个祭司一样,思考及计算着这个世界,然后按照这个计算创造它,或者就像织布工织造这个世界一样。在第一个位格中,创造者有点类似宙斯(Zeus),而第二个位格可以使我们联想到雅典娜(Athena)。世界与自然本原(天空、星球、水、火、土、气等)不只是他们认为的由创世主创造出来的,其本身也包含着各种数学关系。同样有趣的是,柏拉图赋予人类哪些品质呢?神灵不只构想出了人类,还计算并根据计算结果进行拼加(组合)来创造人,而人自己也可以思考、计算及创造。按柏拉图的说法,宇宙就是这样建造的,就像哲学家理解的东方祭司那样,而创世主疑似提示柏拉图本人(他了解并创造世界,制定规则,计算及洞悉幸福)。格里高里耶夫写道:"如人所共知的,古埃及祭司是过着特殊生活的人,他们研究微观和宏观的自然,是数学家和天文学家,他们研究神学,人类科学在他们中诞生。柏拉图在不同的对话中大约也如此说过关于哲学家的事业。在《蒂迈欧篇》中,祭司与哲学家不仅在知识领域的活动很相似,他们在神秘的洞察力方面也很相似。祭司像普通人一样为神灵服务,对于人类来说,祭司是他们和神灵间的媒介者。按照柏拉图的理解,哲学家是这样一种人,他的灵魂看到并记住很多天体运行情况,灵魂如神灵一样,与神灵一起观察真理,因此他总是尽力记住那些神灵的神迹。在柏拉图的思考中同样也在祭司的对话中,雅典娜的

---

* 柏拉图的晚期著作,是柏拉图思想的一篇重要文献,又译《提麦奥斯篇》,书中提出两个重要概念:载体和理型。载体指的是事物的材料来源,而理型(theory of Forms)则为事物提供了形式结构的来源。——译者

祭司涅伊特(Neith)在某种意义上与哲学家一样。哲学家本身也仿佛是智慧女神的祭司。"[25,81页]亚里士多德的概念也属于此类,他在《形而上学》中讨论作为统一体的自然时写道:"就这样,天体世界及'整个'自然都由这一起源决定。而它的生命与我们的一样美好,但我们的生命……在这种情况下,由于与思考客体相关,理智地思考自身……而且思辨是比一切都愉快及美好的事。"[1,211页]

亚里士多德建立了证明其观点及活动正确性的推论体系,而且,亚里士多德不得不在自己的思考中建立等级关系:一些科学与起源是从属的(实际上是被标准化的),而另一些(第一哲学,第一级起源)是控制性的。如果第二级的科学及起源("第二哲学")立足于第一哲学,那么后者似乎是可以自证的,更确切地说是,哲学家们从神灵宗教和人类的福祉出发。归根到底,哲学家就像诗人,仿佛处于谵妄的状态,灵魂被灵感控制,行为无法自控,仿佛被神灵的理智附体。如果他是出于统一体、幸运及神迹,他创造的正确性就会得到保障。

当然,对形成标准化的观点进行思考,只有反思和颠覆是不够的,最终,每一位大哲学家都会认为自己是智慧的,是了解神迹的。如果对所获得的知识没有进行完全有效的组织和调整,柏拉图-亚里士多德的体系就不会具有这种意义和重要性了。全部的思考资料都应当合理、有序、有组织,一方面是由于标准化的等级关系,另一方面是因为所有规则(除了起源)的证明要求,再一方面是因为满足真理推论(思考)的规则。这三个规则的建立,既是为了避免矛盾,同时也是吸取经验论知识的主要依据。

不论三段论还是其他思考规则的建立,都是为了保留人类实践及经验的重要成果,同时作出可能的推论(在"A是C"型的表达式中发现新的知识)。在推论中,如果遵循思考规则,人类运用知识就不会出现矛盾。换句话说,亚里士多德建立的规则结合了"A是C"组成的各种联系与运算的表达式,使矛盾以及思考中的其他困难不复存在。

亚里士多德建立的形式逻辑思考规则("分析学""通用概念""关于诡辩的批驳"),以及对这些规则和起源("形而上学")的论证,对于人类智力的后续发展产生了极大的影响。人类手中掌握了强有力的思维武器,有可能不用自己寻找就可以从现实中获得新知识。思考规则可以对一些知识进行推论,并在其基础上获得其他知识(不论是已知的,还是新的)。而且,新的知识不会导致矛盾,也不需要通过经验来证实它。

从这一时期开始,形成的还有科学思考及其他科学。新的规则及思维概念被推广应用到早前获得的经验论知识上,如重新理解的苏美尔-巴比伦数学知识、早期古代科学的几何知识等。

4. 古代科学建构纲要

思考规则(标准)的建立,就如同可以建造真实世界"房子"的"砖"(起源)那样,创造了新的智力体系,虽然这项工作以另一种方式被理解,就如同去理解和认知创世主所建立的世界,或者只是一直存在的世界。也正因为如此,古代哲学家必须完成一系列复杂的任务。问题在于,从"起源"及思考规则的角度出发,之前获得的所有知识及概念都需要进行重新思考,以使其符合这些起源及规则,并被重新接纳。[40]具体地说,就是需要重新认识这样一些知识:从古埃及和苏美尔文化中借用的知识(数学的及天文学的),以及古希腊人(哲人及自然哲学家)自己在推论过程中获得的知识,最后,还有本土的以及从东方借用的神话及宗教观念。所有这些知识及概念被认为是真实世界之模糊不清的、混乱的认知。为了获得关于它的正确和清晰的观念,首先必须选择某些知识及观念的存在领域,并批判地对待先前获得的知识及观念,同时需要分辨出不真实和荒谬的知识及观念,筛选出更真实的知识及观念。其次要找到(建立)符合这些存在的"起源"。从根本上说,这些"起源"提出了典型的原始客体及操作——在所建立的起源基础上,知识和证明的领域被称为"科学"。最后是获得典型客体的活动(按形式表现为证明和解决问题):把科学中没有描述的、比较复杂的、标准化的客体简化为比较简单的、已经描述的客体。采用典型客体的活动一方面要服从思考的规则(也就是逻辑),另一方面要负责构建"起源"(也就是本体论)。在科学展开及建立的过程中,已知的思考规则及起源变得更明确。当然,在必要的情况下还可以建立新的规则和起源。

与这一过程同时形成的是心理学方面的科学思考。掌握使用"A是B"型的表达式的运算方式,遵循思考规则、论证及建立证明的起源,以及类似的其他方面,促进了一系列心理学新规则的建立。首先建立揭示真实存在的、所见现象的规则。亚里士多德指出:"洞察力就是迅速找到中项*的能力。比如,月亮总是反射太阳的光,任何一个人看见月亮,他立即就会明白为什么会这样,因为月亮位于太阳的后面……如果树叶落下,或者日食、月食发生,那么这些现象发生的原因是什么呢?如果第一种情况发生,那么原因在于树的叶子很宽大,而日食和月食发生的原因则是地球位于太阳和月亮之间。"[4,248、281页]在这里,月亮的发光或日食、月食的发生是在感觉的层面上,而月亮反射太阳光以及地球在太阳和月亮之间的位置是实际存在的,是科学知识和原因。

科学思考的另一个宗旨是,对已经获得的知识或者缘由的解释产生怀疑的能力。对异常的敏感是智慧的一个方面,具有神秘的特性。知识及起源的揭示是属于神灵理智的事情,因此会产生疑问。与此紧

---

* 三段论推理是演绎推理中的一种简单判断推理。一个正确的三段论有且仅有三个词项,其中联系大小前提的词项叫中项。——译者

密相连的是,获得能够提供知识或弄清缘由的证明及推论的能力。因为对于证明或推论,通常必须建立彼此相关联的"A是B"型的表达式链,并在典型客体及没有经验论知识支撑的理论知识中,形成一种采取正确行动的能力。

正确推论的愿望也是重要的能力及价值,遵循真理思考的规则,避免矛盾,如果出现矛盾就消除它们。在所列出的方针规则,以及与其相关的体验和思考活动本身的基础上,在推论及证明中获得新知识,弄清原因,遵守思考原则,等等,古代科学正在逐渐形成。对作为一种特殊现象的科学进行思考的认知(智慧、理智),决定了古代科学的特点。总的说来,所有的工作都被认为是对真实世界的认知,这类认知的最终目的是模拟创世主,导向永生(按柏拉图的说法)以及更高层次的满足(按亚里士多德的说法)。但是,高估或贬低这些神学因素,都是不正确的。

重要的是,在历史舞台上出现了纯理性的科学思考,正是它成为保障古代文化发展的主要推动力。在古代,一直存在着两种文化起源,一种是与古王国时期文化相对应的宗教神话观念,另一种是哲学和科学的起源(以古代视角解读的哲学及科学)。但是,第二种起源的作用是主导性的,而且在持续增强,正是在复杂的哲学-科学观念不断加强的作用下,人们开始对宗教-神话观念,以及古代生产、艺术、生活领域的观念进行重新思考。有趣的是,与俄罗斯文化不同,古希腊文化的两种起源,一种表达了传统规矩,而另一种是创新及当代现实的起源,这两种起源不仅不互相对立,而且更确切地说,它们处于保障古代文化有机发展的文化共生状态。古希腊的天才们找到了令人惊讶的解决方法:扎根于古老的文化,推陈出新地提出新的观念。我们都知道关于雅典娜从宙斯头部诞生的神话,古老宗教-神话的文化作用把宙斯(他主管具有古王国典型文化的神灵的万神庙)拟人化了,而雅典娜本人是哲学家及学者的保护者,智慧女神象征着纯理性的新哲学-科学文化。但重要的是,雅典娜是宙斯亲爱的女儿,体现了宙斯的智慧(她从宙斯头部而出,身着法衣和盔甲),但同时雅典娜的神力与宙斯本人的神力相比相对较弱。

5. 对技术的解读

这里还要提示一下,古代"техне"并不是我们所理解的技术,而是所有手工制作的实物,包括军事技术、玩具、模型、手工制品及艺术作品。在古老的宗教–神话习俗中,物品的加工被理解为人与神灵的共同协作,而且正是神创造了物品,由于神灵的努力及智慧,物品获得了自己的存在。在科学哲学新传统中,还需要理解"物品加工"是指什么,神灵并没有参与这一过程。对于普通人来说,手工业者和艺术家如何创造物品是件很平常的事,但从哲学思维角度来看,它可能就是一个困难的问题,需要哲学家每天观察。这就是为什么古希腊的哲学首先把科学(亚里士多德的"episteme"——准确的知识)当成自己分析的对象。古希腊科学的"起源"及"原因"与其说是现实的模型,不如说是准确知识的建构方法及标准。相应地,要求通过知识、认知和科学的棱镜来解释整个世界(包括创造物品)。柏拉图有一个推论很有趣。[46,X595D]他说,以板凳为例,一个真实的板凳实际上有三种存在:第一种是由神灵亲自创造的板凳的观念(原型),第二种是这一观念的复制(手工业者制造的板凳),第三种是复制品的复制(写生画家画出来的板凳)。对于其他古希腊哲学家来说,真实物品的出现不是它本来的样子,而是"起源"及"原因"的具体化形式。因此,手工业者(艺术家)没有创造物品(这是神的特权),而只是以物质和自己的艺术形式表现自然界蕴含的东西,而且"自然"本身也以与新时代不同的方式被解读。

亚里士多德认为:"自然是物体运动及静止的已知起源及原因,是其最初固有的本性,是因为其自己,不是因为某种巧合。"[2,23页]自然所指的是现实,可以解释变动及自发运动("天然"的改变)并不是在人类的作用下产生的。因为自行发生的改变,其来源最终只能是神,自然被认为是共时的,并且是有生命的、有机的、神秘的整体。例如,亚里士多德所指的"天",既是天空,也是所有变化和运动的来源,以及这些改变的第一推动力,甚至是自我观察思考的神灵。亚里士多德探索最初的起源及人类观察到的所有运动及变化的起源,他把这类起源称为"自然"。亚里士多德认为自发运动是不存在的,但是他一直在试图区分运动着的以及被迫运动的东西,他提出了稳定的"第一推动力"观点:"肯定应该存在某种永恒的东西在运动着……应该存在一个固定的第一发动机。"[2,153页]后来,亚里士多德认为自然中的运动是永远存在的,证明了一个规律:"第一永动机会无限时地运动。很明显,它是不可分的,没有任何部件,没有任何数值。"[2,168—171页]所有运动及变化的来源会是什么呢? 它可能是固定的、没有任何零件、没有任何数值,并且永远无限时地运动。众所周知,亚里士多德的回答出乎意料且令人难以置信:第一发动机是神的智慧(统一体),是有生命活动的存在,它的存在是"关于思考的思考",也就是反思。[1,5、211页;2,153、171页]这样,按照亚里士多德的说法,自然就是运动的第一起源以及神的智慧(愿望的对象及思考的对象,它们没有处于运动中却在自行运动)。正是神赋予了自然所有物品及产品以原型(观念、本质)。如果人类从事科学,了解物品的"起源"及"原因",也就掌握了它们的原型,那么人类就可以在之后创造(以物质形式显现)出相应的物品。

按照柏拉图的观点,创世主创造了观念,人类则模仿观念创造了某些东西。相对于把物体导向观念的哲学认知,我们获得由观念到物品的物品生产,这是一种反向操作。柏拉图认为,只有达到永生才是有价值并通向福祉的,但是前提条件是把生命寄托在哲学和科学上。完成真实的任务被认为是崇高的事业,因为它可以使人类更接近真实的存在,而完成与此反向的任务则是低级的事情,因为它使人类远离了这一存在。在古希腊思想家的概念中可以发现已知的二重性和矛盾性:一方面,它们不否定科学知识(特别是算术和几何的知识)对于实践及技术(人造物)的意义。例如,柏拉图写道:"不论是在战斗中,还是在行军中,军队及其他各种军事队伍的集结及展开,在安营扎寨时,都先要占据一个地方,这时就会发现,几何专家与对此一无所知的人之间是有差距的。"另一方面,这些思想家却认为这种意义与拥有来自神的智慧或福祉的纯粹直觉是无法相提并论的。接下来,柏拉图进一步明确道:"但是,对于这些,使用少许几何和计算就足够了。而我们应该研究它的更广泛的应用:它是否指向我们的目的,是否有助于我们感知福祉的观念。"[46,526d—e页]

亚里士多德是这样得出推论的,即在"形而上学"中,把"有经验的"却不了解科学的人与没有经验的懂科学的人相对比。他认为:"事物的经验,看起来与人造物别无二致,我们经常看到,与通过经验工作的人相比,那些掌握全部概念而没有经验的人获得了更多的成功……如果谁因此掌握全部概念而没有经验……知道人所共知的东西,本人却没有个性认知,这种人就会经常犯错误……但是,更准确地说,我们宁愿把所有知识及其解读都归为人造物,而不是经验。在智慧水平方面,我们认为创造人造物的人*高于有经验的人,或者说每个人的智慧水平更多地取决于知识。问题在于一些人知道原因,而另一些人不知道。"[1,20页]这一观点很明显是双面性的:虽然好像用科学(原因的知识)武装的技术人员,应该比有经验的人工作得更有效,但是他们却更经常地犯错误。

---

* 技术人员。

这里有其独特的逻辑。按照古希腊思想家的观点，什么是技术活动和技术产品呢？这是自然的现象，是产生物品的变化。但不论是变化还是物品，都不属于科学研究的范畴或本质。按柏拉图所说，在技术活动内部发生的变化——不是存在，而事物——不是观念，只不过是观念的复制。对于亚里士多德来说，存在和事物甚至不相符，而"变化"是"从可能的存在向真实的转变"。

亚里士多德对柏拉图关于观念的概念持反对意见，他试图去理解事物创造指的是什么，他推断在这一过程中起重要作用的是观念和知识。他的推论是这样的：如果知道疾病是某种东西（比如不均衡性）导致的，而均衡性的前提是温暖，那么为了消除疾病，人们就必须使身体热起来。按亚里士多德的说法，认知及思考是在知识中的运动，同时也是使我们能找到的最后一环的推论，而对于实践活动来说，与此正相反，它依靠在之前的推论中获得的知识及关系，由最后一环开始运动，亚里士多德认为这种实践活动就是创造事物。从现代认知的角度看，这一推论并没有任何特别之处。在古希腊时期事情却不是这样的，认知和思考与创造事物这两种活动之间的联系不仅没有那么明显，而且正相反，创造事物是一回事，认知和思考是另一回事。需要通过亚里士多德的聪明才智来连接这两个现实。

为了在认知与思考的基础上创建活动，亚里士多德建构了真正出色的结构，他推断，通过思考获得的关于比例的知识在反向关系中获得实践操作。实际上，如果温暖意味着均衡性，那么可以推导出加热会消除不均衡性。但是，是否总是这样呢？一系列情况表明，是这样的。比如，古希腊实践针对亚里士多德的解决方案以及实践活动建构的分析显示，至少有三个领域通过科学推论获得关于比例关系的知识，实际上可能找到这最后一环，然后创建带来所需要效果的实践。这三个领域是：大地测量实践，以杠杆作用为原理制造工具，造船业中船只稳定性的判定。在铺设埃弗巴林管道*时,当时是从山的两侧开始挖掘,正如大家所知道的,古希腊工程师们用到了几何学方案,可能是围着山画出两个类似三角形的线,他们测量出这些三角形的边及相对应的角,这样就给出一些边和角,而另一些数据则根据几何比例进行确定。同样,阿基米德利用他本人提出的杠杆原理,在给出了杠杆臂长及一个力时,计算出了另一个力,即杠杆可以抬起的重量,或者在给出其他条件时得出杠杆臂长。使用类似的方式(给出一些值算出另一些值)阿基米德得出了重力中心及轮船稳定性的原理。可以发现,在所有这三种情况中,比例关系的知识模拟了物品制作中的现实关系。

但是,比例关系的知识不能被看作物品中的现实关系。与此类似的情况也不少,确切地说是很多。比如,亚里士多德确认,重量大的物体落得更快,但是,根据今天我们的知识,情况并不是这样。亚里士多德也说过,使身体发热能带来健康。但是,众所周知,在很多情况下,使身体发热会加重病情。虽然亚里士多德区分了自然变化与人工创造之物,并引入了自然的概念,但是他不能理解知识与实践活动的相符性似乎与自然的概念相关。当然这没什么可奇怪的,因为自然及天然物在古希腊时期并没有被如此解读。天然物只是与人工制造物相对立,也就是与制作成的或自主生成的物品相对立。自然被理解为一种与其他存在一样的存在。自然不是被当作自然法则、力量及能源的来源,而是作为工程作用的必要条件。在存在的起源体系中,虽然重要的作用(变化、运动、自发运动的起源)赋予了自然,但却不是主要的。亚里士多德不是要诉诸自然的构造,而是要从活动的本质去建立活动及知识之间的联系。归根结底,根据亚里士多德的说法,古希腊时期获得的知识及使用方法,只是在某些情况下才会得到有利的、预计的效果。因此,可

---

* 萨摩斯岛上的地下管道,长1036米,建于公元前6世纪。——译者

能只有某些绝对天才的学者-工程师才能够成功地掌握并应用亚里士多德的这些发现,比如欧多克索斯(Eudoxus)、阿尔希塔斯(Arhytas)、阿基米德和喜帕恰斯(Hipparkhos)。在古希腊,绝大多数技术专家仍然按照旧的方法去工作,也就是按照传统经验去工作,他们中的大多数人并不关注哲学,而是关注他们找到的关于上天魔力的阐释,他们在其中找到了实践活动中感召他们的规则。比如当时流传的:"一个自然力可以鼓励另一个"(一物生一物)、"一个自然力控制另一个"(一物降一物)、"一个自然力克服另一个"(一物克一物)、"就像种子产生种子,而人生人,那么金子带来金子"。[27,116、127页]

从来源看,这些规则有明显的神话性质(来自古代文化),但是在古希腊时期及中世纪文化中它们被赋予了更多的科学(天然)或理性的特性。因此,我们现在谈到的已经不是灵魂和神了,而是它们的关系,即关于自然力间相生和相克的关系,这似乎已经是自然的转变。[81,76—77页]走上这条路之后,技术部分地接受知识和活动(存在)相统一的规则。对于古希腊普通工匠的认知来说,在它们的构成中不存在矛盾,现实的工艺活动与魔法礼仪活动交替进行。有魔法的公式带来实践(技术)活动的思想基础,实践活动支撑着魔法的现实。

在古希腊文化中,还活跃着少数学者-技术人员(未来的工程师和学者——自然学家的先驱)。欧多克索斯、阿尔希塔斯、阿基米德、喜帕恰斯、托勒玫(Claudius Ptolemaeus)不仅对科学、经验、智慧及人造物(技术)进行了很好的哲学思考,而且在自己的创作中接受了某些哲学观点。在某种程度上,柏拉图和亚里士多德建立了观念(本质)与事物之间的联系,以及后来与科学及经验的关联,但遗憾的是,总的来说,这种联系在技术实现中未受到关注。

我们稍微详细地说一下这一过程。狄尔斯(H. A. Diels)在其经典作品《古希腊的技术》中写道:"在建造投掷机时,古代工程师依据口径的原始数值计算投掷机各部分的平均受力。这里口径是指装置弹簧拉伸线的轨道直径,通过这一轨道给武器充弹(上弹)或射击……按照希罗(Heron of Alexandria)所说,工程师认为,这是他们找到的最好的公式,可以用来判定口径的数值K=1.13×100,即轨道直径有多少个单位就有多少节,如果从石核的重量得出立方根(阿提卡的最小值),石核的重量要乘100,再加上整个结果的十分之一。"[27,26—27页]这是典型的工程计算,只不过它不是依靠自然科学知识,而是从经验及数学知识(比例理论及算术)中得来的知识。在投掷机的建造过程中可能使用了这类运算,它的作用是在结构示意图中标记零件尺寸和部件。

科学的这一形成阶段与苏美尔-巴比伦时期相比,有着原则性的区别。在古希腊数学科学中,技术工作者所使用的关于比例关系的知识,是知识储备的结果。这些知识在数学的自然发展的影响下,并非有意用于技术的目的。比例关系的理论决定了技术工作者的思考,他们把了解到的数学学科知识,反映在自然和事物上,并开始不自觉地应用这些相关的数学比例来思考机器的构造元件。这类比例关系不仅运用在比例关系的理论中,还运用在面积测量学以及后来出现的圆锥截面理论中,可以解决一些通过直接操作无法计算出元素的算题,例如,上文提到的埃弗巴林管道的铺设情况。

解决这类题目的一个必要条件是,对现实客体的数学本体论进行重新定义。如果在苏美尔-巴比伦数学中,税吏认为图纸作为田地的平面图是现实客体的缩小形式,那么在古希腊科学中,图纸就被认为是一种存在,只是其本质与事物(现实客体)的存在不同。柏拉图把几何图纸置于观念和事物之间,认为其属于"几何空间"领域。亚里士多德也认为几何图纸(以及数字)既不是现实也不是事物,而是从事物抽象出来的具有特性的思维架构。运用这些特性,就可以研究由此产生了哪些后果。[16,56、352—358页]

可以推断,这类哲学观点正好确保了重新定义现实客体的可能性,比如数学客体,也就是可以用数学本体论来描述的现实客体。

6. 古希腊科学中的"技术理论"

阿基米德的研究反映了从在技术中使用个别知识到建构独特的古希腊"技术科学"的转变。而这一转变过程的前提条件,可以在最古老的数学中找到,例如,在欧几里得(Euclid)的《几何原本》中就不难发现与技术知识分类完全相似的理论分类。在技术理论中,描述了同类标准客体的分类——振荡脉冲、运动学路线、热机和电机等。欧几里得把描述同类客体的数学知识结集成了一本书。

正是在古希腊数学中,在欧几里得的研究工作及他的《几何原本》中,首次使用并研究了一些典型客体(未被理论描述过的图形)的变形,并导出其他典型客体(用理论描述的图形)的过程本身。在这些变形的过程中人们得到了许多比例关系,比如"等于""更多""更少""相似""平行"的知识。后来,这些知识被应用于基础科学中并被参数化,也就是属于自然的现实客体的参数关系。最后,正是古希腊几何学研究了理论推理的两个主要过程:直接过程——证明几何位置,反向过程——解决问题。这两个过程是提出并完成技术科学中"综合-分析"这个现代理论任务的历史等价物。

在古希腊的天文学研究中,我们可以追踪到技术思考的某些更明显的构成。理论天文学最终的实用性定位并没有引起质疑,如预言月食、日食,星球及月亮的升起和落下,确定经纬度等。

在一定意义上,古希腊天文学中的所有客体都属于同类客体。它们的模型的统一形状引导出这一意义,即都是球体及周转圆的几何形状。这些模型中的典型客体的创建正如技术科学中典型客体的建立一样,都是将从一些有理论代表性的天体现象中导出另一些现象的操作,公式化及本体论化的过程。最初,在类似的"基础理论"中描述了这些现象:算术、几何、比例理论。与此相似,古希腊的理论天文学可能最早研究的是在现实客体中获得参数间关系的过程。

最初,理论天文学的几何模型原始参数的确定,直接借助于一些判定阶梯函数及曲线函数的表格。古希腊天文学家从巴比伦得到这些表格。[41]晚些时候古希腊天文学家开始对这些表格进行自己的调整,他们致力于创造记录天体现象的"三角学"新模型,并在改变这些模型的过程中提出新要求。在17世纪,这一过程被伽利略推广到机械领域,从而由自然科学发展到技术科学。

如果说天体及其轨道可以创建的话,那也只能是由神来创造,而建造轮船,则完全出自人类高超的技术工作者之手。从这个角度来看,阿基米德关于浮体的研究工作体现了科学知识在技术研究中的应用。从实质上说,这是一种以古希腊的理论形式提出的、"从技术的科学到技术的技术"的方法,但是,在这一理论中所有提到的关于技术客体的地方都被去掉了。

实际上,这项工作是建立在古代科学所有规则的基础之上,在理论证明的基础上建立公理,然后在证明之后的定理时使用先前的知识。在工作的文本中没有使用经验论的知识来描述观察活动或经验,理想流体及浸入其中的理想物体与现实中的液体和物体并不对立。总的来说,如果术语"液体"及"物体"不属于现实客体,只与理想客体和理论的展开过程相关,那么根据描述的方法,阿基米德创建的科学与欧几里得的《几何原本》的数学理论就不应该有所不同。阿基米德在创建自己的理论时使用了关于真实流体及物体的经验论知识,而它的证明方法本质上是与数学不同的。

阿基米德在这项工作中对某些理论的表述进行了分析,比如,

"……若把比液体轻的物体放入该液体中,该物体不会完全浸入液体,它的某部分仍会留在液面之上"。[5,330页]这样在对比现实客体与通用的固定模型时,可以通过相应测量得出结果。对比的结果随后以符号模式(数字)或图纸形式记录下来。在这种情况下可以进行两类对比:称重物体和液体,确定物体相对于液体表面的位置(物体高于液体表面、物体完全浸入、物体沉到最底等)。

这项工作采用的证明与数学不同,可以在引用分析时仔细研究。阿基米德的第一个定律是纯数学的("如经某一点进行任意切割,截面总是以截面经过的该点为圆心的圆形,那么这个面将是球形的"[5,228页]),而且在证明该定律时应用的是关于球半径相等的数学知识。证明第二个定律("静止不动的整个液体表面,将是球形,其中心与地球中心一致"[5,228页])使用的不只是第一定律,还有非数学公理:"假设,液体有这一特性,如果液体不封装在某一容器内且没有被任何东西挤压,位于同一水平面且相邻的分子,压力小的一部分会被压力大的部分压出,那么每一个分子都会被它下面的液体沿垂直线压出。"[5,228页]此外,在这个证明中,阿基米德并没有预先说明使用位于距地球中心相同距离处的液体分子压力相同的原理。按其本质来说,这是物理原理,它使阿基米德可以确定,处于距中心相同距离位置的液体分子没有进入运动,由此得出结论:静止液体的分子处于距地球中心相同的距离处,由此可见,此液体表面是球形,其中心与地球中心一致。用这种方式还可以证明第二定律,在证明中要用到两类知识:数学原理及物理原理。阿基米德在这些证明中把物理原理转换成一定的数学原理,以及反向转换。第一个证明的结果建立了新的物理定律(知识),包括被证明的一些数学比例关系。

在证明自己所有的定律时,阿基米德使用了很多绘有液体及浸入其中的物体的复杂的图纸。阿基米德把数学及物理定律(知识)都列在图纸上，并展示了理想客体的不同改变——几何体及物体，把形状规矩端正的物体浸入理想液体，并把数学理想客体转换成物理客体。这些几何物体在造船实践中被用作轮船剖面图（截面）的模型。阿基米德的全部理论，在实践方面都是致力于弄清使船只保持稳定的"规律"，在这种情况下截面形状为可变参数。

阿基米德所提出的"技术科学"与古典技术科学有什么不同呢？它们的共同点是：均真实地对待技术客体，并且从理论上描述它们的建构及运行规律；为了达到这些目的均使用了数学工具；不仅研究了技术的现实客体，还研究了对客体进行理论思考的情况，也就是那些在理想客体水平上建构的，但是没有在技术构造上体现的情况（科学的超前作用）。它们的区别却是本质性的：阿基米德没有专业的技术理论语言，没有专门用于技术科学的本体论示意图及概念。他在著作中把不同语言结合在一起来建立本体论示意图（图纸），而这种示意图还没有成为科学-技术思考的独立的专业工具，比如，于19世纪末20世纪初出现的运动学的、四端网络的轮船轮廓示意图等。

通过对古希腊技术文化的分析可以发现，纯理性的哲学-科学思考对古代技术的发展产生了一定的影响。技术思考的基础通常是纯理性形式，以及早期古代哲学及科学为工艺的发展所建立的相应认知形式。另外，在哲学及科学的影响下，关于自然现象及自然效应的观点更加清晰。匀速运动、天堂、灵魂、音乐、国家、漂浮物，以及一系列其他科学的发展使古代技术短暂替换了一系列新的自然效应，并推动了相应领域的技术与工艺进步——军事机械及船只制造，天文仪器及乐器的创造，天体及星球运动的模拟，机械及水上玩具的发明，国家管理的艺术，诸如此类。

7. 中世纪：自然及科学概念的重新解读

继一系列文化学家之后,阿韦林采夫(C. C. Аверинцев)强调说,在中世纪文化中有三个不等值的起源:古代多神教文化、古代文化及基督教文化。作为主导价值系统的基督教世界观结合并赋予语言以及古希腊式认知和行为以新的意义。但是,同样重要的还有其反向作用,比如,古希腊哲学及科学形式的认知对基督教世界观的影响。

对于我们的课题来说,非常重要的是产生于中世纪并对新欧洲的技术解读产生巨大影响的一个现象,即对自然、科学(知识)及人类活动的重新认识。在古希腊文化中这三个构成被充分合理地解读了,现在我们开始从基督教神学的角度出发重新认识自然、科学及人类活动。而且,重要的是在此过程中我们以变化的形式保留了这些概念的纯理性思维结构。

自然的概念,除了两个古希腊的意义(存在的、变化的"起源",其源泉就是起源本身[7]),至少还具有三个意义。自然既被解读为"被神创造出来的",也被解读为"创造者"(神创造了自然,并出现在其中,而自然中发生的一切,都应该源于他的出现),或者"为人类创造的自然"。在第一种解读的影响下,古希腊科学描述的一些存在,开始在统一的自然观中被重新思考,而人们认为这一自然是按照创世主的计划构想出来的,因此是适宜且周密的。在某种程度上,神用5天创造世界,他是未来的设计师和工程师的先驱,对于当时的人们来说,思考及构想的实现功能是本质性的。第二种解读保留了古希腊的自然解读,即自然是具有自身价值的运动以及改变的起源。虽然,毫无疑问的是,"神创造自然"在中世纪的认知中仍是主导思想,但在古希腊解读的背景下,这一思想经常显得更加分明。屈梭多模(John Chrysostom)说:"火按其本性,努力向上,冲向更高的地方……但是,神对太阳所做的完全不同,神把它的光投向地球,使光努力向下,仿佛对它说:向下看! 去照耀人们! 你就是为他们而创造的。"[73,115页]

在自然作为创造者(有生命力的创造者)解读的影响下,观察自然界所有的变化之后,人们开始看到(领悟到)隐藏的神的力量、过程及能量。自然界中发生改变的源泉不属于自然界,而首先属于神,通过神的中介才归于自然本身。可敬的比德(Beda Venerabilis)在《关于物质本性》一书中写道:"……所有那些事物的种子及起因,都是在那时被创造,并在世界存在之时自然发生,就如圣父及圣子至今仍继续的事业,神至今在喂养鸟,给大地铺满百合花。"[16,400页]因此,在自然中观察到并在科学中描述的自然改变和关联,在中世纪哲学与神学中被阐释为根据"上帝的法则"(神的想法、意志、能源)而发生的。"创造"人类的同时,人们逐渐认识到,自然中蕴藏着巨大的力量和能源,而且原则上通往它们的路并没有向人类关闭。这就是为什么,从基督教世界观来看,自然是为人类创造的,它本身是按神的"样子和类似物"被创造出来的,也就是说具有智慧,在某种程度上是与神相似的。因此,人类在一定的精神条件下可以了解神的意图,可以知道自然的构造及配置,以及发生自然变化的意图及规则。阿基米德认为,给他个支点,他就可以撬动地球。在这个对于古希腊文化来说很特别的表述中,翻转地球之力可以认为是属于人类的。在中世纪已经不会再犯同样的"错",可以撬动地球的力量源泉只能来自神和作为他的相似物的自然。对于古希腊哲学家来说,自然界中除了本质什么也没有,本质只是存在着,像其他很多事物一样。对于中世纪的人来说,自然界中蕴藏了巨大的力量、过程及能量。

中世纪的哲学家们坚信,是神创造了自然,而且神是为了人类及其生活而创造的。这样一来,自然是暂时与神分离的,它是神的意图及活

动的客体,而且对于人类来说,自然被赋予了实践的意义。确实,人类
还没有打算自己创造自然,这是神的特权,但是在神宽厚的肩膀后面,
人类好像正在跃跃欲试。"神不仅给本原的自然打上不完美的标记,还
恩准自己的奴仆——人类——来统治它。"约书亚(Joshua)这样说,"让
太阳径直照耀迦南地,让月光洒在艾洛密林……而摩西(Moyses)命令
空气、海洋、大地及石头……"[73,126、127页]

科学也在基督教世界观的影响下重新被审视。知识(科学)不仅满
足逻辑学及本体论,还描述存在之物及那些神的天命和意愿。人类理
智及其思考的建立应该以神灵理智的准许为基础,要尽力仿效神。因
此,正如涅列金娜(С. С. Неретина)所说:"从爱与恨的角度重新审视思
考的逻辑。"[42;43]在自然的认知方面,这意味着人类应尽力去理解自
然作为一个活生生的整体,既是被创造的自然也是创造者的自然。总
的来看,这一时期的科学不只是描述自然的科学,还是反映神灵天意的
科学,也就是在自然中体现出神灵存在的科学。在这个意义上,从对待
自然的态度来看,中世纪的科学不只是描述性的,而且是指令式的、标
准式的。

下面谈一下中世纪关于行为的观念。人类只能在上帝支持的情况
下去研究自己的行为,但是,在保留下来的古希腊观念的影响下,这一
解读并没有被直接进行宗教阐释,而是采用了相似性的观念,即人类与
神的活动的相似性。后者的前提条件是,加入神的意图并洞察它,其中
包括对自然的认知。换句话说,在描述及指令(表现出精神的本质)的
功能中,对自然的认知是实践活动必备的条件。这里最好的例证是教
堂、庙宇、神像及其他教会建筑物的建造技术。在这些情况下,人们进
行手工业活动和教堂事务时,总是会提前祈祷和斋戒,并且会持续整个
生产过程。不仅要根据传统、典范、经验活动来确定所有这类建筑的形
状及结构,还要根据这些建筑的神灵本性。如果按照亚里士多德所说,

治疗是以健康的观念为基础,那么中世纪的人们认为,人的健康完全掌握在神的手中,因此治疗应在人体上体现出相应的神的意志及天命。当然,如果没有医生努力地应对,后者是不可能表现出来的。因为我们研究的客体不仅是技术的起源,而且是在技术哲学的框架下,无须研究历史发展的所有特点及阶段。在中世纪,技术发展进行得非常循规蹈矩,因此,我们将不在这里停留,直接进入下一个时代。

第四章

新时期文化中的技术

1. 科学及工程学形成的前提条件

对于我们来说重要的是,这一时期出现了主导文化的更替:纯理性的哲学–科学观念重新又占据首位,人类开始重新审视部分中世纪的观念。文艺复兴的另一个重要特点是对人的新解读。文艺复兴时期人类开始不再把自己当作神的创造物,而认为自己是处于世界中心的、独立自主的专家能手,可以按照自己的意愿成为低级或高级生物。虽然人类承认自己的宗教起源,但是同时觉得自己也是创造者。

上述两个文艺复兴的文化特点也带来了对自然、科学及人类活动的新解读。自然法则逐渐占据了宗教法规的位置,而潜在的自然过程代替了蕴藏的神的力量、过程及能量,自然既是被创造出来的,同时也是创造者。关于自然的新观念开始形成了:**自然是遵从共同法则的天然过程的潜在来源**。现在,科学及知识不仅被认为是描述自然的,同时还被认为是揭示规律以及制定规则的。在这种情况下,自然法则的揭示只是部分地被描述,更重要的是,揭示自然法则的前提条件是掌握其构成。在自然法则的概念中,出现了创造的观点,以及自然与人类存在相似性的观点。原则上,自然是可以被认知的,而认知的过程又可以服务于人类。

最终,掌握"自然法则"成了使用自然力量及能源的人类活动的必要条件。另一个必要条件是:人类决定开启活动,即释放及起动自然过程。亚里士多德关于开展实践活动的定义,在这种情况下转变为人类开启活动的观点,之后自然开始自行运转(正如几百年后恩格尔迈尔所写的"自动地运转")。

因此,文艺复兴时期的思想家们认为,不仅神职人员可以认知自然法则,普通人(学者)也可以。但是,暂时还只是在一定的条件下,比如,他们要反思自己的活动,把自己的活动与宗教标准进行对照。因此,我们来看一下文艺复兴时期出现的一个很有意思的关于"自然界的术士"(工程师的先驱)的概念。米兰多拉(Pico della Mirandola)写道:"术士仿佛从暗藏的地方,通过伟大仁慈的神,把神秘的力量召唤到世上,而他们自己传播这些力量并使之充满这个世界。与其说他们创造了奇迹,不如说他们服务于创造奇迹的自然,深入研究宇宙并弄清楚事物本质之间的共同性,以及作用于每个事物的特别动因。他们把隐藏在世界偏僻角落的、在自然核心内部的、在神的储备处及秘密藏所中的奇迹召唤到世上,好像是自然自己创造了这些奇迹。例如,在婚礼上,葡萄酒酿酒师会把叶榆和葡萄酒混合在一起,因为术士认为这是把大地和天空结合在了一起,也就是把低处的东西与高处的东西连接在一起,并使其听命于他。"[96,9—10页]

以学者-工程师为代表,文艺复兴时期的思想家们认为可以使用这些规则来创造人类需要的"新自然"。因此,下面这些因素变得紧密相连并被重新审视:自然法则及古希腊科学与哲学的起源(观念、本质、形式、原则),认知、反思及技术活动(认知及反思是技术活动的条件,技术活动是认知及反思的论据),神的理智、宇宙及自然。但是所谓重构,形象地说就是,只有把列出的所有这些关于自然意义的解读都放入熔炉进行融合,且在新时代的哲学家的努力下,人们才会获得新的"贵重的合金"。

毫无疑问,这一时期的关键人物是培根。正是他迈出了这最后的一步,宣布自然是新科学的主要客体,而且完全用自然的情态去阐述自然。培根阐述的自然意义是重大的,人们由此认识到人类的实践活动是"制造新自然"的条件,而自然活动是人类实践活动的源泉。培根指出:"在活动中,人类除了连接和分割自然界的物体外什么都不用做。其他的事情,自然内部会自行完成。"[12,108页]培根建立的科学认知与实践活动之间的基本联系,同样非常重要。他表述道:"使人类变得强大的事业和目标,是为了创造并赋予这个客体一种或者一些新本性。人类认知的目标在于揭示该本性的形态或者其与现实的差别,或者揭示生产的本质……在活动中最有用的东西,在知识中就是最真实的东西。"[12,197、198、200页]培根把这三个环节连接成一条链:科学认知、实践活动和自然测量的客体和条件概念。

从这一时期开始,自然被解读为材料、力量及能量取之不竭的源泉,如果可以科学地描述自然的规则,那么人类就可以利用它。

文艺复兴时期以及16—17世纪关于自然、科学及人类活动能力的概念,如果完全符合事物的本质,在今天也许是可以被接受的。如果那个时期的人们也能这样接受这些概念就好了,但恰恰相反,这些概念在当时绝对是革命性的,因此,在当时仅有很少一部分新意识形态的学者支持这些概念。在这个时期,即使是对这些学者而言,部分概念也只是推测性的知识。实际上,从这种概念的构思到自然力量在科学基础上的实现,还有漫长的路要走。显然,从现代的观点来看,这种构思才是独特的社会设计(类似柏拉图的国家),但是当时人们并不清楚这些想法是否会成功实现。

2. 伽利略新欧洲科学构想的实现

下面对伽利略的创造背景略作分析。其中一个方面是对古希腊及中世纪科学文献的解释和评论，另一个方面取决于科学知识及实践活动对自然的新解读。关于对自然及其法则的认知，在这里已经成为使用自然力量从事实践活动的必要条件。但是，如何确认只有科学知识才有能力保障这些条件？从中世纪和文艺复兴时期对古希腊科学及哲学的评论中可以看到，对自然的描述或解释是多种多样的。为了回答这个问题，新时期的学者们对从科学知识中获得经验依据的观点达成了共识。一方面，科学应当描述并提出自然法则；另一方面，自然本身应当在人类经验中展现自己。如果科学建构得正确，那么法则（自然的理论规则）将符合经验中观察到的自然的真实状况。当然，在这里对科学的解读与古希腊或中世纪时期对科学的解读并不一样，对自然的解读也是如此。科学开始被阐释为独特的自然模式，而自然被看成是科学所模拟的（晚些时候，有格言是这样表述的："自然是以数学语言来描述的"），经验则被看成是满足科学（理论）与自然一致性的方法。

难道这样就可以确定客体和知识具有同构性吗？在亚里士多德的哲学中，答案是否定的，但是在文艺复兴时期，柏拉图的观点非常普及，柏拉图的哲学恰好规定了观念及事物的同一性。亚里士多德反对的观念世界与物质世界的双重性，在这里实现了统一。但是，还有一个重要问题，即经验要以何种方式满足理论和自然的一致性。伽利略实现了这一工作。他把直接观察自然现象获得的经验，转换成利用技术方法使科学理论和现象得到统一的实验，也就是通过人为的方式实现了理论和自然的一致性。换句话说，在经验中，自然总是和理论描述的不一样，但是在实验中，自然被设置成符合要求的状态，因此也就符合在科学中显示出的理论性规则。

伽利略指出，用科学来描述自然的原本进程，并不适合所有的科学解释及知识，这种方法只适用于一方面可以描述自然客体的现实性状，另一方面又可以把科学理论投射到自然客体上的那部分。换句话说，自然科学理论应该描述理想化客体的性状。为什么伽利略对理想化感兴趣呢？这是因为理想化能够保障人类对自然过程的掌控，即可以很好地用科学理论描述自然并对自然加以调控（过程是这样的：预见其特点，创造必要的条件，启动实施）。伽利略制定了理论建构及工程运用的规则，并把它们运用到有模型特征及理论关系的真实客体（如坠落物）上，即把**真实客体当作理想客体**。伽利略把真实客体分成两个知识构成：第一个构成是精确符合要求的理想客体，在伽利略的研究中，具体谈到了这一客体（均匀加速规律所描述的空间中的自由落体）；第二个构成是由于不同因素影响而失真的理想性状——环境、摩擦、斜面与物体间的相互作用等。使真实客体与理想客体产生差别的这第二个构成部分，用技术方法在实验中会被消除，准确地说，是减少到可以忽略不计的程度。

在伽利略之前，科学研究总是被想象成是在客体本身恒定不变的条件下，获得关于客体的科学知识。没有任何一个研究者想到要在实践中改变真实客体。在新时期，学者们改变了方向，开始努力完善模型及理论，以便完整描述真实客体的性状，他们将真实客体分成两部分，认为理论可以明确地反映在知识中以及在经验中可以显示出的客体的真实性质，这就使得伽利略在实验中转变了思维方式。他开始考虑改变真实客体的可能性，对客体施加影响，以便在不需要改变模型的情况下，也可以使客体符合模型。正是通过这种方式，伽利略取得了成果。可见，与伽利略之前的学者们相比，他获得了不同的经验，实验的前提条件之一是现实客体的理想组成部分的提取（投射到理论上的真实客体),另一个前提条件是通过技术方法把真实的客体调整到理想状态,即获得理论的完整投射状态。[59,129—145页]有趣的是,伽利略凭借实验只能检验那些无须考虑主要阻力作用的情况。在真实的实践中,这种情况是不可能出现的,它是理论计算出来的理想值,通过技术途径来实现的。但是,未来正是在这些理想状态中显现,它们开启了人类实践的新纪元——以科学为基础的工程学时代。

我们还应该注意的是,伽利略的实验为建立工程学的概念提供了基础,例如关于机械的概念。实际上,物理机制不仅仅描述一定自然力及过程的相互作用,如伽利略的自由落体机制,包括落体在其重力作用下均匀加速的过程,还包括决定这些力和过程的条件,对落体产生作用的介质——空气,产生两个力的介质——阿基米德的推力及在落体推拉介质分子时产生的摩擦力。还有一种情况很重要,在这些条件的特征参数中,物理学家通常只会说明他自己可以检验的那些参数。因此,伽利略判定物体的这些参数,比如它的体积、重量、表面处理等均是可以调控的,也可以控制物体的速度,如延缓物体在斜面上下落的速度。归根结底,伽利略成功地创建了这些条件,使落体严格按照理论的设计降落,即均匀地增速,而物体的速度并不取决于它的重量。在通常的非实验条件下,观察物体在介质中平稳降落,重的物体比轻的物体下降的速度快些。伽利略断定,这些情况在确定重量及物体直径的关系时很重要。[59]

我们再一次强调,不仅必须说明自然的相互作用及过程,还要判定产生这些过程的决定性条件,并在实验中检验这些自然过程的一系列参数。伽利略通过检验、改变、影响这些参数,在实验中证明了自己的理论。后来,工程师们在判定和计算这些技术目标所需的自然作用参数时,学会了创造机械和机器,以实现这些技术目的。

惠更斯(Ch. Huygens)的工程学创造。伽利略的研究为决定性的一步——创造工程活动的第一批实际样本——创造了必要的条件。实验研究(发明)使伽利略用技术手段建立了理论和自然现象(过程)之间的一致性,准确地说应该是理论的理想客体状态与现实的自然过程状态之间的一致性(同构性)。类似的同构性设定拓宽了理论研究之路,实现了加速获取知识以及精确判定真实客体参数,并保障自然力量和能量的启动及使用。如果理论及真实过程的同构出现,那么我们就可以获得与古希腊哲学家-技术工作者(如阿尔希塔斯、欧多克索斯、阿基米德)工作的状况类似的情况。

通过创造技术装置,判定这些装置所依据的现实客体参数,从而获得知识,这并不是伽利略的主要目标。当他想到使用斜面并确定斜面参数时,他把其作为描述自然规则的新科学的基本建构过程中的一个额外任务来完成。惠更斯给自己制定的主要任务是,伽利略理论的反向过程。如果伽利略认为一定的自然过程(自由落体)是已知的,然后创建描述这一过程中所使用的规律知识(理论),那么惠更斯给自己设定了相反的任务,即根据理论中提出的知识(真实过程的参数比例关系)判定符合这一知识的现实自然过程的特征。实际上,分析惠更斯的工作我们可以发现,他所解决的这一任务更为复杂:不仅要判定理论知识描述的自然过程的特征,还要获得额外的理论知识以及惠更斯感兴趣的特征性自然现象,维持并保证同构关系的条件,判定研究者自己可以调节的客体参数。此外,需要在配置方案的基础上把出现的参数和判定的其他参数创造性地结合在一起,以便创造出可以实现最初由已知的理论知识所描述的自然过程运行的技术装置。换句话说,惠更斯试图实现新时期技术人员及学者们的理想和构思,即基于科学理论依据,开启真实的自然过程,使其成为人类活动的结果。而且应该说,他成功地完成了这一任务。具体地说,惠更斯面临的是现实的工程学任务,包括必须设计摆锤等时摆动的钟表,这就要求符合一定的物理关系(摆锤从任意一点至摆落到最低点时,降落的时间应与降落高度无关)。惠更斯分析符合这一关系的物体运动,得出结论:如果摆锤沿摆线由上向下坠落,那么它将进行等时运动。他进一步揭示"摆线的扩展同样也是摆线",他把摆锤挂到线上,从两个方向安置摆线-弯曲条带,以使"线摆动时,从两个方向垂向曲面,这时摆锤实际上绘出了摆线"。[26,12—33、79、91页]

这样,惠更斯基于钟摆功能的技术要求以及机械知识,确定了符合要求的结构。在解决这一问题时,他摒弃了古代及中世纪时期技术活动中使用的、典型的、传统的试验方法,而是运用了科学方法。惠更斯使钟表机械中个别部分的运行符合自然过程及规律,然后运用确定新机械的结构性特征所需要的知识,对其进行理论描述。在这一结论之前,关于机械的研究是以"讨论构思"的方式进行的。此外,惠更斯也没有忘记自己的最终目标,他写道:"为了研究钟摆的特性,我要研究摆动的中心……证明了一系列理论……但是我首先要描述的是钟表的机械构造……"[26,10页]

换言之,惠更斯的理论是基于伽利略建立的科学知识(理想目标)与现实工程客体之间的关系。如果说伽利略展示了如何使真实客体符合理想客体,以及反向过程,即把该理想客体变成"实验模型",那么惠更斯则展示了如何把实验及理论中得到的理想客体与现实客体的一致性,运用到技术目的中。因此,惠更斯和伽利略在实践方面实现了科学知识的目标应用,而这一应用构成了工程学思考及活动的基础。对于工程师来说,技术任务中的所有客体,一些是作为符合自然法则的自然现象,而另一些则是必须由人工来制造的物品,如工具、机械、机器、设施(如同另一自然)。在工程学活动中,"天然"和"人工"定位相结合使工程师把汲取关于自然过程的科学知识以及现有技术作为基础,这使他们获得了关于材料、结构及技术性能和加工方法等领域的相关知识。

结合这两种知识,他们找到了自然和实践的交叉"点",这些"点"一方面满足了对该客体提出的应用要求,另一方面,在这些"点"上自然过程和制作活动达到了一致。如果工程师们在这种"双重"活动中成功地找出自然过程中持续运行的"链",而该自然链是创建客体功能的必要条件,甚至在实践中找到了在这一自然链中"启动"及"维持"自然过程运行的方法,那么他们就实现了自己的目标。

惠更斯列出了他必须完成的任务:证明一系列新理论之后,必须扩展伽利略关于落体的学说,研究曲线的展开(惠更斯以此为基础创建了渐开线和渐屈线理论),对摆锤摆动中心进行研究,最后将获得的知识运用在具体的钟表机械装置中。以惠更斯的工作为基础,人们开始系统地运用自然科学知识(机械学、光学等)来进行多种多样的技术创造。为此,工程师们在自然科学中划分或者创立了专门的理论知识类别。在这种情况下,正是工程的要求和所创造的机械装置的性能影响了知识的选择,也促进了需要在理论中进行证明的新理论规则的建立。这些要求和特征(在惠更斯的研究中,这个要求是,建立等时摆锤及确定当时所建立的机械结构的技术性能)显示出,哪些物理过程和要素需要研究(如物体下落及升起、摆线性能及其展开性、有重量的物体沿摆线坠落),哪些可以忽略(如空气阻力、摆线与空气的摩擦力)。终于,理论研究转向了制造工程设计的第一批产品样本。

在这种情况下,进行计算不仅要求运用在理论中获得的机械学、光学、水力学等学科的知识,通常还要求提前建构理论方法。计算确定技术装置的性能,一方面基于给出的技术参数(也就是那些工程师们给出,并可以在现有的工艺中检验的参数),另一方面还要参考对那些可以用物理方法实现的物理过程所进行的描述。对物理过程的描述首先是从理论开始的,然后根据这一过程的决定性特征获得技术参数。最后,工程师们根据该物理过程特有的比例关系,确定所需要的参数。在关于钟表的构想中,惠更斯进行了一些计算,如计算等时摆锤的长度、钟表走动的调整方法,以及立体物体的摆动中心。实际上,在阿基米德的理论中已经包括了一些特殊计算(如漂浮物的稳定性),这位伟大的古希腊科学家正是借助这些计算完成了某些技术设计。但是对于阿基米德来说,计算是科学领域之外的行为。显然,计算有助于理解技术装置的结构。对于阿基米德这种水准的学者,完全可以完成此类任务,并且根据自己创造的机械装置来进行判断,他不止一次地完成了这样的任务。

惠更斯的研究还涉及另一个方面,在研究中,惠更斯不仅利用数学知识描述了相关曲线及沿该曲线运动的物体(数学及机械学的理想客体),还绘出了钟表结构或元件图(如摆线-曲线)。这是在一种研究中结合两种不同客体(理想客体和技术客体)使其不仅可以被论证选择,还可以建构一定的理想客体。此外,惠更斯还对所有研究进行了另一种方式的解读:这不是纯科学的认知,也不只是技术设计,而是工程现实。在这类现实的框架下,在18世纪、19世纪及20世纪初形成了一些工程学的基本类型:工程发明、工程设计及工程学规划。

发明创造活动是工程活动中一个完整的循环(以惠更斯的工作为例):发明家在工程现实中建立所有主要构成部分之间的联系——工程装置的功能、自然过程、自然条件、结构,找到所有这些组成部分,并描述和计算它们。该理论概念应该与普通概念区别开来,在这一概念中发明就是工程活动的完整循环中的独立构成。

结构设计是工程活动中一个非完整循环,工程现实中主要构成要素之间的联系已经在发明活动中建立。结构设计任务已经有所不同,是以这些联系为基础,确定(包括计算)工程设施的结构设计。结构设计是创建工程客体的一个要素,一方面要满足对该客体的各种不同要求(根据它的用途、工作特性、运行能力、条件等),另一方面要找到这些结构并把它们连接起来,以保证在工程装置中启动并保持具有所需参数的自然过程。发明创造、结构设计,以及其中的计算,一方面需要在工程活动中使用专业的符号工具(示意图、图形、图纸),另一方面需要具备专业的知识。最初,需要的是双重知识——自然科学知识(有选择的或专门创建的知识)以及技术科学知识(设计及工艺流程的描述等),后来,自然科学知识被技术科学知识所替代。

在工程设计中,设计方法解决了这类任务(确定工程装置结构)。在设计中并不是通过经验的方式来模拟,而是规定了工程装置的(机器的、机械的、工程设施的)运行、结构及制作方法。

因此,工程学的发展阶段与技术科学、设计的发展紧密相关,下面我们对二者分别进行分析。

3. 古典技术科学:形成阶段

惠更斯的研究不仅促进了工程学活动的形成,同时也造就了技术科学的形成,二者相互关联。对于工程活动来说,专业知识是必须具备的。这是一种双重属性的知识,既包括自然科学知识,也包括技术工艺知识本身。自然科学知识可以利用工程装置来创建自然过程,通过计算确定并保障这一过程设计的精确性。

在18世纪初期,出现了工业生产,因此对所发明的工程装置,如蒸汽锅炉、纺纱机、机床、蒸汽机车及轮船的发动机等,进行推广及改进的需求不断增加。工程师们不仅要在本质上对新的工程客体进行研究(也就是发明),还要创造一些同类的改进产品,如具有其他特性的同一等级的机器,以及其他不同功率、速度、尺寸、重量及结构的机器。换句话说,工程师们在现实中不仅要创造新的工程客体,还要研究与所发明客体相类似的(同类的)同级工程客体。因此,计算及设计的需求量也急剧增长。在认知方面,这意味着不仅出现了因设计和计算领域需求的增长而引发的问题,还意味着新机遇的产生。同类工程客体范围的制定可以把一些现象归结到另一些现象中,一些知识类别归结到另一些类别中。如果用一定的自然科学知识来描述所发明客体的第一批样本,那么其后续改进的所有样品都可以归入其中。最终,出现了由结合过程本身联系在一起的一些类别的自然科学知识和工程客体的示意图。实际上,这是技术科学最早的知识和客体,不过它们暂时还不是以独立的形式存在,技术科学知识当时被分门别类地归于自然科学知识中,而客体则归于工程客体结构中。但是,这一过程是与另外两个过程——本体论化和数学化——相互叠加而存在的。

本体论化是工程学建立的阶段性过程,在这一过程中所有的客体被分成一些单独的部分,而每一部分又被理想化概念(如示意图、模型)所代替。例如,在18世纪末19世纪初之前,在机器(起重机、蒸汽机、研磨机、纺纱机、钟表、机床等)的计算、设计和发明的过程中客体被分解了:一方面,分成几个大部分,比如,贾克(Ch. Jacq)把机器划分为发动机、传动机械、工具;另一方面,分解成更小的部分,被称为简单机器,如斜面、机组、螺栓、杠杆等。将这类理想化概念引入工程客体之中,是为了便于运用数学和自然科学的相关知识。对于工程客体来说,这些概念就是用结构示意图对其进行的描述,或者对其构成部分的建构;对于数学和自然科学来说,这些概念提出了一定的理想化客体(如几何体、矢量、代数方程式等)在斜面的运动、平面与力结合、物体的转动等。

数学模拟代替工程客体,本身作为发明、设计和计算的必要条件,也成为自然科学理想客体创建过程中的必要阶段。

这里所描述的三个过程(综合、本体论化、数学化)是叠加的,并最终导向最早的理想客体和技术科学理论知识的建立。比如,威利斯(R. Willis)把"纯机械"和"结构性机械"区分开。纯机械是利用运动转换的自然过程,结构性机械的组成部分(主动和从动的环节、由摆动或滑动产生的触碰、单纯传动等)应符合这些过程。威利斯根据速度关系与方向关系的原则进行了简单机械的分类。通过简单机械的组合实现了复杂机械的运动学任务[21,154—155页]。

威利斯的机械学以及从中获得的知识,正是一系列满足综合、本体论化、数学化过程的自然科学知识。在威利斯的理论中,它们获得了独立的符号学和概念化的存在形式,其前提条件是应用于独立的理想客体(这里指的是机械及其本体化概念、简单机械的分类),提出转换的过程,把具体的知识融入这些客体(已经可以把它们称为技术科学知识),最后把这些客体的研究领域独立划分出来,形成与基础科学不同的应用科学或技术科学。根据同样的原则,建立了其他客体和古典技术科学知识。这就是技术科学形成的第一阶段。

在一些因素的影响下,技术科学得到进一步发展。其中一个因素是,所有新现象(同类工程活动的现象)与技术科学的研究对象相结合。这种结合的前提条件是,转换所研究的客体,以获得关于它们的新知识(比例、关系)。几乎在技术科学成立之初,基础科学的组织模式就被广泛应用了。根据这些模式,客体关系的知识被阐述为一些规律或原理,而它们的获得过程就是证明。进行证明不仅要求新的理想客体与已经有理论描述的旧客体相结合,还要求把获得的知识划分为简洁的、一目了然的组成部分,因此,经常会产生跨学科的知识划分问题。把冗长、庞大的论证分解成比较简单(清晰)的证明,其结果是获得了类似的知识和客体,组成了第二类技术知识。在理论上,很显然它们没有独立自成一类,而是与其他类别互相替换。第三类则加入了另一些知识,这些知识可以用简单的程序代替获得工程客体参数之间关系的烦琐方法及过程。例如,在某些情况下,使用数学方程式取代原始客体,然后在理论分解中,对每一层进行转换。实际上,在两个层面获得的、烦琐的转换及归纳程序被简化了。特别是技术科学客体在两种以上的语言中进行连续替换时,客体会反映出这些语言的特点。最终,在技术理论的理想客体中,通过映射及认知机制结合了下面几个特点:(1)在工程客体的模拟转变过程中,一些特性,如振荡脉冲是由电流、电线、电阻、电容、电感器等元件按一定的形式组合产生的,会被转移到理想客体上;(2)直接或间接地从基础科学中获得特性,如关于电流、电压、电子、磁场,以及它们关联的规则的知识;(3)从第一层、第二层……第n层数学语言中获得特征,如在电子技术理论中基希霍夫(G. R. Kirchhoff)方程式就是用图表理论语言进行的最通用的表述。技术理论的这些特性就是这样被改变和重新认识的(一些不能接受的被放弃,有些进行了改变,还有些进行补充和添加),产生了在本质上是全新的客体——技术科学自己的理想客体,在其重建的过程中集中了上述所有特点。

对技术科学的形成和发展产生影响的第二个过程就是数学化。从技术科学发展的一定阶段开始,研究者们从使用个别的数学知识或数学理论的某些部分,逐渐开始在技术科学中使用完整的数学工具(语言)。而且,在发明和设计的过程中不仅要进行分析,还要把各个独立过程以及保障其运行的构成元素综合起来,所有这些都促进了这一转变。除此之外,学者们尽可能研究工程学涉及的所有范畴,也就是努力弄清楚还可以获得哪些工程客体的特点和关系,以及原则上还可以建立哪些计算。在分析的过程中,工程师-研究者们努力获得关于工程客体的知识,描述它们的创建、功能、独立的过程、各类参数,以及它们之间的联系。在综合的过程中,工程师-研究者们在分析的基础上进行结构设计及计算。实际上,综合和分析在交替进行、互相判定。

在技术科学中使用数学工具,需要哪些条件呢?首先必须把技术科学的理想客体导入本体论,即翻译成相应的数学语言,也就是针对工程师感兴趣的数学客体,提出它们的特征性元素、关系及操作的构成。

但是,在通常情况下,技术科学的理想客体与所选择的数学工具的客体有着本质上的区别。因此,开启了工程客体的公式化及本体论化的漫长过程,这一过程最终建立了技术科学的新理想客体,这些客体用一定的数学语言表述,已经被引入本体论。从这一时刻起,工程师-研究者们获得了下列可能性:(1)成功地解决综合和分析的任务;(2)可以研究工程学客体领域中理论上存在的所有事物;(3)最终完成理想工程装置的相关理论,如理想的蒸汽机理论、机械理论、无线电技术理论等。理想的工程装置理论是建构和描述(分析)一定级别的工程客体模型所必需的,即根据技术理论对理想客体进行的语言表述。理想的工程装置是由研究者创造的、由技术科学理想客体的要素及关系构成的、用于一定级别的工程客体的模型,因此可以模拟这些工程装置的主要过程及结构组成。换句话说,在技术科学中,不仅有独立的工程客体,还有一些具有非自然特征的个别研究客体。建立此类结构模式实际上简化了工程活动,因此,现在工程师-研究者们可以研究、分析并确定他们所创建的工程客体的主要过程和条件(包括理想情况本身)。

在阿苏尔(Л. B. Ассур)、多布罗沃利斯基(B. B. Добровольский)和阿尔托奥列夫斯基(И. И. Артоболевский)创建的数学化机械理论的例子和资料中,古典技术科学的发展可以通过下列方式进行概括:每个机械被当作连接回路环节与机械主环的、由一个或几个闭合回路以及几个非闭合回路组成的运动链,在机械理论中创建了通过推演获得机械新结构的示意图。对机械的分析从制定其结构的示意图开始,首先从示意图中确定一定的运动学构成,然后进行自然过程的研究,即构成的各个部分、对偶、链以及个别点的运动。为完成这类任务,使用了机械平面图,即某一位置的示意图。在此基础上建立确定机械位移、速度和加速度各环节之间的数学关系式的方程组。使用图表和分析的计算方法可以确定每个环节的位置、各环节点的位移、转角,以及根据起始环节运动的规则给出的点和链的瞬间速度和加速度。计算复杂的机械结构时,通常将它们转换成相对简单的示意图。这一技术理论得出了下列原则性结论:结构的构成规律是所有机械的通用规律;分析机械结构的通用规则能够确定所有可能的机械系列及类别,也可以建立统一的、通用的分类;对同一系列和等级的机械运行结构及运动学分析,可以使用类似的方法;通过结构分析的方法,可以发现大量现有技术中没有的新机械。

因此可以认为,实际上已经建立了一个数学化的机械理论,它是设计者手中掌握的真实有效的工具,工程实践证明了技术理念以及从中产生的结论的通用性。

如果现在简短地概括所研究的古典技术科学的形成阶段,我们可以发现下列情况:工业生产的发展出现了同一类型的工程客体,而且在发明、设计和计算过程中人们使用了自然科学知识,这些都是技术科学产生的动因。归纳、本体论化及数学化的过程决定了第一批理想客体及技术学科理论知识的创建。不仅要应用个别的数学知识,还应该尽量使用一些较为完整的数学知识,要努力研究工程客体的同类领域,创造工程装置,这些努力都有助于下一个发展阶段的形成。创建可以归入数学本体论的、新的技术科学的理想客体,在此基础上拓展技术知识体系,并最终建立关于"理想工程装置"的理论。后者意味着在技术科学中出现专门的非自然客体,也就是说,技术科学最终成为独立的科学。

在技术科学形成的最后一个阶段,自觉地组织和建立了这一学科的理论。把哲学和方法论所得出的科学性逻辑原理拓展到技术科学中,研究者们通过这些学科获得了最初的规则和知识(基础科学的规律和原始规则的等价物),而且也从中得出了派生的知识和规则,将所有这些知识组合成一个系统,它是与自然学科不同的系统,技术科学还包括计算、技术设备描述、方法论规则。技术科学的概念对工程技术的定位使其明确了技术科学规则的应用背景。计算、技术设备描述和方法学规则正好决定了这一背景。

4. 非古典技术科学：形成阶段

技术科学形成的非古典阶段总体特征如下：首先是理论研究的综合性。技术科学在其形成的最初阶段，是各种与自然科学相关的"应用"部分，在一定程度上我们可以称其为基础科学。后来，在技术科学中出现了一些独立的理论篇章。对于很多现代的技术学科来说，是不存在这种统一的基础理论的，因为它们要解决的是一些要求许多学科参与的综合性的科技问题（数学的、技术的、自然的乃至人文的学科）。与此同时，创造出了一些新的专业方法和特殊的理论研究工具，这些方法和工具专门用于解决该系统的科学技术问题。例如，在解决信息问题时，不仅工程师、控制论专家参与其中，语言学家、逻辑学家、心理学家、社会学家、经济学家和哲学家也要参与研究。[29；44；49；70]

非古典技术科学是由各种实物和理论部分组成的，包括所研究客体的系统和各种组合模式，以及对研究、设计和工程研制过程中所使用的方法和语言所进行的描述。在所研究的客体方面，综合技术科学也是特殊的。除了普通的技术和工程设备，通常要研究和描述比传统工程技术更为复杂的设备，这些客体至少有三种形式：人机系统（电子计算机操作平台、半自动装置）、复杂的技术系统（如城市中的工程设施，飞机及其技术维护系统——机场、道路、维护技术，等等），以及工艺或技术环境。第三种形式一方面要研究不同技术系统、设施的创建规则以及其所具有的性能，另一方面还要研究在一定的领域、社会体系和文化中运行的技术设备，以及整个系统领域的规律、特点和功能。

实际上,使用非古典技术科学知识的领域也发生了变化。如果古典技术科学知识主要应用于发明、设计这类工程活动,那么通常在非传统类工程活动(例如,在技术系统中)以及非传统设计中,综合的科学技术知识则是必备的。

上述非古典技术科学的特点,在创建自动控制理论的例子中得到了体现。众所周知,各种技术科学(如机械与机器理论科学、理论电子及无线电科学、水力学和气体力学等)的一体化产生了自动控制理论。其目的是研究专门的工程客体——自动控制系统。首先,上述系统中所有不同的环节只是简化为进行计算的等效电路图,这样就可以把某些成熟的无线电技术方法应用到更多级别的自动控制系统中,以及把在机械理论中获得的用于运动学链研究的机械分类及结构分析的方法,应用到自动控制系统(动力链)的分类及结构分析中。然后,由数学家来解决自动控制的任务,这样就促进了线性控制理论的飞速发展。最终,创建了实际上与任何一种工程学的实现方法都不同的、关于自动控制的、统一的、综合分析的数学方法。[21]

所有这些都促进了特殊的综合理论示意图的发展(关于机械、无线电技术及水力技术等的部分理论示意图)。在示意图中统一描述的自动控制系统,完全独立于具体的结构再现以及在其中进行的物理过程——水力的、机械的、电子的及气动的过程。[21]

非古典技术科学本身的创建可以分为几个阶段。

在第一阶段中形成了同类的、非常复杂的工程客体(系统)领域。在客体的设计、研制和计算中使用了部分古典技术理论,它们的任务不只是描述和确定所设计的(研究的)系统的过程、角度方位和运行情况,还要把所有单独的概念集合到一个统一的模式中,为此要使用示意图组、系统概念、复杂的非同类描述等。在这一阶段,系统分析是以几个古典技术理论为基础的,而综合操作是以上述示意图组、系统概念及复

杂描述为基础的,只是部分地(单独的过程及子系统)建立在古典技术
科学基础上。

在第二阶段,在建立各种子系统和复杂的工程客体的过程中发现
了类似的构成及过程(控制、信息传输、一定等级系统的功能)。第一,
它可以解决新一级别工程客体的典型任务(建立可靠性原则,进行控
制,合成并统一不同类别的子系统,等等);第二,使用一定的数学工具
描述和设计这些客体(数学统计、集合理论、图表及其他理论)。例如,
在无线电定位技术中使用信息和控制论的理论概念和数学工具,使专
家们可以分析被称为复杂信号的精密构成,而不考虑它的具体类别。
无线电信息的概念与信息载体(信号)的描述相关,也就是对雷达系统
中自然过程的描述。在这里,无线电波被当作一种自然波形式。无线
电定位系统在技术系统中的运行被看作无线电定位的信息处理算法。
技术研究转向无线电探测信号处理的理论综合,促进了通过完成一定
数学运算的主要同步装置进行信息处理的模拟。因此,现在已经很难
在无线电探测系统和计算装置的功能之间划分出界限。[21,228页]

这一阶段的特点是什么呢? 建立非古典技术理论,这些理论在设
计和研究一些复杂的工程客体时,不仅可以把建立在古典技术科学基
础上的模拟和描述结合成一体,还能够同时应用新的数学知识。这样,
非古典技术理论就成为特殊的第二阶段技术理论,其建立的前提条件
是预先使用古典技术科学,并把它们在系统、控制、信息及其他概念的
基础上进行综合。

第三阶段,在非古典技术科学中建立理想工程装置和系统的相关
理论。例如,在20世纪50年代以后的无线电定位理论中,制定出无线
电定位系统理论示意图的综合分析程序。各种具体的无线电定位装置
工作质量的分析任务,变成了研究其运行的复杂过程,特别是当混杂了
噪声和干扰的信号影响到该过程时。无线电学中所使用的方法可以用

统一的标准来比较不同用途、参数及结构形式(如港口、海洋、地面、探测等)的无线电定位系统。为了这一目的,建立了无线电定位的同类理想客体"理想无线电定位系统",同时,建立了远程无线电定位的主要方程式,以及确定其工作特性的方程式。[21,223页]

建立理想工程装置的理论,圆满完成了古典和非古典技术科学的创建。这些理论把自然科学与技术科学相提并论,理想工程装置不仅按照第一自然规律存在和运行,还要遵循第二自然的规律,因为工程客体是在第二自然中产生并存在着的。换句话说,技术科学首先描述的是由工艺发展所决定的规则。

5. 设计:形成与特点

从历史上看,设计产生于制作活动(建造房子、轮船、机器、城市等),作为其中的一个环节,与未来产品的外部形式、结构和功能相关。随着制造活动的发展和完善,依靠图纸和计算的各种符号学和思想学活动变得越来越复杂,它们开始完成下列功能:组织制作活动,呈现所加工产品的各种平面图及构成部分,把对产品的不同要求归纳到图纸上,选择和评价最优决策方案,等等。在这一阶段,所有这些在制作活动内部形成的功能,实际上并没有作为独立部分被认知。

设计成为独立的活动领域,产生于设计师(包括设计员、计算员及绘图员)和制作者(包括建筑者、机械制造者)之间出现劳动分工的时候,设计师负责符号学和智力方面的工作(设计、图纸、计算),而制作者负责创建实物部分(按照产品图纸制造)。

如果前期的绘图和计算活动与可以通过图纸和计算修正的模型相关,那么在这一形成阶段,这些活动则是建立在独立的理论和知识上的,其中也自然地反映出前期所建立的图纸计算活动与生产活动之间的关系,形成了具有一系列特点的设计活动和现实。

(1) 设计者与制造者工作的原则性划分。设计者应当完整制定(设计)产品,解决其外观、结构及制作的所有问题,而且归纳对客体的不同要求。制造者根据设计创造实物产品,并不会把时间和精力浪费在设计者所负责的问题上。

(2) 设计者使用图纸、计算和其他的一些符号手段(模型、图表、照片等),在符号学层面创造完整产品。他们可能只是偶尔地、间接地面对客体(原型或创造出的客体)。

(3) 设计的特征具备一定的"逻辑",以及这一活动之外无法达到的一定的可能性。设计者可以将与客体对立或不符合的要求结合起来,研究客体的个别部分和子系统,而不必花时间关注其他的部分和子系统;描述客体的外观、功能、作用及构造等这些独立的互不相干的方面,然后把它们结合起来;制定(解决)制造客体(产品)及其子系统的各种方案,并比较这些方案;赋予客体自己的特点。研制产品时,设计者应当建立特有的"符号模拟",而上一阶段获得的所设计的客体模型可以称为"抽象模型",并作为建立下一个阶段的设计模型的建构工具来使用,也就是"具体模型"。

这样,设计出现后的生产可以分为两个相互联系的部分:智力(符号学的)产品的制作(设计本身),根据设计来生产产品(设计的实现阶段)。后来,一些在实践中明确下来的、在理论中被认知的方法和设计原则开始被应用到其他活动中,并加以适当的改变。这样,开始出现了城市建筑设计、技术系统设计、工艺美术设计、工效学设计和组织设计等。然而,在转向新活动时并不总是可以成功地保留和实现设计活动中形成的一些基本原则和特征,其中有不少在新的条件下是无法执行的,有一些只是部分地有效。

因此,在形成"经典"和"传统"的设计方案(建筑-建造、技术、工程)

的同时,也形成了只有某些特征的与设计相似的活动(可称为"准设计活动")。这种对立可以与西多连科(В. Ф. Сидоренко)提出的"传统设计"和"新设计"之间的区别相比较,或者与后来由拉普帕波尔特(А. Г. Раппапорт)提出的"原型设计"及"非原型设计"之间的区别相比较。[50,78页]准设计活动也可以称为设计,但是与传统设计不同,是"非传统的"或"现代的"设计。

如果采用这种活动分类(分为传统设计、准设计或"现代设计"),那么可以推测设计发展的演化方向是:**从制作活动(在技术和工程学中)到传统设计、从传统设计到准设计结构的活动,也就是到非传统设计或现代设计。**

在许多文献中,经常既能碰到工程设计与科学相对立的情况,也能碰到二者相一致的情况。例如,希尔(P. H. Hill)写道:"工程设计可以被当作一门科学,而科学一般理解为概括和系统性的知识。"[84,15页]但是,作为理想类型,原则上设计与科学和工程学都不同。首先,它们的产物形式不同:科学研究的产物是知识,设计的产物是方案。格拉济切夫(В. Л. Глазычев)写道:"设计的产物和科学的产物是不同的,一个是方案,另一个是知识。由于产物不同,不可避免地在产品创造中使用的方法和手段上就存在着差别。设计的工具包括由科学创造的知识;科学则把设计元素归为自己的手段(思想和技术实验的设计及其装置等),但是,工具手段的原则性区别被保留了下来。"[19,97页]

广义的设计只是组织生产活动,而知识则满足认知关系,通过已知说明未知(新的)。科学的知识不只是通过"真实"客体(在实践中创建的)获得,还可以从代替这一客体的符号学操作模型中获得。除此之外,知识是"已被论证的",[55]已经不属于真实的客体,而是属于自然情态的"理想"客体,如起源、自然规则等。科学知识获取的突出特点是通过操作方法建构新的符号模型,然后证明所建构的模型相对于客体是有效的。

与科学不同,设计没有认知的目的。类似的任务只是偶尔才出现。设计的目的是创建符合一定要求并具有一定质量(结构)的客体。但是,与在实践中以试验的方法制作的物质形式的客体不同,在设计中客体是在"符号"(符号学)层面的。知识对于设计来说,只是工具、创造用的材料,设计者通过它一方面建立"物质客体"的制作"指令",另一方面描述客体的构成、运行、外观或内部,以使其构造满足客户要求及设计原则。同时,我们不难发现,设计有两个主要功能:一是保障设计内部过程的"沟通",如联系客户、设计师、用户及"客体-本体论"的研究;二是创建设计的客体。

作为复杂符号工具的设计图纸的特点是,可以在其中同时表达两组不同的思想和内容:纯客体的内容以及操作的内容(图纸可以拆分成存在不同关系的一些元素、部分、片段,这些关系包括平等关系、毗连关系、位置关系等)。为此,设计一方面可以作为"知识和描述",在与客户、设计者、用户的沟通中被讲述,另一方面,它又是一种复杂的指令,在生产活动中,其图纸的一些独立单元会用于真实客体以及测量和生产活动。

有效设计的条件之一是,在设计过程中可以不去面对所创造的物质形式的客体,可以不去检验其在实践中的性质和特点。设计的这一基本特征通过科学的、工程的或试验的知识得到保障,其中规定了设计所针对的主要功能、结构、关系以及与结构相关的功能。实际上,在正常状态下设计的前提条件是从要求到功能的一种运动,或者是从功能到结构设计的运动,以及与之相反的,从结构设计到功能的运动。在设计的过程中,一些功能被分解,复杂结构被分解成更简单的结构,或者正好与其相反,简单的结构组合成复杂的结构(设计分析及合成阶段),即由一些结构和功能转向另一些结构和功能。而且设计者们相信,总是可以找到符合功能的相应设计,可以相对独立地把客体的功能"方面"与结构"方面"拆分开来,因为它们总是被设计过程连接在一起,借助已知的功能及结构类型满足对客体提出的要求。总的来说,这种自信是建立在知识的基础上,具体包括关于原型的知识、关于功能和设计(功能和结构)关系的知识。

如果这类知识在实践中通过试验获得,则可以称为试验知识;如果这类知识在工程学和科学中获得,即被称为科学及工程学知识。正是工程师们确认了客体的运行与其物质和技术保障能力相关,而功能与设计相关。伊万诺夫(Б. И. Иванов)和切舍夫(В. В. Чешев)说:"关于客体结构和功能特性关系的知识是设计活动的主要条件。根据客体的外在功能,建立起客体的内部活动链,并确定其形态学结构及内部存在的次序。"[28,61页]

这样,工程师们确定了客体的功能特征类型,以及功能和设计之间的关系,即获得了设计师一系列操作所依据的知识。设计师对设计进行分析及综合,并进一步细化和具体化研究设计解决方案,给出评价,等等。如果工程师的研究工作滞后或者无法形成,那么设计师会求助于专家-实践工作者,寻找设计活动所必需的试验知识。今天,试验知识是设计研究院中科学分部工作的主要产物之一,被称为设计试验的总结、关于所设计客体的工作试验研究、设计标准的完善及明确,这一系列的科学研究实际上都是为了获得试验知识。例如,在成熟的工程学及其技术保障科学的基础上,计算出强度、载荷、稳定性(建筑设计中),或者计算电流、电阻及电压;根据试验知识和对原型、观察和推荐的思考,来测算房屋中(或城市中)人的活动和行为,以及计算复杂人机系统中的活动。

研究表明,设计经历了技术及工程学的漫长演变。技术活动是与现实工具、设施及机械打交道的,"技术人员"通过试错,利用针对应用和原型的实验,以及技术人造物的传统,逐渐完善自己的产品。他们首先把符号模拟(科学知识及理论)与技术活动联系在一起,在其基础上组织统一的、工程的人工制造过程。在工程学中,首次实现了直接满足对产品所提出的要求的程序。但是,工程师首先关注的是终端产品中的两个起源:自然起源和技术起源。自然起源是能源、力量及运动;技术起源把这些自然过程在生活中再现,让其为人类活动服务,并把它变成有目的的活动的一个因素。终端产品往往受这两个起源限制。

我们再次强调,与技术和部分工程学不同,设计已经不再面对真实的材料、产品及经验。通过设计方案组织生产,它最终脱离了技术活动。设计是人工制造物,是纯符号学演算的“科学”。在这里,从开始到结束,产品在符号设计工具(模拟及指示)的层面被创造出来。设计者可以不去面对材料、产品及经验,在符号演算的层面上,他们不仅要用模型方法设计产品,比较决策、实验及试验相应的运行方案,还要使通用的设计方案达到品质上的最大要求及最佳状态。与工程学相比,设计并不会使一些过程及其他过程,以及一些功能和要求与其他的功能和要求之间产生差异。对于设计者来说,产品的审美方面十分重要,比如自然性,而生活舒适度及质量的要求等也同样重要。设计应迅速并有效地满足用户对产品提出的各种要求。从这一观点来看,设计实际上是现代文化中确保生产与用户、订货方与制作方之间关系的最重要的一种联络机制。

与试验相比,设计的工程保障优势十分明显。首先,工程学知识与试验相比,是经过论证(检验)的;其次,它们更具有操作性且严格准确(因为借助它们可以进行参数计算);再次,与试验知识相比,工程学知识可以解决更高级别的任务;最后,它们具有解释科学概念和理论的前瞻作用。作为一种符号学模拟活动,科学研究可以创建知识(揭示规律及相互关系),不仅针对实践的需求及要求,还要符合实物结构及认知要求。因此,工程师们使用科学知识来进行自己的设计,他们可以描述比现行实践更广阔的活动领域内的比例关系。通过使用关于客体运行及结构的工程学知识,以及关于功能与设计之间联系的知识,设计者可以完成更高级别(与以经验的知识为基础的任务相比)的任务。这样,在科学、工程学及设计之间,通常存在着有机的紧密联系:科学为工程学提供必要的知识作为保障,而工程学形成了设计活动的必要条件。

我们把设计的经典类型称为"传统设计"。传统设计有一系列原则特征,这些原则指出了传统设计的价值以及与准设计活动之间的界限,而在准设计中这些原则或者已被破坏或者根本不存在。有些时候,传统设计的原则会在文献中建立,例如"功能与结构的一致性"原则,但是,它们更经常是作为显而易见的概念及公理在设计师的专业认知中出现。下面,我们将指出几个传统设计的主要原则,但未必充分(经验表明,传统设计与新的准设计活动的对立,导致了新原则的建立)。这些原则如下。

(1) **独立性原则**:设计方案的物质实现不会改变其自然属性及规则。

(2) **可实现性原则**:根据设计方案在现有的生产中可以制造出符合设计的产品,如物品、设施、楼房、系统等。

(3) **一致性原则**:在所设计的客体中可以进行区分、描述,制定运行过程和符号单位(建构单位)并使它们相互一致,而且不论设计方面还是功能方面都应当准确真实。

(4) **完善性原则**:虽然几乎任何一个设计方案都可以在许多方面成为更好的,也就是最优化的,但是总的来看,至少它应满足对其提出的基本要求,包括由订货方、文化及社会对其提出的基本要求。

(5) **结构完整性原则**:应当保证所设计的客体能够在现行工艺中实现,即设计的客体由要素、单位及关系组成,可以在现有的生产中被制作出来。

(6) 最优原则：设计者应努力获得最优解决方案。

设计者描述并研究产品的运行过程,在自己的活动中实现第一个原则,他们的思想是第一或第二自然不可分割的构成部分。而且,他们提出与工程师共同创造确保这些过程实现及运行的最佳物质条件,并通过创造(制作)把这些物质条件以产品的形式引入现有的自然过程或社会过程中,且不改变其运行过程及规则。我们可以认为,设计师在设计时可以忽略在工程设计活动中出现的运行过程的偏差,因为利用这些过程的知识,可以保证这一过程的运行并把偏差减少到最小值。

第二个原则的建立基础是设计师和制作者之间的劳动分工(设计方案由建设者、安装者和装配者等人去完成客体物质形式的实现),以及符号设计活动与生产活动的分离。可实现性原则使方案的制定应该可以在现有的生产中实现,例如,方案的细化程度应当保证设计的方案可以通过现有的生产被制作出来。这样,由可实现性原则推导出所设计客体的结构完整性及有限性原则。要求所给出的设计客体是以有限数为单位的,例如,以生产目录、标准及规则的形式等。

第三原则与第一、第二原则密切相关,在设计中被认知得最清楚。一致性原则要求,赋予每一个运行过程一定的、相匹配的形态,而且要为功能赋予一定的设计。在设计实践中这一原则被建立起来,一方面,体现在标准、规格、方法规则的体系中;另一方面,还要使用现有的原型以及设计和完成的各种样本。在建筑设计领域,罗森伯格(A. B. Розенберг)首先建立了一致性原则(如建造与过程一致,设计与功能一致),以及可实现性原则。他认为一致性原则是建筑建造设计的主要原则,[52,13页]这一原则已经获得了现代表述,如埃·格里戈里耶夫(Э. Григорьев)对此进行的表述。[24,65页]

完善性原则在设计中很少被认知。很明显,因为满足对客体提出的主要要求,是设计者追求的主要目的之一。如果我们创建的客体只是使设计师-作者个人满意,却不能使订货方及社会满意,那么这就意味着完善性原则没有被重视。

设计的最优原则(设计决策的最优)不仅已被清楚地认知,还在理论层面上被讨论。[20]设计最优化的尝试实际上导致了新组织的产生。

需要指出的是,我们列出的这6个传统设计原则中的每一个,不仅是设计者应当思考的严格的方针和价值,还是设计理论家和方法论专家研讨的范围和努力方向。

在这里,我们所研究的设计特性及原则,是专门针对经典的传统设计而言的(工程的、建筑-建造的、技术的)。它们在其他类活动中(城市建设、工艺设计、管理、经济规划等)的普及,由于没有或缺乏关于相应客体(城市、管理、经济、社会文化生活等)运行规律的科学以及经验知识,因而很难实现。即便如此,设计也仍然不断扩展到这类活动中。但是,在新的准设计活动中,所使用的主要设计方法也在改变,而设计本身开始成为从属因素或其他更复杂活动的某个阶段(如组织-行政管理、系统技术、社会技术)。[48]

6. 技术现实

正是工程学和工程方法使我们认识到,在自然过程计算的基础上进行的设备制造与其他类型的制造不同,自然过程的运行或者无关紧要,或者无法计算和给出,除了自然过程还会有其他过程,如活动。工程活动的大部分产物也开始被称为技术。促进技术现实被发现的另一个因素是,对工程活动的产物向人类和社会提供的不断增长的知识进行认知。第三个因素是出现了专业的工程类职业、技术创造以及技术科学。最终,从19世纪下半叶开始出现对技术现实的专业认知,一方面,在科学方法学中开始讨论技术科学的特点及本质;另一方面,在技术哲学中也开始讨论这类内容。从技术出现在科学及社会认知层面这一时刻开始,就吸引了越来越多的关注,而且人们对待它的态度已经开始出现转变,从完全否定,认为它是潜在的不幸的来源,到"技术是我们的命运",在这些观点之间摇摆不定。而且大家也都清楚,我们是不能与命运抗争的。对于哲学研究来说,技术是极其难啃的硬骨头,比如,至今还没有建立完全令人满意的技术概念就证明了这一点,还有很多技术哲学家提到了关于"技术的秘密"。

技术发展的规律性。试图建立"技术发展规律"的技术哲学文献已经足够多了,但是,这些规律的大部分内容都经受不住任何批评。首先是因为它们的作者最先解读的是作为技术设备的实体,很明显,他们可以从不同的角度对技术设备进行描述,例如,技术设备的有效性、用途、结构,以及技术创建时使用的知识类型、运行时间及适用范围等,所以可能会出现,虽然与之相符但却是完全不同的技术发展规律。因为这些观点并没有反映出,也没有提出技术可感知的本质,一些研究者提出的"技术发展规律"很可能被其他学者忽略,或者没有被当作通用规则,而被认为只是经验的观察。

技术发展的规律是什么意思呢?很显然,这不是自然法则,但也不是纯粹的活动规则。要知道技术的本质,除了活动也由一系列其他元素决定,如社会文化因素。对技术变革产生影响的还有活动的规则、符号规则、文化的更替,以及技术本身的发展结果。考虑到如上所述的这些,我们可以试着归纳出技术发展的以下规律。

相似性规律。众所周知,新的技术装置(工具、机械、机器)或其结构的很多参数与现有的或已有的技术装置相似,而新的工程或技术解决方案也经常重复某些传统方案的特点。这种相似性决定了"相似性规律",而且这一规律与技术生产活动的本质相关。此外,活动可以根据某种规律,按某种形式的原型再现,因此,新的技术经常会按照与某些技术装置的相似或类似的观念被创建出来。

技术效应规律。新的自然过程的揭示,或者创建自然过程新的应用领域,经常会带来新技术的创建。如果发生这种情况,那么在实现其他必要条件时,可以说"技术效应规律"在发挥作用。

工程的同源性规律。正如我们所指出的,现有的或已经创建的技术的完善方向之一,是使技术设备或其构成与现有的自然科学或技术科学的描述相结合。再就是技术设备与已经创建的工程技术设备或其构成相结合。因此,技术设备同源化并不是整体性的,仅相对于工程活动,也就是其主要构成的过程与自然过程相结合,决定这些过程的条件可以通过自然科学或技术科学来进行理论性描述,相应技术设备的参数也可以被计算出来。

工艺的同源性规律。技术设备的结构同源性的实现不仅是针对工程活动而言,同样也适用于工艺活动。工艺同源化的必要条件是,在研究、工程、设计、生产及其他类活动中,技术设备作为工艺现实的一个单位、子系统或事件而出现。工艺活动可以被认为是一种现实,其中包括工艺特有的各类构成要素,例如,活动中的创新保证了文明的进步,创建这些革新活动的发展机制,决定和限制活动发展潜力的社会文化因素,等等。最终工艺的同源性规律决定了不同领域和活动把各种自然科学和技术知识进行重新组合的能力,它构成了工艺的基础。

功能性规律。按照这一规律,当技术装置或解决方案出现新功能,就会连带产生新的决策。例如,机器的创造使我们必须研制它的控制装置,机器控制装置的创造引起了监督及反馈信息装置的创造,技术系统拥有大量元件,对它的运行有着更高的要求,因此技术系统的创建又会引起对系统可靠性的研究(元件备份、对其工作的监控、提高可靠性的特殊设计)。

技术的生物相似规律（库德林法则）。库德林(Б. И. Кудрин)指出，在大量技术产品的设计和生产中，每一个技术产品都是以文件形式被确定的，开始表现出种群的生物特征。换句话说，关于技术产品的这些种群，可以通过类似生物学的规律来创建。[32;34]

技术的概念化规律。从不同形式的技术认知出现在专业的自我认知领域、科学方法学及工程活动领域、技术创造领域、技术哲学等领域中开始，"技术概念"就对技术发展产生了实质性的影响。比如机械及机器、技术的工艺设计理论、技术系统、生物技术、技术工艺等概念，这些技术概念的独立应用对技术发展产生了巨大影响。

在16—17世纪，工程技术的发展思想是以工程活动为基础的，表现为一种独立的实践样本。但是随着新科学和工程学的发展，以及完全以工程学及设计为基础的19—20世纪工业生产的发展，世界新技术的面貌已经越来越清晰。但是，引起技术哲学研究者们兴趣的不是技术世界外在的样子，不是令人吃惊的技术复杂化的事实本身，甚至也不只是技术形成发展的规律性，而是促进技术运行及发展的根源及决定性因素。其中，重要的是19世纪末20世纪初形成的对技术的论述以及科学技术世界图景的构建。

◇ 第五章

对技术及工艺的社会评价

1. 技术统治论

对一些技术观的分析表明,目前存在三个主要的派别——技术统治论、自然科学论和社会文化论。在其框架下形成了关于工艺的三个主要派别——工具论、社会决定论以及工艺观。

技术统治论的原始出发点是确信现代世界是技术的世界,因此我们的文明被称为"技术文明",而技术是一个工具系统,可以解决文明的主要问题,包括那些由技术本身产生的问题。拉奇科夫在他出色的《技术及其在人类命运中的作用》一书中,很好地分析和批判了技术统治论。

"今天最流行的一个话题是,现在一切都与技术相关,因为毫无疑问我们都处在完全由技术创造的社会中,并为技术而存在……当人类认识到某种问题和危险时,立刻就会说,他可以着手研究并解决它,也可以说它已不知不觉地被解决了。换种说法,存在着一种潜在的规则(不成文的规定),世界上的每一种困难,当我们认真对待它时,只要有足够的技术手段、人力和物力就一定能够解决它。而且,科学与技术领域内的每一个成果,都被赋予了解决某些问题的使命。或者更准确地说,在具体的危险和困难面前,人们必然会找到完全适合的技术解决方案。这是由于技术发展本身的影响,而且也符合普遍深信的、工业国家公认的观点,即一切都可以归结为科学技术问题。"[51,32,54—55页]英国预测学家盖伯尔(D. Geibor)总结了这里所列出的技术统治论的观点:"技术带来的危害是可以通过技术来弥补的。"[51,98页]

技术统治论从技术方面阐述了人类活动的所有基本领域:科学、工程学、设计、生产、教育、权力制度。科学被解读为可以掌控自然的直接生产力,工程学和设计是为了创建工程和技术的客体,教育则是培养可以参与生产的专家,是大学的责任。这里的生产指的不是别的,而是技术和技术系统。政权-制度的主要作用是支持技术发展。拉奇科夫发现:"权力本身,赋予技术不同寻常的性质,即只能带给人类幸福。战胜危机及萧条,排除所有问题和困难,全民富裕、物质丰富、幸福和自由的时代就会到来。国家只要找到与科学技术的合理关系,就会千方百计地促进科学技术进步……国家的作用相当于科学技术运动的加速器,寄希望于经济发展和个人力量倍增的积极结果。"[51,101—102页]

拉奇科夫把人类有意识地对技术进行认知的能力列为技术统治论的特征。在意识形态方面,以进步和标准化(把一切都标准化)的观点为基础,确立了这一认知。对于有既定目标的技术认知,它的特点是提出持续增长并加速的目标,最终这种认知会阻拦一切威胁技术现实存在的思维形式。[51,201—205页]拉奇科夫发现:"任何一种威胁科学与技术发展的结论都是无法被接受的。同样它一定会拒绝在道德层面对它的评判……至于理智,它的合理论据好像很容易就趋向需求的方向。"[51,205页]

在思维方面,对于技术定位的认知来说,纯理性主义是其固有的特点。关于后者,拉奇科夫写道:"合理性构成的部分与乐观主义论调密不可分,同时也证明了技术的典型特征——必然性。很显然,技术源自理性的科学。而且,技术产生于纯理性运算,因此它也是理性的……理性要求一系列相关的操作过程,都应该是可以感受、触摸和认识到的。也就是说,我们首先要理解它、认识它,然后再去控制它,这样就需要这个世界也必须是理性的。而且,社会要求人类的所有活动都应该是理性的……合理地消费,尽可能经常更换物品,获得更多的信息,工作效率要更高,要生产出更多的产品,等等。合理地满足不断增长的需求和愿望,还要理性地看待不断的经济增长。总之,人们如果是理性的,他们之间的关系则被认为是正常的。"[51,148—149页]

拉奇科夫指出,虽然有些奇怪,但是人文主义的论述(确认技术的宗旨是为了人类和文明的福祉)也应该是技术统治论的一个组成部分,这一论述,实际上"掩盖"或"隐藏"了福柯所说的事情的真实情况。拉奇科夫说:"在真实的世界,情况完全不是人文主义文献中任何一种观点所论述的那样……你可能要问,技术在这里有什么作用? ……当然,技术不是世界恶果的直接原因,但是正是技术扩大了灾难的影响范围,除此之外,是技术而不是其他政治决策诱导了这些灾难……从上述论述中可以得出一个结论,即这一切都与文化没有任何关系。"[51,122—123、130页]

技术统治论的另一种"掩盖"形式,表面看起来像是"反技术统治论",就是监控技术发展的公众意愿及规划。拉奇科夫认为,再新的解决方案也会滞后于技术的进步,所有现实的努力都会被书面和口头的设计所限制,而且会使社会性认识失去作用。拉奇科夫写道:"罗克布洛(Ф. Рокпло)认为,在需要进行变革时,必须准许每一位公民拥有参与主要社会技术目标的选择权,在对所有大型技术问题采取决定的领域内,要扩大民主,争取自治,只有在这时,才可以'打破各种论证的系统网,因为在这一系统网中我们的文明覆盖了技术'。但是同时还有一个问题：通过什么样的工艺才会使我们走出技术本身带给我们的困境，我们是否会在这个方向上越走越快，还是要去改变它，发明工艺的其他替代物？"[51，139页]。拉奇科夫分析的另一个例子是，20世纪70年代法国提出的"茹利亚别计划"（Жюлья-Ляббе）。他指出，"计划非常清楚：（1）识别对研究工作及技术推广的潜在兴趣；（2）提供实现这一计划的工具；（3）鉴定这些推广的二次负面效应，如果它们是不可避免的话；（4）告知全社会可能产生的后果，以便采取必要措施消除它。这四个原则，作为活动的原则是非常好的，因为在科学、技术或道德的领域中推广成果时，由于无知产生了许多错误。决定权应该在所有公民手中，而后根据公民的需求采取必要的措施。这项计划出自对社会热点问题的讨论。但是在辩论中，这项计划变得越来越空洞，而且实际上只是针对科学的增长，使得所有关于工艺的评价工作都成为迎合社会意志的自我辩护过程。技术系统从最初诞生开始，就力图摆脱社会监督，然而各类从事技术活动的企业，却还没有一次能够成功地在社会监督的作用下由于风险而缩减项目。不只是社会意志，专家们也越来越难以掌控技术手段。不但如此，我们甚至常常不能理解这样一些问题：我们只是在技术触及传统道德底线的时候，才开始对监督它产生兴趣，比如生物技术、人工授精及生育技术、在玻璃试管中用人工方法培育生物等技术问题。对于这类问题应该建立伦理监督委员会，召集学术讨论会和研讨会，虽然实际上很难做到什么，也不能建议什么。即使制定出标准及出发点，也不会比《人权宪章》更有用，因为不管所有的愿望有多么美好，上述技术手段也仅仅是技术系统中的一个片段，而我们要监督就必须监督它的整体"。[51，141—142页]

就像其他任何一个承担了自己文化使命的论述一样，也许技术统治论并没有那么糟糕。但是与其他哲学家一样，拉奇科夫对它的评论不仅是负面的，还认为它是"专制的"且"恐怖的"（这里指的并不是这些词的通常意义,而是从文化和人文角度来讲)。按照拉奇科夫的观点,类似的严厉评价证明了是技术统治论支持并加快了导致我们的文明进入灾难的进程和事件。拉奇科夫认为,现代技术的发展产生了雪崩式的、无法监控的不良后果,使人类陷入幻想及荒诞中,使我们的文明变得脆弱且逐渐失去防护。"关于技术的论述,不但没有受到批评,还流传甚广(即使人们通过科学研究对某些事物进行了揭示,但也无法与以大众传媒为手段、用整个机构的力量来进行大规模宣传的舆论相抗衡),表现出的情况是暴虐的、恐怖的,或者说是暴力的,不过它可以有效地弥补工业社会人类的沉迷,并使其置于不可逆的双重制约下,因此人类有充分理由主动地屈服于科技进步。"[51,288页]阅读技术统治论理论学家的著作,可以发现其中很多人发挥着科技发展鉴定家的角色,拉奇科夫写道:"可以发现有四种非常重要的情况,它们的发生甚至几乎没有任何迹象:核灾难发生的可能性,第三世界国家的混乱、失业率的超常增加、由于债务累积而发生全面的财政崩溃……我完全不认为,专家们对于这些可能发生的事情没有给出意见,我确信,他们想象的未来不包括这些,也并不认为必须指出可以扭转预测的东西。他们只不过是说明了2005年的社会将会是怎样的。换句话说,技术是作为我们这个时代新的宿命而出现的,它是无可争辩的,是我们不希望发生的命运……不管是哪种民主或共识,国家是不可能对关于这些或那些手段的发展战略组织辩论的。如果要批准投资大型技术系统的规划,如建设核综合体或化工综合体,那么任何明智的理由都无法与这一规划的执行相对抗……我们只能问,除了政治强权,以及前所未见的并不知不觉地逐渐增强的工艺暴政,还有什么会产生这种技术统治? 当然是负责行政和执行的职权,包括政府。除此以外,在技术构成中占据关键位置的技术统治论者会经常发起相关的技术宣传,而这种宣传是广大社会愿意并充满热情地接受的。参与其中的当然还有教授、知识分子、学者和记者。不论这有多奇怪,但是近些年,越来越多的教会代表成为技术强权的中间人……"[51,288—292页]下面是拉奇科夫对技术文明发展终点的判断:"科学与技术越往前发展,就越会加大风险,增加带给人类灾难的可能性……今天,正是让人类停止去追求科学研究成就带来的满足的时候。如果不能提前预见到这些,那么只要有一次发展过程脱离监控,文明就会立刻走向尽头。"[51,95、171页]

拉奇科夫很难全部地表述出他所指的灾难和终结是什么。所有生命毁灭于第三次世界大战或者只是全球人口减少、生活水平降低、文明枯竭、短暂的疯狂? 还是其他什么? 首先,当然不论哪种情况都是不能接受的;其次,这完全是人类社会近期发展的现实前景。如果我们不找到这种复杂情况的出路,也许我们的文明就逃不开危机和衰落的命运。

2. 自然科学论

在当今世界,对技术统治论的批评以及对技术现实的规模和意义的认知,影响了人类生活的所有方面,创造了寻找新途径的前提条件。精确科学的代表者试图用他们习惯的方式看待技术,把它想象成遵循着一定规律的自然现象。揭示这些规律使我们可以预测、计算甚至控制技术发展的前景。上述内容已经表明,这一想法在技术群落观点中特别合理地实现了。库德林教授描述了相关的技术论述,建立了关于技术现实的原型学说,并称之为"技术现实学"。

库德林不仅确认技术现实是普遍存在的,还认为它的本质是自然过程:"不受人类愿望的影响,通过技术而产生技术性的事物……"[32,31页]他相信:"现在这代技术仅作为稳定于一定时间内的技术群落的一部分而存在,是构成全球技术环境等级复杂的体系不可分割的一部分,技术的全球化进程带来了另一个技术文明的出现,在该技术文明中生命及技术现实学的每一个单位都作为独立的个体,使周围环境向着有利于自己的方向发展……技术现实学好像把人类排除在研究之外:如果工厂建成后即开工生产,那么所安装设备的结构处于'正态分布曲线'*的参数规定的范围之内……当前的存在即技术存在(技术现实学的存在)。在生命世界的维度里,技术现实已经作为现实而存在,并被接受。人类周围的生存环境是变化中的自然界,技术环境是在生物圈之上形成的,并改变着它。"[32,6、17、36页]

技术现实学的提出者指出,如果技术被看作一个由文献资料及活动创新的特点决定的彼此联系松散的产品集合,被看作一种多样化、可变化及分类的事物,那么技术就可以被当作一个自然构成物,如同生物群落一样,遵循与生物类似的法则。库德林写道:"如此看来,我们可以把机器的世界与生物的世界相比较。我们可以分离并移动每个设备单元,它的局部作为个体可以被替换,那么机体就可以被看作另一种机器,可以形象地被表述为单个生物……在技术群落的定义中,区分并概括产品与技术群落的第一原则……实际上这是一个由无限的(实际上是可计算的)、彼此关联和影响比较薄弱的产品聚合体构成的群落,这一概念提出的目的是把技术作为统一的整体来认知。"[32,26、27页]"如果假设'个体=产品',它们在技术现实学中发挥同样的作用,在生物学中,就是'个体=生物',那么就符合自然及信息选择的法则……技术演化是建立在可变性基础上的创造过程。获得新事物、试错的方法、

---

* 又称钟形曲线、拉普拉斯-高斯曲线,以及正态曲线,是一根两端低中间高的曲线,它首先被数学家用来描述科学观察中量度与误差的分布。比利时天文学家奎斯勒提出大多数人的特性均趋向于正态曲线的均数或中数,越靠两极的越少,从而把正态曲线最早应用于社会领域。后来在弗朗西斯·高尔顿(Francis Galton)爵士的推广下,正态曲线被借用至心理学,用来描述人的特质量值的理论分布。——译者

专业化,这些都是技术发展所必需的,虽然个体可以按照相关文件发展,但是从技术演化的整体来看,其发展是非规划性的,文献中呈现出的继承性是其基本特性。"[34,21、25页]在这种情况下,关于文件、可变化性、创新、试验的概念不仅要求其具备自然态思维,还要求其具有人工态思维。

为了解决这一矛盾,库德林引入了关于技术及工艺的新概念,其中人工现象是作为自然现象而出现的。库德林定义的技术是"技术现实"的组成部分,而工艺是指技术的操作程序方面。"因此,技术形成了技术群落的构架和结构,而工艺保障了机组中独立机器和整个技术群落的运行过程。工艺是技术物质化的灵魂,其基础是独立的有文件记录的工艺过程、运行活动。"[32,11页]但是在技术演化之外,还有很多东西,例如,人、指号过程(信息化)、自然、技术生产的产物及废料。人们应该给库德林应有的评价,是他把思想,以及作为工艺生产材料的自然、信息、技术产品和废料,合乎逻辑地归入技术现实的构成,而人类则被其阐述为技术现实创建的主观必要条件。只有在此之后,库德林才可能无矛盾性地说明技术演化论是自然过程。"技术演化初级阶段(单元循环)的哲学本质是,材料发生改变,不再生产新产品;工艺作为客观自然的(物理及生物的)以及技术规则的信息反馈,原封不动地被保留下来,然后逐渐变得无形陈旧;而技术加工并消耗原材料,其单位产品会被评价为物理性落后,然后就会逐渐被停止使用,而且在从出现到消失的各个阶段中产生出各种废料。一个循环接着一个循环地进行信息筛选,'比较好-比较坏'的观点并不是必须从经济角度作出的评判。在技术现实学中,人类获得了新的特征,技术现实的产生使人类变得更加有能力:(1)认识到人类作为生物而制作工具的潜力;(2)将具体事物抽象化,分解产品的'构造',并把'映象'转达给同族(信息现实的起源);(3)关于自身的研究工作(人类的生物起源、认知起源、技术以及留存下来的信息起源,这些又产生了社会起源)。这些能力反映了人脑中可能出现'正态分布线'术语所说的'映象'。"[32,16、37页]尽管这是令人担心的反人道主义阐述,但是库德林提出的任务说明了一个观点,即技术演化仿佛就是一个符合规律的自然过程。

技术现实学可以做些什么呢? 这门学科使我们可以确定技术演化的规律,计算技术种群的参数,预测技术演化的进程。比如,库德林或多或少地估计到了我们文明的崩溃(保守地说,这种估计应称为假说)。他写道:"现在,我们来谈谈每年上市的产品种类的最大数量。我认为,如果文明沿着现有的工艺之路继续发展,这是所能产出的最大数量。当我们用智能技术世界,即用电子技术统治的文明来代替我们的传统文明时,那么老实说,我们文明的危机就有可能会出现。"[32,32页]

当然,技术的自然科学方面也需要研究,库德林提出的技术演化规律是正确的,如果我们什么都不改变(经济、社会及文化条件),一切都会像上满发条似的,在规定的轨道内运行,人类仍将遵循固有的模式及现代文明的价值观,而且不会对危机作出反应。简短地说,如果社会生活完全按库德林的法则运行,我们的文明将会终结。我不是揶揄,只不过是把事情的本质导向逻辑终点。

总之,"技术现实学"的作者可以纠正我,他认为技术现实学不是一门自然科学,而是一门关于技术的科学,它描述的不是普通的自然过程,而是技术的世界。库德林写道:"技术现实学属于技术科学,并且是新知识的来源,其中包括技术的物质世界和信息世界,但不包括社会方面。"[32,17页]这类说明是否改变了我们的某些评价? 为了论证这一问题,我们作出方法论的让步,并说明古典及非古典技术科学形成的主要阶段。这些阶段由我和伽罗霍夫(В. Г. Гарохов)共同提出,下面会详细分析。

在初级阶段,古典类技术科学是相关自然科学独特的"应用"部分,似乎可以称之为基础技术科学。因此,在其基础上形成了具有自己理想对象及理论知识的独立的技术科学。[55]现在的非古典技术科学中没有这种统一的理论,因为它们解决的是系统性技术科学任务,要求许多学科参与其中。同时在解决这类问题时还要仔细研究新的专业方法,以及任何一个综合学科所不具备的独特的理论研究手段。这些方法和手段专门用于解决这种综合性的技术科学问题。例如,在解决信息问题时,参与到工作中的不仅有工程师,还有控制论专家、语言学家、逻辑学家、心理学家、社会学家、经济学家、哲学家。非古典技术科学的形成可以分为以下三个主要阶段。

在第一阶段,形成了足够复杂的单一种类的工程客体(系统)。这些客体的设计、研制及计算使几个古典技术理论得到应用。同时,这一任务不仅要描述并确定所设计(及研究)系统的各种过程、观点和运行情况,还要汇集并统一所有多重模式(模拟)的独立概念。为此,要使用示意图组、系统概念、复杂的非同类描述等。在这一阶段,采用几个古典技术理论(学科)对系统进行分析,把一些规定的示意图组、系统概念及复杂描述进行综合,只有部分过程(个别过程及子系统)是以古典技术学科为基础的。

在第二阶段,在不同的子系统以及复杂的工程客体的运行过程中,可以碰到类似的结构及过程(调控、信息传递、一定级别系统的运行等)。首先,可以解决这些工程客体所特有的、新一级别的任务(如制定一系列原则,包括可靠性原则、操作规则、不同种类子系统的合成规则);其次,可以使用一定的数学工具(数学统计、集合理论、图解理论)来描述设计这些客体。例如,在无线电定位中使用信息学和控制论的概念和数学工具,来分析被称为复杂信号的精密结构。无线电定位信息的表达与信息(信号)的载体紧密相关,也就是描述无线电系统中进行的自然过程。在这种情况下,无线电波被当作一种自然波,无线电定位系统的运行就是在技术系统中进行的,是对无线电信息进行处理的一种计算。对无线电定位信号处理算法的理论进行综合,促进了利用同步机和主要装置进行一定数学运算的这类数据处理方法的发展。归根结底,我们现在很难划分无线电定位系统和计算装置功能之间的界限。[21,228页]同样,非古典技术理论是独特的次级技术理论,它建立的前提条件是对古典技术科学的预先研究,此外,还要使用一系列系统论、控制论、信息化这类概念对其进行综合。

在第三阶段,在非古典技术科学中建立工程装置(系统)的理想客体理论。例如,20世纪50年代以后,在无线电理论的定位中,制定了综合和分析无线电定位系统的理论提纲。提出各种具体类型的无线电装置的工作质量分析任务,当噪声和干扰影响到信号时,要研究其运行的复杂过程。在无线电定位中使用的方法可以对比一些在用途、参数及构成等方面都不同的各种无线电定位系统("机载的""海上的""地面的""探测的""跟踪的"等)。为此,建立了无线电定位的同类理想客体——理想的无线电定位系统,建立了关于这一系统的无线电远程定位的基本方程式,以及确定了其工作特点的方程式。

理想工程装置理论的创建成功地结合了古典及非古典技术科学。这些理论把技术科学与自然科学相结合,因为理想的工程装置不仅要根据第一自然规律"存在"并运行,还要符合第二自然的"规律"。总的看来,技术现实学是理想工程装置的理论。在这一理论中,作为第二自然构成的技术和工艺是研究的客体,在这种背景下,它们的"存在"被赋予了生物学的规律性。在建立这一理论时,使用了信息、演化、筛选、文件,以及其他一些在技术及工艺中存在的类似构成和过程,然后探索它们之间的关系。在技术现实学中,正如我们所见,正态分布是其主要关系之一。[33;34]这样,技术现实学实际上是一种关于技术的科学(非古典类),它描述了技术及工艺,把它们表述为合乎规律的自然现象(如技术演化)。在这一点上,我们对于技术现实学的评价并没有改变。

最后,我们注意到,自然科学的论述很少被应用在技术统治论中。比如,库德林在自己的一系列研究以及发表的演讲中,不仅指出了现代技术文明框架下事件发展的不可避免性,还认为这一发展使我们可以解决文明的主要问题,并将使人类更加幸福。但是在关于这些工作的其他地方,他却采取了直接对立的观点,例如,预测我们文明的危机。

3. 社会文化论

正是在社会文化论的框架下,形成了两种技术观——"工具主义的"及"社会决定论的"。这里讨论的是关于技术与工艺的本质,确定它们与其他现象之间的关系,如与下列诸现象的关系:存在、自然、人类、语言、活动。对于技术的社会文化论来说,它的特点是把技术归于各种非技术活动的本体论,以及技术现实的形式、价值、某些文化观点,等等。我们只要研究一下哲学给予技术的主要定义,就会更加确信这一点。问题的答案之一是,技术是众所周知的人类活动,是达到某种目的的手段。在其他的定义中,强调了观念及其实现以及科学知识的作用,或者一定的价值意义。同样重要的是,要注意在这类反映了某些研究者的态度和方法的技术定义中,发生了"非对象化"现象,也就是说技术仿佛消失了,一定的活动形式、知识、价值、精神、文化视角等在暗中替换了技术。总的来说,社会文化论的代表们(首先是哲学家、文化学家、人类学家、社会学家)确信,技术并不是独立有机的一个整体,而是作为其他现实的一个方面或者另一种存在而产生的。因此,为了认知技术的本质或者解读其变化的特点,他们认为,必须进行分析的与其说是技术不如说是现实数据,而且更多地被认为属于这类现实的是自然科学及技术科学,以及与其相关的实践(工程学及工业生产),还有人类的活动、文化及社会环境。

在分析这些现实并研究它们是如何影响技术时,社会文化论的代表们触及了各种复杂的问题,最终认为不可能实质性地影响到技术发展。实际上,在这一论述框架下所进行的当代研究显示,现代技术的运行及发展,实质上不仅取决于现代人类的立场,还取决于世界图景,以及在这些框架下人类进行思考和认知的活动,已经建立的主要社会制度(生产制度、需求制度、教育制度等)。人们可能要问,如何才能对文明的所有构成及结构产生影响? 如果不可能,是否我们就不能控制技术的发展呢? 然而,技术的自然科学论得出了同样的结论,比如技术现实学给我们揭示的是,在什么样的条件下我们的技术文明将会不可避免地崩溃。

下面,我们来分析一下社会文化论与自然科学论的关系。这些论述解释了各种问题:关于技术存在问题的社会文化论,比如技术的本质、技术发展的前景、克服技术限制的能力、技术文明的命运,而自然科学论解决的是技术关系中的技术问题,即对技术发展的预测、技术群落寿命周期的计算,对科学技术政策提出建议。在社会文化论中,技术被置于更广阔的人类活动及文化的背景下来研究,而在自然科学中,技术只是作为特殊的自然,可以假设。对于第二种论述来说,第一种论述是"框架式的论述"。也就是说,社会文化论可以作为自然科学的依据之一。例如,在社会文化论中,文件的概念在社会文化论述中是标准概念的个案,标准可以是各种形式的:技术活动的样本、自然规律、技术理念、数据本身等。从这一观点出发,除了技术群落及技术演化,也许可以分析一下技术现实的其他形式,也就是以相应形式描述技术现实的其他理论来补充技术现实学。

我们总体来看一下这三个技术论述。如果遵循海德格尔的理论,我们就不能否认,把技术作为活动手段(技术是技术手段及活动工具)

进行阐述是没有意义的,而这一阐述同时结合现代技术的本质,只是为了保持"座架",或者正如我们现在所说的,是为了论证技术统治论。虽然我们可以赞同拉奇科夫给出的关于技术统治论的大部分负面评价,但是他在有些地方把技术阐述为独立的自然本原,我们就很难赞同了。

我们可以接受的是,在技术的自然科学论框架下,成功地指出,在讨论技术本质时必须考虑以下要素:符号学信息(数据等)、技术活动的各种后果(环境参数的改变、废料等)、不同技术间的相互影响、封闭技术系统的形成,以及不仅要研究单一的技术产品,还必须研究"技术种群"中松散组合的大量构成要素。但是很难预料,这些条件(包括人类的这些活动)、一定的技术运行及发展,将来是否会发生改变。事实上,它们一直都在变化,虽然目前还没有发生根本性的变化,人们应该在最近或不远的将来改变它们,以使其社会影响最小化。

社会文化论看起来是完全现代性的,并且具有一定的发展前景。但是,正如我所指出的,它并没有解决社会行为造成的一系列问题。此外,它对其余两种论述的回应也很有限。

第六章

技术及工艺的配置

在这里我们把下列构成物列入配置,建立作为理想客体研究对象(技术及工艺)的图示,而且这里说的是关于"可能出现的客体";该图示在某种程度上应当考虑到论述,以及关于该客体的社会活动特点。配置描述的是作为多相质构成物的研究现象,包括该客体相对独立的方面和角度。根据关于现象的最新研究及描述,我们可以将配置看成是一种方法论描述。

技术及工艺的配置,可以通过三个主要方面来描述。(见表1)

在这里,我将详细分析技术和工艺描述的第一方面以及部分第二方面(限制这些现象发展的因素,包括技术文明因素)。技术和工艺形成并运行的实践以及描述的第三方面,即后续要研究的课题。

1. 技术的创建

现代研究提出了技术创建的四个主要方法:经验技术、工程技术、设计及工艺的方法。从人类发展初期到十六七世纪,技术手段(产品及设施)是在技术经验的基础上创建的,它甚至以创建技术活动所依据的规则和算法为基础。在这种情况下,使用了各类符号及知识,比如属性知识和经验论的知识,而从古希腊开始出现了科学知识。[74]

在新时期形成了创建技术手段的工程活动,它要求:(1) 在自然科学或技术科学中提炼并研究确保实践效果的自然过程;(2) 使用工程学知识以及设计示意图进行研究;(3) 相关设计决策的物质化实现,以及对获得的工程产品或者设备进行调试。

在 19 世纪末 20 世纪初,出现了达到 21 世纪平均水准的设计活动。在符号学层面的设计活动中,研究制定(设计)技术产品或者设施的结构及功能、制造的主要阶段。随后,在制作领域中创造出物质化的相关产品及设施。除了科学及试验,设计中还使用了标准,这些标准确定了在设计试验中获得的客体设计过程,并建立了该过程中各类设计元素之间的关系。

从 20 世纪中期开始,在历史舞台上出现了广义工艺。为了说明它的本质,我们先分析一个简单的例子。《今日时报》(1999 年 1 月 23 日)刊

表1

技术的配置	工艺的配置
第一方面	
创建	结构
使用	使用
解读	解读
管控	管控
技术活动后果	工艺实现的后果
第二方面	
影响其运行及变化的因素	影响其运行及变化的因素
技术形成并运行的实践	工艺形成及运行的实践及制度
第三方面	
技术系统	
技术种群及群落	工艺系统
技术文明	技术文明

登了当代美国所讨论的《战略防御倡议》新方案构想。按五角大楼首脑科恩(W. S. Cohen)所说,新的国际反导弹防御大纲计划建设火箭–雷达监测中心,以及美国领土内反导弹防御系统的其他基本设施。五角大楼长官所说的反导弹防御系统包括几个部分。首先,是航天卫星上的专业感应控制设备。在其他火箭起飞后,这些感应控制设备根据其压缩燃料的排放,马上就能发现它们。其次,在阿拉斯加州、加利福尼亚州及马萨诸塞州提前设置探测和预警的高灵敏地面雷达,它们将持续观察火箭运行轨迹,并保证火箭飞行的精度。截击机运行速度将近40 000千米/小时,在靠近敌方导弹时发射出几十枚小型导弹将其消灭。

工艺的任务是在技术现实层面创建确保有效拦截及消灭敌方导弹的超复杂技术系统。在这里并没有像工程学中的情况,由工程师们导出的保证实践效果的自然过程,而且,主要的决策不是为了创建确保这些自然过程启动及控制的结构,而是要建立多种活动要素的共同组织和有机结合,这些要素包括科学研究、工程研制、复杂系统和子系统的设计、各类资源的组织、政治行为等。同时,为了在统一功能的基础上把各类活动组织起来,在没有建立成型的系统之前,必须进行特殊的研究、研制工程和工艺、辅助设计及投资预算。很明显,只有下面这样的国家才有能力完成这类任务:比如美国、日本、欧洲经济同盟中的欧洲国家。而且开始实现此类项目的最终决定本身取决于很多社会文化因素(社会意见、大众传媒、下议院及国会决策、政府规划、生产形式及工会等)之间的利害关系。换句话说,创造技术结构(系统)的工艺方法是组织多种活动的设计和管控,而这些实质上取决于社会文化因素。

2. 工艺结构

工艺的发展可以分为三个主要阶段,而且与三个主要的工艺结构相对应。由社会文化因素及内在活动规律决定的工艺是无意识地自然形成的。例如,任何一种生产(冶金、机械制造、造船、建筑等)的发展,在其活动本身的形成、扩展及增殖的影响下,都会导致足够复杂的工艺的创立。例如,为了熔炼金属,必须先采矿,然后把它转化为可以熔炼的原料,再高温加热。为此,还要建造矿井、选矿工厂及炼铁炉。相应地,为了建造所有这些技术设施就必须有一系列技术及非技术活动。当然,工艺的形成在这一阶段并不是今天这样,而是根据分解统一活动的逻辑,在试验及试错的基础上,把工具和条件逐渐结合起来。工艺自然发展的这一阶段,重要的与其说是创建某种技术结构,不如说是由文化中出现的问题所主导,我们以埃及金字塔的建造(我们后面再分析)为例来说明,这或者就是基础结构的保障问题。

在工艺发展的第二阶段(大约从19世纪下半叶开始),形成了关于工艺的狭义解读(工艺活动及条件的描述、分析及综合),同时人类学会了有意识地建立相关的工艺过程链。这不仅仅是生产的过程,还是研究、工程和设计的过程,以及后续各种活动的组织过程。工艺发展的这一阶段是在"局部"层面上进行的。

在第三阶段(20世纪四五十年代开始)形成了广义的工艺,工艺的这一发展层面是"全面性"的。正是在这个阶段,学者和工程师们发现,在同一个国家建立的科学、技术、工程学、设计和生产的各种工艺过程、工序及规则,与各种社会、文化过程及系统之间,都存在着紧密的相互联系。半导体、电子计算机和火箭技术的研制与生产不仅取决于该国所达到的科学研究、工程研制及设计发展水平,还与劳动组织特点、所拥有的必要资源、社会首要任务与目标之间的关系、生产所需原材料和产品的质量,以及其他许多因素相关。广义的现代工艺是以形成自己的"技术圈"为原则,而"技术圈"的状态取决于现有工艺和各种社会文化因素及过程。

广义工艺发展的同时,技术的创建方法也发生着根本性的改变。重要的是,它已不仅是建立自然过程与技术元素之间的联系,也不只是研究和计算技术产品(机器、机械、设施)的结构和主要过程,而且是由下列要素构成的各种聚合体:已经形成的技术理想客体,各种研究、工程和设计的活动,工艺和发明的过程、操作及原则。发明活动和设计开始服务于这些复杂的过程,而这些过程与其说是由对自然过程的认知程度以及在技术活动中使用知识的能力决定的,不如说是由广义工艺内部发展的逻辑决定的。而这一逻辑同时取决于下列要素:技术本身的状况、知识的特点、工艺活动(研究、制定、设计、制作、运行)的发展,以及社会文化系统及其过程。研究表明,在工业发达国家,广义的工艺逐渐成为一种超级技术圈,这种超级系统决定了所有其他技术系统、产品以及技术知识和科学的创建和发展。

在现代工艺的框架下,形成了主要的"创造者综合体",包括全球性的,这也是对我们星球的自然界产生影响的综合体。在20世纪,人类为了完成所提出的任务,学会了集中该任务所必需的材料和资源,创建相应的基础结构。集中一切力量解决军事、国民经济或者某些机构的任务。如此一来,一方面,国家和社会(或跨国集团)达到了自己的目的,创建了新技术、复杂的技术系统和工艺、昂贵的机器或设施;另一方面,不自觉地产生(引起)了各种过程,不论是建设性的还是非建设性的过程,而正是后者促使了一系列危机的产生,如生态危机、人类学危机等。简单说来,在混合技术活动框架下,人类模仿创世主,按照自己的意图创造自己所需要的"创造者综合体"和"世界"(主要是技术世界)。

在20世纪后半叶，人类作为创造者的积极性空前高涨。人类变成了"宇宙的创造者"，但是这个科学技术之神的创造，已经开始威胁到地球上的生命。当然，正如技术统治论所分析的，在这一进程中起决定因素的不仅是自然科学、技术及工艺，还有另外一些因素也起了不小的作用，如新欧洲时期个人实现自己理想的愿望及意志、权力内在机制的发展、大众文化及消费领域的创建等。

3. 技术及工艺的应用

技术与工艺有两个共同点。首先，技术及工艺都采用了双重逻辑。决定这种双重逻辑的是：第一，技术产品及其构造和工艺都是人工物，即人造构成物；第二，不论是技术还是工艺都是人工组织的自然活动，即一种"自然-人工"现象。作为人造构成物的技术和工艺是根据"活动的逻辑"存在和被应用的，例如，它们应当满足活动对工具和产品提出的要求。作为"自然-人工"现象，技术及工艺的存在及应用是符合第一或第二自然规律的；而这些规律的描述，是在服务于技术及工艺的自然和技术科学的框架下进行的。在没有后者的情况下，工程师和工艺师就会求助于经验。

第二个共同点是对技术及工艺的解读。与其相关的是，技术及工艺如何概念化，赋予它们何种意义，这些构成物如何应用，诸如此类。在现代文化中，技术及工艺不仅是可以完成更高级别任务的活动工具，还是文化的象征——威信、成就、风尚、力量等。这会使技术产品及工艺无形陈旧，同时又会导致新一代技术产品及工艺的研制。

4. 技术及工艺的认知

为了说明技术及工艺的特征,可以采用"解密"的概念。按韦伯(Max Weber)的说法,世界神秘性的解除是一个知识化、理性化的过程,可以通过理性知识来掌控物质,掌握神秘莫测的力量和现象。这些过程的普及"不表示人类对于自身所处状况的了解越来越多,但却意味着人们相信总是可以了解自己想知道的事情,没有什么神秘不可预测的力量参与到他们的生活中,原则上,通过理性的计算可以掌握所有的东西"。[97,594页]但是,这与我所阐释的"解密"概念多少有些不一样,我是从文化学方面来说明的。解密是一种解读文化某些现象的思维过程。解密的需求具有两重含义:文化本身以及回顾历史事件的需要。

技术解密的宗教阶段

在古代世界,技术是在泛灵论及宗教观念的基础上进行解密的。不难想象,为什么古代世界的人类必须"解释"技术,因为他们不明白所制造的工具是如何运行的。例如,虽然他们无法徒手完成,却可以用木棍抬起(移动、搬动)巨大的石块,再用其他石块来支撑。前文举了一个竖立几十吨巨石神像的古代技术的例子。人们的复杂技术活动都服务于同一个目的:唤醒神并让其根据人类的需要去行动。当古人发现自己活动的某些效果(石头打击、杠杆作用、切割或针刺)时,他们会把这些效果解释为,这些做法适宜地影响到了鬼魂和灵魂,从而使它们发挥了作用。

在古王国时期的文化中,诸神代替了鬼魂的地位。人类把技术事物的活动解释为神的出现和参与。例如,在苏美尔,神与人一起负责"生产过程",如太阳神负责白天的阳光和温暖,月神负责夜晚的照明,城市神负责城市的秩序,砖神负责使砖具有正确的形状并且快速干燥。霍伯纳(K. Hubner)发现,在古希腊,"雅典娜女神掌管手工业、制陶、纺织、车轮制造、榨油业等。陶工唱着歌祈求她,希望她把手伸到陶炉上,以求作坊里出现神迹"。[85,120页]

技术解密的科学技术方法

在古希腊文化时期,技术手段及机器的运行原理重新开始变得无法理解。古希腊的"τεχνε"不是我们现在所理解的技术,而是指用手工制作的一切东西(包括军用装置、玩具、模型、手工产品,甚至艺术作品)。在古老的宗教神话传统中,物品的制作被理解为人和神明共同作用的结果,也就是说正是神创造了物品,是由于神的努力和智慧,物品才获得了自己的存在。而在科学哲学传统中,我们还要理解,物品的制作和运行是怎样的,要知道神已经不再参与这一过程。对于古希腊哲学家们来说,现实物品的出现并不是自动的,而是以"起源"及"缘由"的形式再现。手工艺者(艺术家)们没有创造物品(创造事物是神的特权),而只是以物质及艺术形式表现了自然界原有的东西。

工具的运行更是难以解释。在伪亚里士多德派提出的"机械问题"中,桨、船舵、杆、帆、投石器、拔牙的三角顶等工具功能的使用被解释为杠杆和圆的神秘特性,对此并没有作出任何一种解释。因为,自然运动要通过技术来解释。亚里士多德认为:"众所周知,自然是运动和静止的起源和缘由,是其本身所固有的,而不是它所需要的,也不是因为某种巧合。"[2,231页]亚里士多德认为,天不仅是天,同时也是所有变化和运动的来源及第一推动力,而且是这些改变的起因。虽然亚里士多德区分了自然变化和人工物的创造,并引入了自然的概念,但是他并没有指出,知识与实践活动的模式是一致的,在某种程度上与自然的概念相关。

不过,这也没有什么可奇怪的,古希腊对自然和天然的解读并不像新时代文化中解读的那样。"天然的"只是与"人工的"相对立,也就是与制造物相对立。自然被解读为一种存在,与其他存在一样,"起源,其改变就在于它自身"。自然并没有被看作力量及能量的来源,它只是被作为实践活动的必要条件。在"存在"的起源谱系中,自然被赋予的作用虽然很重要(比如变化的原因、移动、自行运动),但却不是主要的。在建立实践活动与知识的关系时,亚里士多德没有借助对自然的理解,而是强调实践活动的本质。归根结底,古希腊所获得的知识和其应用的方法,按亚里士多德的说法,只是在某些情况下,才达到预计的效果。从这个意义上讲,古希腊学者们同样也没有成功地把技术从神秘中解脱出来,虽然在这条路上已经迈出了重要的一步。

技术解密决定性的一步是在中世纪完成的,当时人们开始从活跃的基督教神学观点来重新思考关于自然、科学及人类活动的概念。除了在古希腊时期形成的关于变化的本质及原因这两个意义,关于自然的概念最少还有三个含义。自然既被解读为"被神创造出来的自然",也被解读为"创造者"(神创造了自然,并出现在其中,而自然中发生的一切,都应该源于他的出现),或者"为人类创造的自然"。

我们简单谈一下古代多神教世界观。虽然古人认为自己的行为只有在上帝的支持下才会产生效果,但是,在古希腊观念的影响下,这一解读并没有获得准确的宗教阐释,却产生了一个观点,认为人类及神的活动具有共同性及相似性。后者的前提是能够推测并洞悉神的旨意,也包括对自然的认识。

在文艺复兴时期,在神灵规则的位置上逐渐出现了自然规则,在蕴含的神的力量、过程及能量的位置上,出现了隐含的自然过程,而"自然"既是被创造的,同时也是创造者,这些观点使人们把自然理解为隐秘的、遵循自然规律的天然过程的来源。科学及知识不仅被用来描述自然,也被用来揭示和制定关于自然的规则(如定理、定律)。

最后,人类活动的目的在于使用自然力量和能源,其中一个必要条件是对"自然规则"的预先认知,另一个必要条件是人类决定进行释放、触发自然过程的活动。

从这一时期开始,形成了一种关于自然的新解读,即自然界成为取之不竭的材料、力量和能量的储备库。如果用科学的自然规律来描述它们,人类就可以利用它们。伽利略和惠更斯实际上揭示了以何种方式来完成这些工作,他们同时提出了对自然的新解读——"以数学语言描述的"关于自然的解读,以及对依赖自然规律的技术活动的新解读。人们开始通过不同方式对技术本身进行解读:技术是在工程学所依靠的自然过程、力量及能量的基础上运行的,人类已经开始研究同样决定人类开发活动的工程活动。

技术解密第三阶段的必要性

在对技术进行科学-工程学方法解读的基础上,18—20世纪形成并发展的现代文明被称为技术文明。在这一文明中,产生了各种工程活动(发明、结构设计、系统技术等活动),以及设计、大规模工业生产、各种现代工艺,所有这些都促进了人类和社会对于物品、环境等不断增长的社会需求的满足,同样也满足了按照技术文明的"逻辑"建构生命形式的需求。文明发展的结果不仅创造了满足人类各种需求的前所未有的可能性,还带来了全球性的危机,地球上的生命也越来越多地受技术活动以及自然本原"规则"影响。

今天,人类又一次面对技术解密的问题。在对科学-工程学进行解读时,我们已经不能解释主要的技术现象。实际上,我们不明白,为什么为了人类的利益而创造的技术和工艺,常常会在各个方面变成对人类和自然来说是危险的和破坏性的因素。技术(技术产品和构造)创建的工程学方法逐渐不再起主导作用,取而代之的是工艺方法(这里谈的是广义的工艺概念)。

在工程学中,技术的创建基础是对自然或技术科学的研究,以及后来出现的确保实践效果的对一定自然现象的工程开发。技术产生的其他工艺方法主要是各类过程的展开,包括一系列社会制度的复杂运行,以及工程活动、设计和生产组织内部的管理,等等。对狭义工艺的研究是从19世纪末开始的,比如埃斯皮纳斯及其他技术哲学家所做的很多有益工作。狭义工艺的本质已经足够清晰,而广义工艺开始成为研究对象是近几十年才开始的。现在,我们仍然没有很好地理解决定其运行及发展的因素和规律。

之所以必须对技术进行解密,是因为我们习以为常的技术模式已经不再符合其本质。对于现代人来说,技术以及工艺首先指的是人工制造物。人类创建(构思、设计、计算及制作)技术,然后把它作为自己活动的工具来使用。但是今天,技术越来越多地表现为特殊的天然及自然现象。

最后,必须对技术进行解密是因为人类面临新的任务:现在,我们已经不能容忍科学-技术活动的负面效应,这些效应不仅破坏了自然,还威胁到地球上的生命,为了解决这一系列问题,必须掌握技术及工艺,学会监控它的发展,获得对它的控制权。

5. 技术及工艺的后果

拉奇科夫在自己的书中详细分析了这些后果。他指出技术过程的双重性原则。一方面,技术及工艺的发展使人类有能力解决更广泛的问题,保证民众富裕并建立起整个技术文明的基础;另一方面,技术进步导致了不可预见的负面后果,而且不仅不可预测,也无法监控。拉奇科夫认为:"技术的进步没有运动定向标,谁也不知道它将去向哪里。因此,我们也无法预测社会中是否会出现类似的后果——不可预见性……技术进步越大,不可预见的东西就越多。为了描绘出一个展开的画面,需要设定所有情况的详细清单,而这实际上是不可能的……我们常常接触到一些无可争议的事实,即我们在任何情况下都不知道我们所释放出来的是什么,我们也无法预见且无法想象某段时间之后会发生什么……技术引起了越来越多的后果,并产生了影响这些技术手段最终价值的'外在'因素。技术越进步,它带来的矛盾、障碍和不完善就会越多——周围环境的污染、不可再生材料的耗竭、潜在危险的全球化、最大破坏的瞬时性等,所以必须经常进行资源的定期复核,这些资源或者是被迫用来补偿灾害带来的损失,或者是用于预防损失,或者是用于研究替代耗竭的材料。只有在重新核算之后才可以提出技术产品的真实价值,以及技术手段的真实价格。正是在这里,展现出了上述这个问题的巨大画面:在没有外在的强迫和压力的情况下,如何使人类在理性氛围中走向更美好、更幸福的生活。然而,在研究关于理性论述中的错误时,产生了一个奇怪的现象:建立在理性之上的整个世界,根据理性的规划,通过理性的手段,基于理性的意识形态,却带来了令人惊讶的结果——非理性事物已经爆发到如此的程度,甚至可以说是整个技术社会都陷入了非理性。这种情况的前景之所以令人不安,使人感到无望,是由于每个事物都独立地出现在现实中,而其整体及运行却是作为非理性和不理性的'杰作'而出现的。"[51,47、76—77、104、156页]

拉奇科夫指出,正是技术及工艺导致了不断减少的材料和资源的滥用及破坏:"高科技工业的社会是滥用、挥霍及耗费的社会。这一点在很多方面都很清楚。但是,这经常与产品过剩有关,与经济机构安排下的糟糕的经济管理以及行政或政治决策的后果紧密相关。这一切都在国家财富的浪费中占有一席之地并起到了一定的作用,但是实际上我们还会发现,滥用是常规发展及无限制发展中技术系统的不可避免的后果……还有技术决策带来的破坏趋势。这里说的已经不是关于原材料资源的挥霍,而是关于空气、水、空间及时间的破坏。人类生活中最主要的元素及参数,虽然不具有经济价值,但是会在非理性的破坏下逐渐消失。被技术吞噬的人类永远都觉得时间不够用,半个世纪之后,人口的持续增长就会引起地球上生存空间的紧张。"[51,241、190—191页]

工艺发展的全球化水平产生了另一个负面效果,拉奇科夫称之为技术系统的"脆弱性"。他在相关研究中写道:"技术系统的矛盾导致了它的脆弱性。这是所有大型组织的特征。组织越是庞大,其中发生各种隐患的可能性就越大。同样,各种机构组成部分之间关系越多,各种断裂和对接就会越多。而对于经济组织和政治,还有一直在不断增长并掌握更多领域和空间的技术系统……实际上,新技术手段的爆发已经积蓄了几十年的力量,通过强力措施去推行完全转变了技术和工业风格的新型技术手段,与此同时也完全改变了政治和经济的全貌。这些转变绝对不是人类和任何人所能掌控的。实际上工业世界所有的脆弱性都是由于增长,即由于技术手段无限制地、不断加速地增长,而人们也越来越少提及它的非理性问题。"[51,111、115页]

技术进步还有两个负面影响:国际经济发展的不均衡及经济技术的荒谬"逻辑"。拉奇科夫继续说:"我们经常会生产一些没有任何益处的东西,但是生产这些东西却需要应用某种技术能力,而在这一方面我们坚定不移地发展生产,荒唐地一直向前冲。同样使用谁都不需要的产品,也是如此的荒唐和坚定……用我们生产过剩的产品,去增加已经过量的福祉。甚至政治经济决策本身都彻底地发生了改变。在他们所继续的议论中,仿佛一切都没有发生。当然,把这些神奇的、最现代的产品投放市场,可以确保某些企业的优势,但是市场会迅速饱和,而人们对这种小奇迹的兴趣也很快会消失,进而需要再去生产另一些新奇的东西。于是,我们发现一个很大的矛盾:一方面,发达国家的经济在照常运行;另一方面,在那些最低生命需求都无法满足的第三世界国家中,经济会更快地崩溃。这样看来,仿佛只有扩大对创造新奇的东西的虚假需求,经济才能运行,而经济却不可能解决民众饥饿问题以及文明社会的最低福祉。专家们只是想着把第三世界国家拉入工业循环中,并试图'帮助他们从经济发展的角度进行工业化',这种想法简直荒谬到了极致。"[51,184、189、190页]

根据拉奇科夫的意见,意识的转变是技术发展的重要负面影响之一,它使现代人越来越深地陷入幻想的、理想的、游戏的、娱乐的世界之中。拉奇科夫认为,甚至医学在现代文化中也可能被看成是一种娱乐,它的这一新形象已经出现在现代医学工艺构成的情景中:"技术社会成为越来越戏剧化的社会,人们沉迷于幻想之中。在各类戏剧千方百计地推广普及的作用下,观众被邀请加入这些戏剧中。但是,同样也正是因为幻想支撑了科学,使人类陷入尚不清楚的且无法理解的世界中。这时的世界已经不能被称为机器的世界,人类在其中似乎也拥有自己的位置,因为人类已作为物质主体驻扎在物质客体的世界中……近些年来,情况发生了巨大的改变:工业社会中人类成了痴迷于现代技术的人类,专注于给自己带来强烈兴趣的各种客体,并无法摆脱地、催眠般地屈从于它,完全失去了认知,最终使其本身外向化。我不能确认,是否所有现代社会的公民都被迷惑了,但是与表面看起来的完全相反,被迷惑最深的往往就是居民中最成熟、教育水平最高的人……实际上,被工艺迷惑的就是知识分子、技术人员、学者、管理者、记者、不同思想的领袖、演员、政治家、经济学家、教授、政府管理人员等。他们在想象中扩大了技术发展的负面效应,并用这些加强了技术的神化……帕斯卡（B. Pascal）准确地发现了这一点：为了使一种娱乐很快被另一种取代，我们无休无止地从一种诱惑跳跃到另一种诱惑，为了停止这种情况，为了不使自己陷入困境，必须从很多方面开始进行深入的思考。正是在制造诱惑方面，我们的社会在历史上首次获得了成功……我们的娱乐是如此包罗万象，并且具有普遍性和集体性，以至于我们每个人都被电视屏幕隔离开。信息学、电视信息学、电视都是制造娱乐的技术。"［51，170、262—263、277页］

最后，拉奇科夫指出技术发展的后果之一就是技术统治论者、技术人员以及各类专家顾问的职权不断扩大。"现在，社会暂时还没有被技术统治论者直接掌控，政治学家依然保留着自己在社会机构及高级技术干部之间的中间人角色。但是，在下列方向发生了改变：技术统治论者意识到没有他们人们就什么也做不了，他们直接向政治学家提出采取决策所必需的条件。由于各种技术手段的增加，技术统治论者的数量也不断增加。而且，看起来是政治家们把技术手段推广到了所有的活动领域中，现在国家的主要活动就是推广技术手段以及展开更广泛的技术活动。这样一来，整个社会生活都与技术发展息息相关，而技术人员则成为现代社会发展的关键人物……只要提到技术，其知识领域总是与权力需求保持一致。技术不应该有其他目的，而且它的目的也不是增加权力、力量和势力。在任何一个领域中，拥有技术知识的人，仿佛就会拥有权利。没有技术知识，就无法也不应该追求任何一种职权，即使他是部长或某一社会机构的直接领导人。而另一种情况是，领导者们也会被其周围的人以及掌握技术的人所左右……通常，特权阶级凌驾于法律之上。技术统治论者同样永远也不会承认近些年的大型灾难及与其相关的事件与技术推广有关。煤气管道爆炸、工厂及矿井的事故、核灾难及航空灾难发生的原因，永远也不会被认为是创建计划的技术或高级技术人员、大型项目领导者、高级官员及管理者的失误,'人类的失误'只属于操作者、船长、工程师或企业厂长,也就是执行者。技术永远不会被指责。当然,现代特权人士与以前的贵族相比,有更为优越的条件,这说明了这一社会阶层的特征,同时也说明了一个事实,即这一阶层的代表有着独特的经验,这使他们觉得自己是独一无二的、被挑选出来的,是最优秀的人……虽然随便什么人都可以敲键盘,但只有高级技术人员才可以设计复杂的综合体,经济的、财政的、针对工业的以及政治决策内部的各种报告都决定着这一综合体。整个技术科学的主要部分都处于公民活动之外。特别的、不对人民公开的内部语言、专业人士的论述等都属于这些独特的实践类别……知识、实践和论述使技术人员远离了民众。但是,还有四个特点使他们与其他人有所区别:他们完成了许多职能,而所有职能对于社会团体的生存活动来说都是必需的;精英特权执行军事、法律、行政、经济及财政等职能;他们的技术能力使其可以高水平地执行全部授权(职权);许多事情在技术顾问或检验委员会给出解释说明之后,就不会再需要其他任何补充了。不论你们是什么人,你们都没有任何权威性,不论你们受教育的程度如何,也不管考察的信息是怎样的,你们不是该问题的专家。技术鉴定,比如工艺评价,起到了联系及封锁社会意见的作用。当然,当我谈到这点时,指的完全不是鉴定委员会的某种诡计或技术顾问的马基雅维利主义*。"[51,40—43、174页]

对技术及工艺的后果所进行的分析显示,它们的出现和增加遵循着一定的逻辑。整体来看,可以说有三类主要后果:在生态环境中产生的后果,如自然环境的各种参数(空气、水、土地等)的改变,各种污染

---

　* 政治学术语,表示国家政治主要建立在暴力崇拜的基础上,蔑视道德规范及其他此类规范。来源于意大利政治哲学家马基雅维利(Niccolò Machiavelli, 1469—1527)的《君主论》。——译者

和废弃物的产生和生产,等等;在人类活动领域中产生的后果,如基础结构发生改变;在人类本身的生活条件中产生的后果。由于一些原因,技术及工艺产生了大量生态性的后果。创造技术产品的前提条件是启动并维持一定的自然过程,比如火箭燃料的燃烧以及燃料通过喷油嘴高速喷出。这一自然过程的运行不是在真空或远离地球的宇宙空间,而是在地球上。我们的星球不仅是"用数学语言"描述的自然,还是一种生态的有机体,在这个有机体中,各种生命形式的存在实际上取决于自然环境的各种参数。但是,启动并维持在技术产品中实现的自然过程,通常会改变一系列自然参数。在上述例子中,燃料的燃烧会释放出热量、排放化学废料、形成声波等。而且因为在星球的生态机体内,环境之间是息息相关的,某一环境参数发生改变就会引起与其相关的其他环境参数的相应改变,最终会导致整个链条的环境参数都发生改变。

我们可能还注意到一种情况,工程师们越来越需要进行研究自然科学及技术科学中没有描述且不需要精确计算的过程。今天,对设计的这种盲目崇拜不仅使设计师们深陷其中,很多工程师也是如此。工程学的这种设计观导致一些不需要谨慎计算,又没有经过自然科学及技术科学描述的变化及过程急剧增加。但是,工艺对工程学发展产生了更大的影响,甚至扩大了它潜在的"失误"范围,即扩大了负面的或无监控的后果。

上面指出的人类活动的后果是由于工具及条件的改变而产生的。例如,为了发射火箭,就必须创建启动装置、发动机、机体、材料及燃料,为此需要研究其他结构及技术组成部分。完成这些必需条件就要进行相关研究、工程开发、检验、实验室试验、各种建筑的建造、组织服务及其他一系列活动。归根结底,火箭的创建导致了活动系统的建立,甚至是复杂的基础设施的建造,比如只有建造火箭发射场,才能进行火箭发射,并提供各种保障服务。

自然环境参数的改变,活动及基础设施的改变,最终是不可能不在人类生活的共同条件中体现出来的,因为后者不仅创造了技术和工艺,还是生态星球有机体的组成部分,而人类的生活在很大程度上归结为各种活动。

近些年,技术飞速发展,人类及自然来不及适应技术文明的发展趋势,技术及工艺产生的不可控的变化就成了学者们的研究对象。早前,一些技术创新及改变也会带来其他的创新及改变,例如,冶金的发展引起矿井、矿场、新工厂及道路的建造,这些都使新科学研究及工程建造变得必不可少。但是在19世纪中叶之后,这些转变及变化链迅速展开,以至于人类及部分自然来不及与其相适应(习惯它,并创造补偿机制及其他条件)。而到了20世纪,这种改变的速度更加迅猛,变化链几乎瞬间遍及生活的所有方面。结果,科学技术进步的负面效应明显浮出表面,并成为人类面临的共同问题。

研究显示,自然环境参数、人类活动、基础结构及生活条件的变化链彼此相连,甚至与自然物质及人类本身相关。实际上,在技术文明及技术系统中,自然环境、人类活动及基础结构的一些参数是另一些参数的条件。而且,在这些系统中自然资源甚至人类本身仿佛也是整体非技术构成的一部分(土地、矿产、煤炭、石油、天然气、空气、水及其他)。但这是否正确呢?难道在现代技术和工艺的框架下,不论人类还是自然都还没有变成"座架"吗?它们自身没有成为资源吗?如果真是这样的话,那么技术及工艺的不可控发展,实际上不仅导致了我们星球的危险,还给人类自身带来了不可预见的危险。

为什么绝大多数人不愿意发现与技术及工艺相关的风险和负面后果?拉奇科夫指出了四个原因。首先,如果说科学–技术发展的正面结果是直接且迅速地表现出来的,那么负面后果就不是即刻产生的,而且可能会出现在更遥远的未来。[51,66页]其次,通常只有专家才会发现的危险和负面后果,而大部分居民或者没有怀疑到这点,或者并不相信。[51,67页]再次,科学技术进步的危险有模糊及不明显的特点。"举一个典型的例子,人们为了仅在有意愿的时候才要孩子,就以解放妇女为名发明了最新的避孕药。如果服用这种药物会出现患癌的风险,那么大家会认为,患癌的概率并不是百分之百。与此同时,服用这种药物还可能出现心血管病变的风险,但对此尚无细致的研究。"[51,68页]最后,拉奇科夫这样说明:"……优势总是被说明得很具体,而不足之处则几乎总是被表述得很抽象。"[51,68页]除此之外,拉奇科夫还认为,在常规的技术及工艺的发展中,某些大型的国家军事工业–技术综合体,实际上阻碍了对事情的真实状况进行客观认知。

6. 技术及工艺的管理

对技术及工艺的管理是否意味着规划及制定科学、工程学和工业的发展方向,以及技术或工艺的各种方向,如计算机技术、信息学、生物工艺、航天工艺?表面看来似乎是这样,但也只是表面看来是这样,因为这种管理完全没有同时考虑到技术发展的负面效应。例如,如果超音速飞机的驾驶必然导致驾驶员的牺牲,那么我们是否还认为驾驶它是正常的事?对技术和工艺进行计划和规划,实际上与这种情况别无二致。

同样,问题在于如何操控技术及工艺的发展,才能坚定地、不断地降低负面后果的影响程度,甚至完全避免这些后果?这种操控在原则上是否可行呢?我们研究技术及工艺的发展及其一定的运行要素,以及技术文明的特点之后,再来讨论这个问题。

第七章

影响技术发展的因素

在上一章中我们研究了决定技术发展的主要因素：文化，以及在社会或人类需求的框架下被认知的符号系统。在这里我们集中分析制约工艺发展及运行的要素，以及某些潜在的因素。我们从文化及语言的限定因素开始，确切地说是从"文化的程式化"开始。文化学研究显示，对工艺事物和活动的思考及选择不仅会影响利益或实践效应，还会影响思维结构。这里谈到的不是个别思想，而是可以被称为文化的世界观，或是由"主要的文化未来规划"提出的"世界图景"。为了揭示这一论点，我们分析一个历史文化重构的例子，解释一下埃及金字塔的起源。众所周知，它们的建造产生了对于古代来说足够复杂的新工艺，比如加工和抬升石块，组织几万人参加工作，特别是金字塔的建造、法老木乃伊的制作等。同时，这些分析还表明，在工艺的配置学科建构中是可以使用文化学方法的。

1. 古埃及祭司如何想到要建造金字塔

这些古代的大型建筑至今仍然震撼着人们的想象。在古代世界它们被认为是世界奇迹，而在今天它们仍然是谜一样的存在。对于陵墓来说，即使是法老的陵墓，金字塔的规模也实在是太过于雄伟壮观了，尽管人们确实在金字塔中找到了法老的木乃伊，而且还找到了很多其他的东西，如那一时期的各种器具、雕像、壁画，那儿简直就是一个完整的博物馆。不论研究者们对埃及金字塔的诞生给出怎样的解释，最近两个世纪以来，通常的解释是，它是法老的陵墓以及他们权力的象征。比较新奇的一个解释是，金字塔的建造是利用古埃及多余民力的一种方式，同时也起到了民族团结的作用。还有一种说法是，金字塔代表着古埃及祭司所说的神秘宇宙符号，证明了他们与宇宙生命有直接的联系。对此有许多理论都很有趣，但是它们或者经不起严谨的推敲，或者缺乏说服力，无法触及这一历史事物背后的真实现实。

这些大型的工作，比如金字塔的建造，几乎征用了古埃及所有的居民，不间断地工作了几个世纪，当时未必采用了某种灵感，也没有我们今天所说的构思或设计。直到今天，也没找到关于它的任何构想和论证，或许是因为祭司们成功地隐藏了自己的秘密。文化学家们没有找到任何方法恢复这些构思，准确地说，这好像是一个综合的想法，使得法老和祭司，以及所有古埃及其他居民花费巨大的资源，耗费大量时间及精力来完成这些超出想象的惊人的"世纪建造"。对于文化学家来说，重构金字塔的建造原因是解决古埃及文化关键问题的一个途径，而且这种方法同时综合了这一文化现象的几个重要方面，联结了神和人、天和地、当下的生命与永恒的生命。

古埃及文化属于"古王国文化"，继承了古王国文化的一系列特点，对一些关于人类灵魂的概念重新进行了思考。古王国文化之后的古希腊文化，同样保留了一系列按新方式解读的古王国文化的特征。这种继承性和所具有的独特的原始意象，其实总是与下一个文化中人们的理解不同，这都促使文化学家们去发现历史资料中的许多空白，他们努力展望未来或追溯过往，去研究之前的或之后的文化。古埃及人与用黏土画记录历史的邻居——苏美尔人和巴比伦人——都不同，他们使用了比较脆的、不耐久的莎草纸来作记录，因此大部分记录没有被保存下来。但是，我们可以借用古代及古希腊文化中一系列古王国人及古埃及人所特有的概念，同时也从苏美尔人和巴比伦人那里借用一些概念来进行研究。对于一定类型的文化学研究，这种接纳是完全正确的，而且也许是唯一可行的方法。

我们不妨从社会学角度分析一下古埃及文化的特征。在古埃及文化中形成了这样一些社会制度，如国家、军队、宗教、由"中央"管控的经济（农业、手工业、矿业、水利灌溉设施和宫殿的建造等），这些都是最早的一些文化现象。古埃及国家和经济的重要特点，是以帝王为首的强有力的纵向统治，法老就是活着的神。

如果重新建构文化认知，古王国文化的本质是由如下对世界的认识构成的：存在着两个世界——人的世界和神的世界；神用自己的生命或血肉创造了人和其他生命，作为回应，人应该听命于神，并永远"按账偿还"，把自己很大一部分劳动所得及财产供奉给神，实际上这些是用来供养寺庙和国家的。几乎人所做的一切都是他与神共同完成的，人不可能仅依靠个人的力量获得成就、福祉、财富及幸福，这些只能来自神。同样，不幸或贫穷也来自神。著名的德国哲学家霍伯纳在自己的《神话的真相》一书中，阐述了古王国文化中人类世界观的本质，它是一种"超自然的经验"。霍伯纳写道："未必可以找到比乌尔里希（Ulrich von Wilamowitz-Moellendorff）的这些话中对经验主义者和神话进行的解释更好的引言了：'神活生生地存在着……通过内在或外在的感受，我们知道他们是存在的；神是否会体会到自己或承担自己的职能已经不重要了……如果我们的思维回到几千年前，那么神和人的交往未必不是普通的日常事件，如果人们在祭祀活动、宴会上邀请神，他们就会在任何时刻出现。'"[85,67页]霍伯纳继续写道："人在社会中所做的一切,首先是他的每项专业实践,都是从祈祷和祭祀开始的。是神唤醒了人类的头脑,如果神不相助,那么人就不会成功。"[85,117、120页]。奥托(B. Otto)认为:"当人们需要作出决定的时候,他会在那之前与神进行交流。而且每一次交流都是在超自然状态下进行的,并且通过他的中介来完成。"[85,118页]简单地说,对人类来说,所有重大的文化活动,乃至隐私活动(在巴比伦,神都会直接参与到所有家庭成员的培养、孕育及生产中)[30,45页],都是与神一起完成的,而且他们认为,正是神灵保障了这些活动的正确性和成功。

下面要谈的是人类对死亡这一文化现象的解读。在古王国文化中,存在着两种不同的死亡阐释,而实际上它们是相互关联的:一种是用之前的古代文化观念进行阐释的泛灵论,另一种是与超自然经验相关的新阐释。在古代文化中,人类把死亡理解为灵魂最终一去不返地离开人,离开它的生命及能量的载体——肉身。人们认为,灵魂应该有自己的住处,人在活着的时候,身体则被看作这样的住处。后来,古人想到要为死去的人建造代替他身体的房子——墓地或坟墓。坟墓被认为是死者的灵魂长期居住的地方。但是,在一些部落中,会为暂时没有安身在新的身体(死者的同一家庭或部族中出生的孩子)中的灵魂建造临时住所。而这种信仰直到今天都还存在。比如,生活在汉特曼西斯克自治区的曼西人*信仰许多神:家神、生育神、森林神、工业神、善神、恶神。曼西人相信人类和动物有两个灵魂:"影子"及"灵魂"。有些资料还记载,他们认为男人有五个灵魂:由一个人转到另一个人身上的灵魂、影子、头发(人类在死后沿着它到达曼西天堂)、

---

* 俄罗斯西伯利亚西部,鄂毕河流域的原住民。根据俄罗斯2002年的人口统计,总人口数为11 432人。——译者

呼吸,以及温暖;女人有四个灵魂。曼西人还相信灵魂可以再生,也就是灵魂转世,并且认为,在一个人死亡之后到该灵魂迁居到另一个人的身体之前的这段时间,需要为灵魂建造一个名为"依杰尔马"的专门住处。通常,依杰尔马是木制的,刻上穿着特制服装的死者的塑像简图。古代的依杰尔马必须用安息者生活过的房子的大梁制成。[18]

我们说死去的灵魂生活在坟墓中,并没有言过其实,古人无法想象我们所理解的死亡,他们认为灵魂是永生的,但是住在不同的"房子"中。首先是在人的身体中,随后会在墓地或依杰尔马中,再然后可能重新进入一个新出生的人的身体中,就这样循环往复直到永生。而且人在死亡之后,其灵魂从这个世界进入"阴间"(逝者的国度),这里的生活仿佛跟死去之前一样:他们饲养、打猎并从事经济活动。正因如此,在死者的坟墓里放置了他们生活和劳作用的工具、家什、礼物甚至食物。后来,有钱人还要把喜欢的牲畜及妻妾带入坟墓中。

这里研究的古代关于死亡的概念,几乎没有改变或适应新的世界观就流传到了下一个文化中。比如,在古埃及广泛流行一个名叫"供养安息人"的习俗和节日,人们还保留着埋葬死者个人财物的习惯。霍伯纳在书中写道:"我们找到背面刻有'燃起殡葬之火'的刻板,同样很好地表达了'埋葬死者财产'的意思。失去自己财产的死者感到了恐惧,似乎只要他们的任何一部分还留存于世,他们就无法真正地死去,只好静静地在周围游荡,他们懊悔活着的时候最终没有把所有财产与他们一起带入地下世界,也就是没有与自己所有的过去共同埋葬。"[85,212页]

但是,某些事情发生了改变,而且是根本性的改变。首先是关于死后生活方式的想象。虽然人,更准确地说是他的灵魂,会继续生活,但是生活的方式却发生了翻天覆地的改变,而且通常是往坏的方向变化。在古王国时期的文化中,死亡被看成是一种有一定质量的存在形式的"生"。生活得最好的是神,他们拥有一切(权力、财产等),他们生活的方式总的来说没有什么变化。古人把这称为永生。神自己制定了这样的规则:

> 神,创造了人类,
>
> 他们决定了人类的死,
>
> 也掌握着人类的生。

类似的想象,是古王国时期整个文化的共同之处。但是,死后的生活情景在古代世界的各个地区有不同的想象,最富有戏剧性的是在巴比伦,正如《吉尔伽美什史诗》*是这样描写死后灵魂去往的阴间世界:

> 去往黑暗之家,伊里伽尔(Irkalla)的住地,
>
> 去往有进无出之地,
>
> 踏上有去无回之路,
>
> 去往失去光明的住地,
>
> 在那里吃的是尘土,
>
> 穿的是鸟样的羽翼,
>
> 栖身在黑暗之地,看不到光明,
>
> 门栓上落满了灰尘!

经历《荷马史诗》中描述的痛苦和死亡是极其凄惨的。虽然死去的人"拥有记忆,亲眼看见飞逝的生命,但是他们失去了对未来的所有感知,以及决定未来的现在。因此,在史诗《奥德赛》中可以看到阴间

---

* 原文为 The Epic of Gilgamesh,是目前已知世界最古老的英雄史诗。早在4000多年前就在苏美尔人中流传,经过千百年的加工提炼,于公元前19世纪至前16世纪,以泥板文书的形式流传下来。19世纪中叶,大英博物馆的史密斯发掘出这部史诗,苏美尔学家克雷默是部分破译苏美尔传说的第一人。——译者

之人如同影子一样,失去了对未来的渴望和生命本身"。"在《奥德赛》中,死去的人被称为'偶人'(影子),是'疲惫的死去的偶人'……按《荷马史诗》的想象,死去的人'仍然在这里'。关于这一点,卡西尔(E. Cassirer)也写过死去的人仍然'存在着'。"[85,211、213页]

一些非正式资料记载,最早关于人死后存在的观点是由古埃及人提出的。对于他们来说,死亡是"灵魂清空净化"的一个时期,在此之后人类会为了新的永生而复活,而且生命将更接近于神。研究古埃及文化的俄罗斯学者谢尔科娃(Т. А. Шеркова)在相关研究中写道:"与地球上的有限生命不同,死去的人类,'奥西里斯某某'*在神的世界里永远年轻,沐浴着太阳神'拉'(Ra)的光芒,在圣舟之上每日沿天空之门巡航。"[86,66页]

关于早期神灵阿图姆(Atum)、布塔(Ptah)、阿蒙(Amon)、拉的想象符合一定的自然和自然力规律,使得古埃及人产生了清空和复活的观念。这四个最早的神不仅创造了其他神,如奥西里斯(Osiris)、伊西杜(Исиду)、塞特(Seth)、涅弗季达(Нефтида)等,还创造了人类。人们看到所有的自然现象(对于古埃及人来说也都是神)都会反复重现并更新,就产生了一个想法,即"死"是对"生"的准备。我们来举两个例子说明:关于负责尼罗河和谷物的生死之神奥西里斯的复活以及古埃及人的天文观察。

哈里森(H. Harrison)这样描述关于奥西里斯的神话:"首先,人们把奥西里斯的画像埋起来,然后伴随着祭司的宣叙调开始耕地和播种,之后'园林神'就会使泛滥的尼罗河中泛上清水。太阳升起之时,奥西里斯神圣地复活了。"[85,48页]现在,我们再来谈一下古埃及人的天文观察。在古埃及,塞提一世坟墓的画像上刻有标注,它详细描

---

* 死去又复活的人。——译者

述了："'旬星'*一个接一个地死去,就如同死去的人在给尸体涂防腐油的房间和地狱中被清空净化,为了在隐身的7天后再生。"[41,97页]

还有一个看法可能影响到古人从梦境中得到的关于清空净化的概念。人入睡以后,就好像死去一样,但是当他醒来之后,就会重新恢复生机,他得到休息并重新又充满了力量。关于古希腊人对死亡的想象,格龙别赫(Гронбех)提出了类似的意见:"古希腊关于死后生命的想象,不是建立在神学的基础上,而是依靠经验,从梦中产生的……"[85,214页]

可以假设,古埃及祭司概括了关于清空净化和复生的死亡观念,并应用到人身上——世界"神秘剧"的第二个享有充分权利的参加者。奥西里斯是死去的人与这些永生之神阿图姆、布塔、阿蒙、拉、伊西斯(Isis)等之间的连接环节。但是离奇的是,从一开始他就死去了(与耶稣的生相比),奥西里斯的亲兄弟塞特打死了他。但是,伊西斯使奥西里斯复活。埃及王的世谱也正好从冥王奥西里斯开始。[86,64—65页]奥西里斯是这一文化现象的关键人物:他把赋予自己创造的人以生命的太阳神同冥界连接起来,人类在冥界中清空净化并复活。奥西里斯还是"清空净化-复活"这一宗教超自然活动的原型。正是奥西里斯把这一活动普及到第一批帝王身上,后来又推广到所有其他死去的人,因此他们被称为"奥西里斯某某"。只是与很多每年或者经常复活的神不同,人类的复活在未来。

古王国文化时期,对人们想象中的关于人类死后灵魂去往的冥界的解读也有所不同。在这一文化时期,形成了两个完全对立的神秘领地——"天"(天堂)和"地"(地狱)。灵魂升天的人,生前表现突出或者是被神所指定;而灵魂下到地狱的人,是普通人或者是犯了各种罪的

---

* 每隔10天升起到东方地平线上的星星。——译者

人。比如,中世纪居住在墨西哥大部分地区的多米尼加人,他们认为可以升入天堂的是在战争中战死的人、献祭的俘虏、那些自愿把自己的生命献祭给太阳神的人,以及死于生产的妇女。在古希腊,具有杰出功勋的英雄可以上天堂,还有那些由于各种原因被神召上天堂的人。而其他的人,不论好坏都会进入地下冥界。霍伯纳发现:"与今天广泛流传的神话传说相反,宇宙本身不是由一个神管理的一个整体(对于世界的政治结构来说,这种想象是不可能出现的)。'天'(天王星、奥林匹斯)、'地'[该亚(Gaea)]、'阴间'(塔尔塔洛斯),确切地说由不同的神掌管,他们都拥有各自的领地,有点类似于公爵的领地……整个奥林匹斯*众神之国高高在上,而黑暗的地狱则位于深深的地下。"[85,49页]

古埃及人的"天"执行着同样的功能,而"地"就是与"天"相对的地方,死去的人在这里清空净化并复活。霍伯纳写道:"大地不仅是整个生命存在的条件,按照某种崇高的意义,它还是神的栖身之所,生命在它怀中诞生并复活……"[85,211页]奥西里斯不仅是净化和再生的神,他还是冥界即阴间之王,掌管着大地赋予所有植物生命之力,以及通过食物给予人类生命之力。有趣的是,总结后的净化及复活的观念也应用在了一些通常不会死去的神的身上。比如,太阳神拉属于绝对永生之神,但他同时会老去并在每一天结束时死去。谢尔科娃在书中写道:"在对立想象的语境下,太阳神在一天之内,乘坐自己的天空之船巡航,然后慢慢地变老:在东方地平线上的太阳神,被称为'凯普里'(Khepri),而到达天顶的太阳神被称为'拉',到了西方地平线时,它就变成了'阿图姆'。"[86,64页]在晚上,太阳神不仅净化再生,而且积极行动。"晚间,拉神航行进入尼罗河地下的黑暗世界,与自己永

---

* 古希腊神话中众神居住的地方:天国。——译者。

远的敌人巨蛇阿波菲斯（Apophis）战斗，每天早上成为胜利者……"
［86，64页］

对于现代认知来说，所有这些都显得很矛盾：太阳神是永生的，却每天都要死去，在夜晚它会净化恢复新的生命，同时与巨蛇阿波菲斯战斗。但是对于古王国时期的人类认知来说，这里的一切又都是可以理解的：神既然是神，他就可以同时在几个地方存在，根据他们的需要起着不同的作用。

下列情景也可以说明这些观点：死去的人会进入活人的生活，他们通过神的化身或者亲自现身于人前。古王国文化与古代文化相比，死去的人（准确地说是去往冥界的灵魂）更多地参与到社会和个人的生活中。但是，活着的人不是对所有死去的人感兴趣，他们最关注的是三个范围的灵魂：死去的亲属及同氏族的灵魂，甚至文化意义上的重要人物——英雄、城市或国家的创建者、帝王、著名的智者及统帅，也就是那些现代研究者称之为"文化英雄"的人。古王国文化中的人们相信，所有的灵魂都会继续参与到家族、氏族、城市或国家（城邦）的生活中：灵魂关注着人间发生的一切，随时随地支持"自己人"，每逢节日，他们与活着的人共同庆祝，赋予他们力量，使他们充满勇气。涅别利（Г. Небель）在文中写道："……牺牲者时刻准备着接纳祖先的英勇神灵进入自己的身体。只要城邦主（波利斯）接收新部落组织，就会负责祭祀该城市的英雄……该氏族以及所有希腊人聚集在祖先周围，听他用歌曲颂唱。对死者的灵魂崇拜和氏族活动总是处于统一的整体中……死去的祖先和亲人的生命不是别的，正是爱，活着的人从他们那儿体会到爱。这些感受不是想象出来的，而是现实的存在，与活人的恩赐相比，他们对我们的滋养可能更加明显有力。"［85，214—215页］引用格龙别赫的说法，许布纳（C. W. Hübner）指出："死去的人仍然会出现在神话节日中，当人们招待他们的时候……当英雄赞歌响起,克利俄(Clio)女神进入大厅,古代英雄的丰功伟绩仿佛被施了魔法,充满力量及喜乐地显现出来。大厅挤满了同族和朋友,既包括死去的人又包括活着的人;人们听到自己祖先的赞歌,欣赏着他们的荣耀、胜利和力量,英雄们就会知道,他们的功绩将持续传颂在历史及歌曲中,而不会消失。"[85,214页]

众所周知,古埃及法老不仅是国王,还是活着的神,是"拉"的化身。对此的解释很简单。随着法老影响力的加强,形成了一种独特的矛盾:一方面,正是神管理着国家及个人的全部生活。有趣的是,在古王国文化中除了宇宙及自然的神,还有负责社会秩序的神,如巴比伦人崇拜的国家神、城市神、季神;另一方面,古埃及人每天都可以看到,是法老发出了所有的命令,"管理人类世界的神们,人类实现着他们的构想,贡献出他们在地球上创造的一切作为祭品"。[86,66页]

法老神化的观念与仪式,最后解决了这种对立。但是神化意味着什么呢?根据历史资料,在古王国文化中提出了三种不同的法老:神现身于人前(按古希腊人的说法为"主显",希腊语"出现")、神暂时占据人体(神充满人体,希腊语"theios",人感受到神的圣灵"pneuma"),以及最终神化身为人,也就是人成为活着的神。第一种情况是在这一文化中十分常见的事,每一个人不论是在梦中还是在现实中都能看见神。第二种情况是创造活动或英雄行为的必要条件。涅别利也提到关于奥林匹斯勇士,"大力士运动员抛弃了自己以前的存在,为了重新获得自己,就应该先放弃自我。神和英雄会进入人类腾出来的赤裸的身体中"。[85,106页]第三种情况是一种特别现象。在古埃及,活着的时候被神化的只有法老,而在古希腊,只有杰出的英雄在死之后才可以被神化。

不能将"神化身为人"理解为神真的变成了普通人。他们没有任何相似之处:神仍然在履行着自己之前的职能,比如带来光明、赋予生命、在天上巡视,同时化身出现在很多地方——在祭神的树林、在节日中、在自己的塑像中。

霍伯纳对此作出了有趣的评价:"有许多宙斯出生的地方,雅典娜也出现在许多地方,并从很多地方绑架珀耳塞福涅(Perséphone)……古希腊人对于这些起源的'真实之处'也没有达成一致的看法,如果认为这里应该存在矛盾的地方,那么人们就会明白,神话里关于空间存在的概念完全不正确……因为神话的本体是超自然的个体,是可以同时出现在很多地方的。虽然在很多地方,他们被描述为固定的形象,但他们却可以使自己保留一定的同一性。"[85,149页]

神的化身不仅使人变得不同寻常,还使其获得神的特征,比如非同一般的权利、力量、速度、智慧等,而且在神的化身周围会出现特别的辐射,是一种超自然的神秘能量场,其他的普通人以及作为他们载体的人都能感受到这种能量场。在节日庆典(宗教仪式)、奥林匹斯比赛以及戏剧的表演中,这些辐射都特别强烈。格龙别赫这样描绘道:"神圣性……贯穿并充满了一切:所有的处所、所有人、所有的东西,神把这一切都变得神圣。充满一切的神圣感是人类在戏剧中表演及'展示'的前提条件。"[85,125页]在古埃及可能还没有戏剧,但是大型的宗教剧和祈祷仪式足以代替它,确切地说,人们与神在寺庙相见,并朝拜他们。

在这里,我们有必要再说几句关于艺术的作用。那个时代的人并没有把神像及雕塑看成是多么精致的作品,甚至也不认为这些是艺术的再现(生活的复制品),而是把它们当作一种神的具体化(化身)。因此,我们经常会看到这样的情形:在遇到灾难时,人们抱着神的画像,祈祷神赐予受难者仁慈。[85,125页]在古埃及,祭司帮助死去的人准备上路,完成对其雕像的专门仪式,"对于灵魂的载体或者刚刚死去之人,把镶嵌的眼睛放到眼眶中,雕像家赋予了雕像(也就是死去的人本

身)视力,就意味着他复活了"。[86,66页]

实际上,人类还可以用更简单的方式召唤神,也就是在礼仪中呼唤他的名字,当神出现(化身、再现)在风景画中、雕像或戏剧主人公身上时,他们就很容易被人们相信,感观上更容易被感知。卡西尔说:"不是只有舞者才会参与到神话剧和戏剧中,参与表演的还有神,他已化身为舞者……大多数宗教剧中发生的不是单纯的反应事件的表演,而是事件本身及其直接的实现。"[85,179页]

最后一个情景用来说明时间或者存在的古代本体论。霍伯纳用术语"起源"划分与此相关的神界时间与世俗时间,它们与古王国文化中人的世界观相关。按照这一世界观,高级价值是过去的世界,因为正是在那里神创造了人和世界,并制定出规则,即奠定了存在的所有基础。从该文化中人类的角度来看,未来通过现在流向过去,而现在则是过去及其原始事件的再现。霍伯纳在文中写道:"起源是无限的、不断重复的、连贯的聚合体。这里说的是同一性的重复,也就是指普遍发生的同样神圣的原始事件。这些事件一次又一次地被纳入现实世界之中,而每次都是某些原型的新形式或系列模仿品。神不断重复所做的事与人们形成的关于他的想象是不相符的,而实际上,正是原始事件的多次重复,以及他的永恒性构成了他的神圣性。"[85,128页]

原始事件的再现不仅遵循生命的法则及古代生活准则,它们还在祭祀、宗教或祈祷仪式中,甚至在"艺术作品"中,在绘画、舞蹈、雕像以及戏剧中被准确重构。卡西尔指出:"在所有神话影响中,有时真正的主体会发生转化,活动的主体变成了他想象的神或魔鬼……这样就可以理解宗教仪式自古就有的意义不是寓意的、模仿的或想象的,而是有一定实际意义的。他们就这样被吸纳到现实中,并形成现实不可替代的组成部分……这就是普遍的信仰,相信在宗教仪式正确举行时,人类的生命甚至世界的存在就会持续地、平静地永远存在。"[85,179页]他又谈道:"我们谈的不是关于神话事件的纪念日,伊利亚德(Mircea Eliade)更明确地指出,是关于他们的复现。神话中的人物变成了今天的参与者——现代人。这同样表示,当原始事件第一次发生,人类不是生活在编年时代,而是生活在原始时代……重新体会这一时代,尽量多地再现它,把它当成宗教戏剧作品的工具,遇到超自然的东西,就重新研究它的创造学说。这是一种愿望,是贯穿在神话的宗教再现仪式中的基本精神。"[85,182页]

以上述探讨为基础,我们可以回来分析人们对埃及金字塔的各种猜想。法老的神化给祭司提出了一个复杂问题,即该如何解释他的死,如何建造他的坟墓呢? 作为人,法老可以死去,人们为其安排了巨大的但仍然是常规的棺椁及殡葬仪式。但是作为活着的神,法老通常是不应该在人类语言所表达的意义上死去的。在后一种情况中,他的死确切地说是永恒的"死-清空净化-复活"循环中的一个环节。如果法老是太阳神"拉"的化身,那么他的灵魂在死后应该回到天上与光芒万丈的巨星汇合。但是,如何处理法老的肉身,而且还需要把什么放入坟墓中呢?

总的看来,为了解决这个两难问题,古埃及祭司作出了这样的解释:在法老死后,他的灵魂会升天与太阳汇合,另外,他也会进入清空净化-复活的循环。作为神,他可以实现各种事情,也可以同时出现在很多地方。法老的肉身和他的墓地就是他进行净化和复活的地方,也是"法老神"经常返回的地方,在这里他与自己的人民相见,并赐予他们力量和对命运的信心。

但是,这时会出现另一些问题。法老神是如何升天并下凡到自己的坟墓中的? 回答这个问题是很重要的,因为法老的形象一直是双重的:不仅是神,同时也是人。我们都很清楚神是如何升天的,那么人又是如何升天的呢？此外，法老需要面对普罗大众，并在正确行为的选择上不允许有失误。这里又出现了一个问题：法老是在埋葬时净化与复活的，而普通人是在地下（冥界）净化及复活的。第三个问题：法老的身体该如何处理呢？要知道他跟所有死去的人类尸体一样会腐烂，而神是不应该有变化的，回到自己的人民中间，他应该化身到同样发光的身体中。

第一个问题祭司解决得非常漂亮，他们把法老的坟墓设计成山形或者梯子的形状，高耸入云。众所周知，所有最古老的埃及金字塔的外形都很像山，或者呈阶梯状，即巨大的四面梯形。祭司们相信，法老的灵魂沿着它可以升到天上或下凡到人间。实现这一想法是合情合理的，为了能触摸到天，法老们把自己的金字塔建得越来越高。但是实际上，当金字塔支撑了天，并把它与地球连通，也就是当金字塔成为宇宙的客体时，神秘宗教阶梯的观念就开始弱化了。

关于这一点，开始出现另一种观念。一方面，越接近塔的顶端，台阶之间的距离就越不会有区别；另一方面，以锥体的数学模型为基础进行金字塔体积和搬运石块的工作量计算获得了更大的意义。对于这一时期的人类来说，数学（符号的）模型被看作具有宗教的性质，由神的祭司概括出来，决定了宗教法规的本质。古埃及祭司们未必会很快理解法老坟墓的真正形状不是山或阶梯形的金字塔，而是数学中的锥体。

第二个问题祭司解决得同样也很出色，法老的栖身之所——金字塔，被赋予了大地的样子。埃及金字塔并不像房子或宫殿，没有形成空旷的、可以进行日常生活的内部空间，而与其正相反，它是由石块紧密堆砌建造而成。最后，金字塔仿佛是被抬升起来，如同从地里长出来一样，或者直接成为大地的延伸。正如古埃及的神话所描述的，最早的生命是出现在海中隆起的小山上。从这一方面讲，金字塔还再现了类似生命的第一岗(山)。

这两种结构和形式的融合(直耸入云的数学锥体,以及由地面升起的连绵的整个石山)最终形成了我们常见的这种锥形塔,其形状同时融合了文化问题和想象。我们来看一下谢尔科娃所讲述的:"帝王的陵墓像山一样,他的灵魂在死后可以沿着它升天。前两代帝王的石椁也是圣山的样子,第三代帝王的灵魂是沿着阶梯式的锥形塔升天的,普通的金字塔是不自然的直边。帝王时代中期第四代、第五代,乃至后来几代的帝王多次重复它的典型样本,到后来,甚至石棺的样子也是锥体的。众所周知,帝王谷埋葬着新帝王时代的帝王,但是,在这里保留了圣山的样子,或者在大山脚下直接劈开岩石做成陵墓,这座山被称作'梅里特塞格'(Meritseger)——喜欢沉默的死亡女神。从古王国时期中期开始,每个被认定为奥西里斯某某的人死去就会被埋葬在岩石陵墓中。"[86,67页]

最后,第三个问题可以通过医学、化学及艺术手段来解决。法老的尸体被涂满防腐剂,而身体和脸被华丽的衣服和金制面具覆盖。最终,祭司们希望,当复活的神从天上下来时,会愿意化身到自己的身体中,因为他会看到自己像活着的时候一样那么漂亮,甚至更漂亮。

因为法老活着的时候掌管着整个埃及,生活中的一切都应有尽有,似乎不会再需要什么,那么很清楚,在死后化身到自己身体中并巡视国家的时候,他不应该感受到任何必需品的匮乏。因此,考古学家挖掘时就会发现,许多埃及金字塔的大厅,当然如果它们还没有被盗劫一空,完全就像是一座同时期生活的博物馆,简直应有尽有(真实的或一模一样的雕塑),包括埋葬在该金字塔内的某某法老活着的那个时期埃及所拥有的一切。

就如正常的神的住处和处所一样,法老在那里进行净化清空和复活,金字塔不仅是圣物,还把宗教力量投射到整个埃及。金字塔建造得越多,古埃及人就会越强烈地感受到自己被神及神的支持和帮助所围绕,越来越多地感受到自己加入神的原始事件及永恒中。而对于有众神围绕并进入永恒的人来说,死亡仿佛已经不存在。

总之,我们看到,金字塔建造的实践以及相关建筑工艺的形成在历史及相关技术文献中的分析已足够多了,我们不在此赘言,完全不是为了保存的需要,或者其他实践需求。金字塔是古埃及人文化世界观的产物,有着独特的文化背景要求,连通了人和神的世界,并把法老在天上永恒的生活与它死后的净化和古埃及人民的支持联系起来。在建立这一世界观的同时,形成了可以建造金字塔的技术及工艺。

今天,我们觉得,技术文明的危机是特殊情况。但是,难道消耗了巨大的资源、花费几个世纪的时间来建造金字塔的埃及文明是更加理智的吗?当然,如果从理性及经济的观点出发,对于古埃及人来说,建造金字塔是不合时宜的。而且,难道我们今天不会去尝试建立带来死亡和毁灭威胁的文化世界观?为了弄清后者,在这个问题上应该有足够的停留,我们在下面再详细分析。

2. 传统科学技术世界图景的危机

世界图景是专家们所直接依据的现实的反映,世界科学技术图景包括某种假设的详细方案。“自然”存在着,并被当作材料、过程及能量的取之不尽的“源泉”。学者们在自然科学中描述自然规则,并建立相关的理论。根据这些规则和理论,工程师们进行一系列发明、设计、建构工程产品(机器、机械、设施)的活动,在工程学与工艺学的基础上,批量生产人类和社会所必需的物品和产品。这一循环的开始,是学者和工程师(或者工艺专家),即物品的创造者,而处于循环终点的是物品的消费者。下面,我们将把工艺专家定义为广义的“社会工程师”。在传统世界科学工程技术图景中,工程活动及工艺并不影响自然,它的规则被工程师和工艺师所遵守。技术被解读为工程活动和工艺的结果,而并不对人类产生作用,因为它是作为工具服务于人类的。人类的需求不断增长和扩大,而且总是可以通过科学技术或工艺的途径得到满足。

如果不是工程技术活动及工艺提供了如此的效果,工程活动、现实及科学技术图景也不会成功地被创建。工程活动以及后来的工艺效应,不仅在创建独立的工程技术产品时表现出来,还出现在更复杂的技术系统的创建过程中。如果惠更斯能够使用工程技术方式制造出钟表,那么今天通过这种方式,可以在工艺的框架下建造楼房、飞机、机车,以及人类所需要的大量其他东西。从本质上讲,飞机是复杂的技术系统,而且还有更复杂的核能发电站、加速器或信息处理系统等。在所有这些情况中,所有问题的工程学和工艺的解决方法充分展示了自己的有效性。

另一个重要方面,从19世纪下半叶开始形成了大众消费领域及意识形态,而且为了满足人类在这些领域的需求,需要通过技术和工业的方法来实现。今天,类似的世界观变成了很自然的事,人类和社会试图用技术的方式解决任何问题。第三个方面是这种世界观的社会化。从家庭和学校开始,现代的孩子接受了消费的价值观,并掌握技术方法来满足自己的愿望。拉奇科夫写道:"如果我们转向更具体层面的分析,那么就会发现,最先在中等教育领域中出现了技术文化的倾向。从小学开始,人们就开始熟悉技术与科学。在高年级,已经开始进一步研究技术和工业的工具、机械,而且计算机也已经被大众化普及。"[51,126页]

在传统科学工程技术世界图景的框架下,普通的工程师们认为自己活动的使命,首先是以利用一定的自然过程为基础来研制技术产品或系统。技术产品或系统也是工艺的终极产物。不论是普通的工程师还是社会工程师,原则上并不会关注在这类产品及系统的研制过程中产生的后果,主要是因为他们所理解的自然正是生产技术产品的必要条件(自然以数学的语言表达,且包括以技术为基础的过程)。但是,从20世纪中期开始,科学技术的进步引起了自然环境、人类社会及人类生存条件的改变,而且这种改变开始具备全球性的特征。这些改变几乎瞬间扩散,覆盖了人类生活的所有主要领域,并开始决定人类的需求。现在,出现了一种恶性循环:技术及工艺的发展使人类和社会倾向于通过技术方法来满足各种需求,而技术本身使这些新需求变得切实可行。归根结底,今天我们被迫承认,工程及技术活动实际上影响了自然及人类,并改变着它们。

还有一种观点认为,技术带来的所有影响和作用,变得越来越广泛和重大,而且不被人们对技术的理解所左右。你可能会问,工程师们设计了某种机器,为什么却要为空气质量、人类的需要、道路等这些东西负责?要知道,他们并不是这些领域的专家,事实上他们并没有对此负责,也没有分析自己的科学技术活动带来的广泛后果。但是现在已经不能不考虑和分析这些,因为必须要把技术及工艺对自然、人类及其人造周围环境的所有影响和作用都列入对技术和工艺的评价中。对于哲学家来说,这里产生了下列主要问题:技术及工艺是如何影响人类的生存和本质(自由、安全、生活模式、认知现实、能力等)的?我们文明的技术工程类型是什么,它的命运会如何?是否有更安全的文明类型?为此我们又需要做些什么?

如果一切都那么简单,如果问题只是在于落后的世界图景,那么只需要用新的替换掉落后的世界图景就可以了。但是要知道,社会制度及人类的文化都是站在世界图景一边的。

3. 制度及人员因素

在中世纪后期,人类已经认识到神灵及其创造,包括自然,都已经不是主体,而人们经过思考分析认为,把现实当作主体看起来更合理。努力合理地安排好宗教及日常生活范围内的事情,解释它们的起源,创建它们彼此之间的联系,并把它们与作为共同起源的"神"联系起来。显然很久以来失去类人特性的神被认为是一种实体,但是与宗教世界和经书描写的世界同时,最终在人类面前出现了另一个世界——一个遵循着未知规则的自然世界。

人类在新的双重世界中逐渐习惯下来,开始认知自然,同时继续为神献出供奉。借用神的意志和信念,文艺复兴时期的人成为更独立的创造者,因为不再害怕世界末日和可怕的审判,而且更多地把神看作生命的条件,当作生命和自然所遵循的规则。人类越来越多地了解自己,认为自己只是稍逊于完美的创世主。如果神创造了世界,那么人原则上也有能力完成这个任务。正如菲奇努斯(Marsilius Ficinus)所说:"人类甚至可以创造星球,如果有工具及天体材料。"

那么,文艺复兴时期人类凭借的是什么呢?是自然规律、宗教知识及启示录,尽管从当代科学角度而言,这有些奇怪。从这一时期开始,我们称为"自然魔法师"的一些人,一方面创建和创造奇迹,另一方面研究自然及其规则,并使用创造过程中获得的知识。根据米兰多拉所说:"'术士'仿佛从暗藏的地方,通过伟大仁慈的神,把神秘的力量召唤到世上,而他们自己把这些力量传播并充满这个世界……他们把隐藏在世界偏僻角落的、在自然核心内部的,在神的储备处及秘密藏所中的奇迹召唤到世上,好像是自然自己创造了这些奇迹。"布鲁诺(G. Bruno)附和米兰多拉说道:"魔法,因为研究的是超自然的原理,它就成了神的魔

法;而因为观察自然,找到它的秘密,它就成了自然的魔法,也被称为数学的魔法。"[10,162—167页]

就这样,这两个方面[一方面是同时接受两种现实(自然的及宗教的)并像神一样工作的新的更加独立的人,另一方面是谨慎地对待已经被看成是存在和思考条件的神]形成了文艺复兴时期的特征以及对现实的新观点。这些观点首先在米兰多拉著名的《论人的尊严》一书中表述出来,该书建立了决定文艺复兴时期人类自我认知的示意图。在这本书中,米兰多拉确认,人类已经站立在中世纪时期被神占据的、世界中心的位置上,即便不像创世主一样,至少也要像天使一样,努力变得跟其一样完美。

《论人的尊严》一书中写道:"那时,神创造的人具有不确定的形象,他把人置于世界的中心,神说:'我把你置于世界中心,为了让你更方便地观察世界上的一切。我既没有使你进入天国,降入凡尘,也没有让你死亡或永生,为了让你成为塑造自己的自由的、光荣的匠人,让你成为自己喜欢的样子。你可以转世为低等生物,非理性地存在,你也可以受自己灵魂驱使,转世为高级的神的存在。'啊!伟大慷慨的圣父!啊!人类向往的高级幸福,就是让他掌控他想要的,成为他想成为的样子!"

但是,如果必须根据天使的样子创造我们的生活,那么就要知道,天使是如何生活和活动的。而拥有对世界物品有着嗜好的肉身的我们,是不可能做到这一点的,那么我们去请教那些古老的创世者们,他们可以给予我们很多关于这类事情的可信证明,因为他们是同源的,彼此更接近。我们也可以去问圣·保罗(Saint Paul),因为他曾被召上天堂,他看见过天使的军队在做什么。他会回答我们,他们在清理净化,之后会充满光芒,最终获得完美,正如季奥尼西(Дионисий)所表达的一样。这样,我们在地球上模仿天使的生活,听命于道德的要求,断绝激情,用争论驱散理智的黑暗,净化灵魂,洗去无知和陋习的污渍,控制热情不会轻率地爆发,也不会偶尔让不知耻的理性极端狂妄。到那时,我们让得到净化的井然有序而和谐的灵魂充满了自然哲学的光芒,然后用对待宗教事务的认识来完善它……是的,摩西命令我们如此,使我们相信,并促使我们借助于哲学来准备未来升天的荣耀。但是,实际上不论是关于基督教和摩西的秘密,还是我有意要反对的古代人类的理论,都为我们揭示了自由技能的成就和优势。难道古希腊人是想知道这些秘密,还是为了其他目的? 要知道,他们中第一个被我们称为通过道德和辩证法的净化活动而得到净化的人,将被纳入神话剧*! 但是,如果不是通过哲学的方式解释自然的秘密,又能通过什么呢?[45,507、509、512页]

这是一篇令人惊讶的文章。处于世界中心的不是神,而是人。确实,是神把他置于此地。正是人——"荣誉的匠人",按照自己的意志和愿望创造着自己。这样一来,你可能要问,如果人类紧握着创造的特权并掌控了生活的方向,那么这时神的使命又是什么呢? 人并不只是一种生物和神的奴仆,在某种程度他还与天使一样,实际上就是天使,而且他是通过内在的努力,包括道德净化、个性完善、自然认知,凭借自己的努力才获得了这一天命的身份。

新欧洲人个性发展的下一阶段是16—17世纪。虽然世俗化继续加深,并逐渐走向即将终结的下一个时期,关于神的想象仍然部分地继续决定着许多事物,甚至决定着理性的自然论述。但是神在这些思考中被理解为世界和自然的创造者,却无论如何也不会再参与到人们的生活和活动中,而同时神也被视为"完美的理智",这正是人类自己认知的目标。比如笛卡儿认为的,与神相比,人类当然没有那么完美,而且,人类思考的基础具有先验的宗教主义本质。

---

* 欧洲中世纪末期取材于《圣经》的一种宗教剧。——译者

神的地位进入一个新的层面——纯宗教方面,并且"远离直接管理自然和人类生命的事务及任务",人们的精神开始获得自由。一方面,人在自己的行为和活动中越来越多地不再以教会和传统为出发点,而是基于个人思考的理性观点。另一方面,人们开始努力揭示并探索新的福祉来源以及实现自己愿望的能力。这一新来源就是"自然",其规则应该由新的科学来揭示。与原则上独立于实践的对古希腊科学的解读不同,新时期科学所解读的是定位于实践的科学,从某种意义来说,它是新实践的一部分。学者们向读者公开自己的研究,伽利略在其著作中写道:"公民的生活依靠人们彼此互助的方式而维持,他们使用的是艺术及科学为人们提供的手段。"[17]技艺及科学在这里已经不再被解读为通往永生(柏拉图的观点)之路的途径,神学的自我剖析(亚里士多德的观点)也是同样,它们开始作为维持公民生活的必要条件,而这正是培根对新科学目的的理解。他在《学术的伟大复兴》一书中写道:"最后,我们想要警示所有人,要让他们理解科学的真正目的并为此努力,总的来说科学的真正目的不是为了消遣、竞赛、傲慢地看待其他人,也不是为了利益、荣誉、势力或者类似的低级目的,而是为了有益于生活与实践,为了使人类更完善并在彼此的善意中安排好生活。"[11,85页]培根确信,在"新的有机体中,准确地找到的法则,会带来一系列实践规则",他还认为,科学的真正目标"不可能是别的,只能是赋予人类生活新的发明和福祉"。[12,95、147页]

但是,科学以什么样的方式帮助人类呢?为什么它会成为实践的必要条件?培根在这里表达了时代的共同观点,他的回答是:新的科学提供了掌握自然并控制它的可能性,而骑上这匹"快马",人类可以飞奔向他想要去的任何地方。培根说:"人类对于物品的权力只能包含在技艺和科学中。因为,如果不顺从于它,就无法控制自然……但愿人类只是掌握了仁慈的神赋予他的对自然的权力,但愿他将被赐予繁盛……因此,相对于知识的真理及完善的公理,我们要求一种真理的类似物,这一要求在于揭示另一个自然,但是这一自然有可能成为对已知自然的限制。这两个要求相对于现有的直观要求,本质上也是同样的。在知识中要求的是最真实的东西,在现实中要求的就是最有用的东西。"[12,192—193、200页]

但是,如果不同时建立新的社会制度(这一过程从17世纪开始到20世纪结束),新欧洲的个人梦想就永远也不会实现。在我们文明的谬论中,经常会指责技术及工艺,虽然问题并不在于它们,而是在于社会制度和人。埃吕尔在自己的研究中分析了一个有趣的例子:"在法国,宣传普及电话网。在10年的时间内电话的用户翻了一番。今天,有2000万用户安装了电话。可惜,对于管理层来说,出现了灾难性的情形:法国人很少打电话!1982年的统计数据显示,一台设备每天有1.3次连接。很明显这并不多,那么当时是否决定要暂缓推进这件事呢?完全没有。技术人员收集到这一信息后决定,要在1985年使电话的用户达到2500万,即实际上每户都安装一台设备。但是这就意味着新入网的用户的平均使用水平将达到新低。当时为了弥补这一巨大差距,法国的相关管理机构或决策者提出了一个想法,要创造使法国人必须使用电话的情形,这也是电话系统创建的主要动机之一,而且为了展开更有力的国际宣传,要求建立一种电话、计算机和电视的综合体,而且为了推广这一系统,还提供免费配置的计算机桌。借助这一系统可以通过一个电话联通另一个联系人的电话,获得列车及飞机的运行时刻表,了解市场价格,电影及电视节目……因此,必须迫使用户使用这一系统。而且,有关部门已经非常严肃地研究了关于取消印刷年刊的计划,诸如电话册、列车运行表及其他信息的年刊……只要用户需要某种咨询,就不得不拨打电话。这样一来,电话被使用的平均次数就会提高。所向披靡的技术进步将被证明是正确的。在这里,我们正好陷于

一种荒谬的情形中,即在不必要的时候被迫使用最现代的技术。"[90,134—135页]

我们来分析一下这个非常典型的例子。难道问题在于技术的荒谬吗?电话网的普及项目保证的绝对是所有人的红利:项目研发者以及那些把它实现的人,都获得了利润,政府希望创造新的就业岗位,以表示对居民的关怀。在广告及官员们演讲的推动下,作为电话网的消费者,居民们可能会相信,他的电话确实并不够用。这一情况至少涉及四个社会机构的利益:设计和工业公司、生产机构、政府及居民。还有一系列现代人类的基本价值也开始发挥作用,比如追求成功及舒适(对于研制者、生产者、政府官员及消费者来说),坚信人类的需求必须扩大,确信现代科学和生产可以在规定期限内完成所提出的任务。当所建立的电话网的亏损和过剩的情况显现出来时,社会机构不愿意失去自己的红利,并竭力扩大它,采取了一系列确保自己地位、增加自己利益的措施。从根本上说,对于社会机构来说,道德价值、犹豫心理或者对人类的关心都变得无关痛痒。这是文明创造的"社会机器",用于解决一定的冲突,保障和限制一系列规定的社会过程。在建立这些活动的社会制度时,一般来说要符合社会及人的利益,但是,随后发展的结果却是,这些社会机器的工作有可能会与社会和人类产生对立,就如同上述情况一样。在谈到社会机构的时候,我们使用了"机器"这个术语,这并非偶然。问题在于,从某种角度来说,社会机构也是特殊的工艺范畴,它的形成是为了确保用工艺的方式解决社会问题的组织条件。

需要指出的是,机构并不是完全独立的社会组织,它们虽然很重要,但也并不是现代文明唯一的"机构"和子系统。我们的文明被称为技术文明,这是完全正确的。第一,整个经济和经营活动是建立在技术和工艺的基础上的。第二,这一文明同样是在技术现实的框架下发展的。今天提出文化存在的意义,恐怕是更为重要的问题。实际上,我们把自己的生活质量、性命、安全、发展和未来与技术、工艺及其能力联系在了一起。第三,在当今的技术文明中,正千方百计地支持各种技术价值、技术论和技术世界图景,与之相反,对可能威胁到技术世界观的完美存在的一切都会进行排挤和打压。从这个意义上来说,也可以认为技术文明是限制了现代技术和工艺发展的主要因素。

◈ 第八章

技术文明：矛盾的出路

1. 技术发展的危机

工程技术变得强大的同时也酝酿了它的危机，在今天，这种危机至少体现在四个方面：工程技术吸收了大量非传统设计，工艺正在逐渐覆盖工程技术，对工程活动负面效应的认知，传统科学技术世界图景。

如果工程（技术）设计与自然科学和技术科学所描述的创建过程有关，那么其他类型的设计（建筑、城市建设、工艺设计及组织设计等）所研究的除了这些过程，还有经验描述的过程，甚至是凭想象猜测出的其他事物。不过，在工程设计中自然科学知识并不能提供和计算出所有的过程。比如在设计汽车、飞机及火箭时，之前都没有考虑并计算出空气污染、燃料排放、噪声等级、基础设施改变（对交通、经济、加工工艺、构成等的要求）、对人类产生的影响，以及今天出现在主要领域的一系列其他问题。工程学内部设计思想的扩展使工程师们不仅要按设计（工程设计）的模板来组织工程工作，而且要更多地进行创造性的思考。

工程师经常要研究自然科学及技术科学中未描述过的及未经计算的过程。在今天,设计的拜物教主义(认为"设计中所构想的一切都可以实现")不仅得到了设计师的拥护,还让许多工程师也深陷其中。工程学的这种设计方式,导致了应用自然科学和技术科学未描述的及未经计算的这些过程的范围急剧扩大。这一范围包括三种过程:影响自然的过程(如空气污染、土壤改变、臭氧层破坏、热排放等),各类活动、其他人工构成及系统的改变过程(如基础设计的变更),对人与整个社会的影响过程(如交通或计算机对人类生活方式、认知及行为的影响)。

还有一点对工程学发展影响更大,它的潜在"错误"范围同样也在扩大,即工艺学产生的负面的、不可控的后果。很长时间以来(在19世纪下半叶以及20世纪上半叶),发明活动、建构及传统工程学设计都决定着工程学的发展和特点。工程学开始发生变化,一方面工程学与它本身的活动(研究、计算、设计、生产、运行)更加紧密地连接在一起;另一方面,工程学与为其提供保障的自然科学、技术科学紧密相关。当初,只不过是作为技术产品加工和建造工作的一个方面,狭义的工艺促使人们去认知和了解工程活动的操作性,以及活动和社会文化的构成。最近十几年情况发生了变化,大型国际技术项目和规划在工业发达国家实现,使我们清楚地认识到,新型技术活动已然出现,我们应该把工艺放在更广泛的背景下去研究。

在工艺发展的框架下,工程技术具有越来越多的自发性和不可控制性,而且在很大程度上成为破坏性力量和因素。现在,工程任务的制定与其说是取决于满足人类最新的愿望和需求(比如对能源、机械、机器、建筑的需求),不如说是由技术及工艺界具备的内在能力决定的,并通过社会机制创造了符合这些能力的需求,然后创造"技术工程"品质和人本身的价值。因此可以说,创造出面向科学技术的特殊的现代人是更复杂的过程。这个任务涉及两种文化理论问题:技术文化和人文文化。

我在上面已经提出过工程活动的负面效应,这些后果积蓄了三类主要危机:生态危机(破坏及改变自然)、人类学危机(对人类的改变及伤害),以及发展的危机(第二和第三自然不可控的改变,包括活动、组织、社会基础结构改变等)。皮克(G. A. Pick)提出了一个问题:"保护环境事实上是否会仅限于简单的质疑?我们能否保障人类作为一个物种而生存下来?还是现在干预已经为时过晚?目前,技术持续扩张,不负责任且毫不留情地开发着自然。经济的增长意味着我们的生态圈即将被破坏甚至毁灭。"[35,287—288页]

技术发展对人类及其生活方式的影响并不像对自然的影响那么明显。但是,这种影响是本质性的。人类开始完全依赖技术保障系统,顺应技术的节奏(生产、运输和交通的节奏——项目的开始和结束、进程速度和高峰等),而且人类的需求正越来越明显地促进技术创新的诞生。

现在我们来说一下关于传统科学技术世界图景的危机。目前的情况是这样:工程活动、自然科学知识及技术已经影响并正在改变自然和人类,并且它们对自然的解读也各有不同。今天,在哲学家和学者们的认知中,合理而完整地呈现出整个自然的这一目标确实是有些弱化,但是他们仍然鼓励为了这一目标尝试把不同的"自然"(第一和第二自然,数学的、神灵的、宇宙的自然,微观自然,等等)纳入统一的自然世界图景中。所有类似的综合操作都面临着同一个问题:连接那些不可连接的本体论的特征,用某些合乎情理的、有说服力的逻辑来演绎它们。因此,由于在所有关于自然的观点中自然科学的自然观是占主导的,而综合操作也正是在本体论层面上进行的,要清楚地表达出不同自然之间的界限,这实际上是不可能的。例如,不论如何推理,在本体论层面把微观和宏观世界的自然连接起来还是没能成功。同样,使文化摆脱自然,或者与之相反,使自然脱离认知,这些也都是不可行的。

把自然事物进行综合并建立统一的、没有矛盾的世界自然图景,这一方针与另一个观点相对立,即分化论,分离个别自然。每种自然都有自己独特的规则,只在该自然的"领域"内运行。比如,文化的规则是历史性的,部分是人为的;第一自然的规则是永恒和天然的。人文自然的现象遵循着一些反射和沟通关系,而技术自然遵循技术作用及效应的原则。在专家们的专业工作中,以及在具体的、彼此遥不可及的一些科学类别中(自然科学、数学、技术学、人文学、社会学),彼此独立及专业性立场都获得了有力的加强。

但是,为什么这些自然仍然认为自己是"自然",难道自然本身、社会、文化和人是自行分裂为独立且彼此严密隔绝的领域吗?在今天,由于现代劳动分工、活动领域的间接性、人类生活的特殊组织以及其他一些原因的影响,人们很可能对这种情况视而不见,那么就不能说这种文化状况是令人满意的,它的负面后果是所有人都看得到的。因此,把不同自然综合起来看是必需的,重要的是应该力求建立整体的自然世界图景。问题是这种不同自然的综合是否应该只从自然的视角下在本体论层面进行?那么这个自然最终会如何呢?显然,它是一定类型的认知活动、科学、实践,以及学科群的本体论思想的基础。从这个角度来看,自然的综合应该在两个相互垂直的层面进行——本体论层面以及方法论层面。在不同类型认知活动以及不同学科群的方法学反思中,可以找到它们的本体论以及思想的依据,然后通过这些依据来讨论它们的整体化方法及途径。实际上,可能完全不需要贯穿本体论来进行综合,因为由科学的一些科目到另一些科目的转换可以替代这种综合,但是要重新确定处于相近的不同自然分界处的本体论图景和意义。

当代文化的另一个迫切问题,是必须考虑人类本身的积极性对第一自然的影响。实际上,关于自然的传统解读的最初的出发点是确信人类的活动(认知的、工程的、生产的)不会改变自然的参数和特性,因为,人类正是根据它的规律来活动的。培根说:"要征服自然,必须服从自然。"但是,在20世纪的情况是,人类的耕种活动所达到的规模已经开始影响到人类周围的自然,并开始改变它的特性及规律。但自然观没有改变,第一自然仍然被认为是自然,且第一自然和人类(文化)活动的共生现象,即自然人工整体,也被认为是自然。

最后,再来谈一个文化问题——关于人类活动本身的本质性阐释。巴季舍夫(Г. Батищев)指出:"人类成为自然的破坏者,不是因为人类远离了自然,远离自然性和纯朴性,变成一种非自然的、独立的和自我进步的力量,而是因为在某些专业的社会关系范围内,人类的行为就像类自然的天然力一样的不负责任和草率。"[8,84页]当然,社会学及人文学试图描述这类活动及其文化本质,但是很显然,今天的这些努力还远远不够。

当今,关于需求的概念以及人类应有的存在模式被重新审视。因为现代人类的需求很大程度上是由科技进步决定的,而且这种进步把人类变成了"座架",也就是使人类失去了自由。鉴于此,有学者提出把人类从技术统治中解放出来,重新审视对技术及自然的态度问题。

简而言之,今天必须重新审视传统科学技术世界图景的所有主要构成,包括工程学思想本身。特别是这一观点认为科技进步所产生的所有问题是可以用科学技术的理性方法来解决的,尽管事实未必会这样。我们需要考虑到,在这个整体中人类的一切活动属于不同的文化子系统,而且在这一方面,要遵循它们的存在逻辑,特别是价值关系的逻辑。与理性的组织活动不同,文化子系统的存在特点是:相互作用,面对不同的有时甚至是对立的力量和价值之间的斗争。在这个方面,单个活动行为的实现不会考虑到其他活动的存在,而且可能不仅带来所需要的结果,还会产生与愿望相反的结果。

人类活动的"本质"在很大程度上取决于它的文化构成,包括两种不同层面的构成:在理性的基础上有组织的活动,以及按另一种逻辑存在的文化组成部分(子系统)。正因如此,今天社会上出现的大部分问题,都不可能仅仅通过科技方法得到完美解决。

这些工程技术观点和工程学的危机,促使我们去寻找非传统的、新的解决途径。技术思想在这里鼓励建立无排放的生产、对人类无害的新工艺(如电子计算机、绿色清洁的动力源、非传统材质制成的产品和机器等)、封闭循环的生产、生物技术的更广阔发展等。政治思想也在探索出路,研究制定集体责任以及制约的体系,例如,避免破坏臭氧层物质的生产,降低热量及有害物质的大气排放等。这些当然都是十分必要的,但是技术哲学指出了另一种途径:批判性地重新思考以我们的技术文明为基础的观念本身,首先要重新思考一些关于自然科学和工程学的观念。

2. 技术发展的新观念

总的看来,传统的工程技术观已经自我终结,无论如何,今天必须重新建立新的工程技术观。下面的问题是需要认真思考的:如何利用自然的力量(第一及第二自然的力量)? 如何使它们服务于人类及社会,并使其采用适合人类的目标及标准? 例如,人类要求减少对自然的破坏,确保文明的安全发展,把人类从技术的控制下解脱出来,提高生活质量,等等。但是,这样又带来另一个问题:确保几十亿人生存的可接受的、相匹配的水平的必要性,与恢复全球自然的必要性是否可以并存呢?

如何控制现代工程、设计及工艺活动所带来的各种改变呢? 问题在于,大部分改变(自然过程的改变、人为的转变、第一及第二自然的不可控改变)都遵循着短期效应。例如,是否已经很难或者不可能在区域层面,甚至全球层面上计算并控制热量、有害物质和废料的排放,以及土地和地下水的污染,等等。同样也很难获得区域的或全球范围内的技术、基础结构、活动或组织发生改变的同等图景。在技术的作用下,人类的生活方式和需求所发生的转变同样也很难描述,尤其是进行准确的预测。那么在这种情况下,该如何对待这些不确定性呢?

这里没有单一意义的回答,只能制定一个可以实施的方案。所有可以计算并预测的事物都需要进行计算和预测。需要把工程活动的负面效应尽力缩减到最低程度,必须努力把需求最小化,并且保持理性的发展。需要避免一些不确定效应和后果的工程活动(设计),这些活动可能会导致技术或人类学的灾难。这里重要的是采用自然、技术和科学任务的新的解决方法,用与人类相匹配的新观念来替换传统科学技术世界图景。

毫无疑问,技术解读本身也应该改变。首先要排除它的自然主义观念,应该由技术解读来代替它。一方面,揭示复杂的智力及社会文化过程(比如,认知及研究工程及设计活动工艺发展经济及政治决策等领域);另一方面,作为人类休戚与共的特殊环境,它是以原始节奏运行的环境,有时也是一些美学模式。

新的工程和技术要求建立另一种科学技术世界图景,这一图景已经不能建立在自由使用自然力量、能源及材料的观念上。文艺复兴时期以及16—17世纪,以一些有益于发展的观念为基础,建立了工程学的构想和模式。但是今天,它们已经不合时宜。新的工程和技术是研究各种自然(第一及第二自然以及文化自然)的能力,它专注于倾听人类自身及其文化。倾听意味着理解,我们可以接受什么样的自然,为了技术发展及技术文明我们的自由要受到哪些限制?我们固有的技术发展价值是什么?我们对于人类及其优越性的解读,以及对文化、历史及未来的解读,有哪些是无法兼得的?

工程和技术的新观念有点类似现代人类的灵与肉的观念。最近几十年,在这一领域中出现了另一种观念,即心理及肉体的发展不仅是以训练及营养为基础,还要研究人类的自我完善、对价值及人生之路的思考,以及倾听自我和顺从自己的本性,并在对话和交流中建构自己的个性。新的工程及技术是否也是如此?它们不仅是独立的实践类型,还是人类发展的手段;它们不是科学、工程学及技术发展的内在来源,而是思考选择及理性约束;它们不仅是对科技进步的自我剖析和客观研究,还是倾听以及建构决定这一进步的主要力量和条件。当然,所有这些只是关于新工程学和技术的设想和模式。它们是否会实现?会以什么形式实现?这是关于思考、研究及实践活动的另一个问题。

如果回到技术本质的概念,那么我们就会明白,拒绝技术和技术的发展简直是不可能的。从根本上说,人类活动的本身就具有技术基础,文化也是同样如此。技术中没有什么特殊的秘密,技术本身并不是某种神学的东西。然而,技术生产活动、技术及工艺学在20世纪的发展却具有威胁人类生活的特点。尽管通过技术的使用,人类获得了很多益处,但是人类已经不可能不考虑它所带来的威胁。总的看来,摆脱这一境遇的出路显然并不简单。

今天,我们必须认识技术的本质,以及技术发展的后果。这里包括两个方面,技术观念本身和技术的概念,当然,也应该包括对这些后果的评价。与此同时,人类必须解决一系列复杂任务,例如,要了解现代技术的哪些特点、特性及其发展的后果是人类已经无法接受的?是否可以避免它们,是否可改变技术生产活动、技术界及工艺的发展特点?如果可以,那么为此需要做些什么?由此可能会出现这样一种情况:技术发展特性的改变同时也要求人类在其价值、生活方式及实践本身等方面进行更多的转变。从根本上说,这将意味着逐渐脱离文明的现有类型,并尝试建立新的文明。实际上,不管结果如何,类似的尝试已经开始。这是一个新的未来文明,当然,它同样也要建立在技术的基础上,但却是另一种技术,也许能力会弱些,但重要的是新技术对于人类的生命和发展将会是更安全的。人类未必有别的出路可选,比如不做任何改变或者赋予现有技术以人文精神。当前的形势是严峻的,并且瞬息万变,我们希望可以少付出些代价把危机应付过去。

3. 探索技术文明危机的出路

我们再回到对工艺的广义解读。一方面,工艺是一种活动,在其框架下不仅创造新事物,还实现了独特的"发展控制"(管理文明的成果);另一方面,工艺也是一个社会文化领域,它的特点和演化至少受5个全球化因素制约:文化的程式化、世界图景、社会制度、现代人的价值及观点、技术文明的结构。同时,工艺本身在很大程度上要受制于我们指出的这些全球化因素。技术哲学家迈斯津(Э. Г. Местин)在相关研究中写道:"现代工艺的这一作用使我们的社会比任何时候都更确信,工艺是我们生活和制度的重要决定者。"[93]

如果是这样,未必可以理性地对工艺的发展进行外在控制,或者把工艺最优化。但是,我们通常进行的正是这一过程。迈斯津在文中继续写道:"这一切的结果是为了使工艺服从于我们自己的目标,我们的社会趋向于有意识地去解读并监控工艺,因此将付出更大的努力去探索最大限度地改变这些后果的途径,且在改变这些后果的同时还要保证获得基本的经济效应。"[93]很遗憾,没有办法解决这一问题,因为现代人已经被嵌入工艺的过程中,并定位于它。莫里森因此写道:"有些人想要说服很多人少生孩子,谨慎驾驶摩托车,停止伤害黑人……用传统方法解决社会问题——说服或迫使人们更理智地行动,这些全都是徒劳的。很难说服人们为了相对遥远的社会目的,而放弃眼前的个人利益或满足个人的事情。"[94]

即便如此,仍有很多研究者认为人类已经没有其他备选项,因此人们被迫既要限制工艺的增长,使其具有人道主义精神(面对并解决生态问题,使工艺演化变得可控),又要试着改变自己的生活方式,而且这种改变很可能是根本性的。托夫勒(A.Toffler)把这个方法与"第三次浪潮"理论联系起来。他认为,这一理论的开创者证明人们必须进行选择:"工艺应服务于社会及生态的长期的目标,而不是服务于为技术而建立的我们的目的,人类应该对工艺更广的前沿方向进行社会监控……要对新的技术方法提前进行分析,搞清楚它可能会产生隐含有害影响的物质,以便对危险项目进行重新研究或者整体放缓。"[9,73页]梅多斯(D. L. Meadows)分析了彻底改变生活方式的必要性,他认为:"这些措施可能不会被所有人都接受。它们会引起社会及经济结构的深刻变革,而这些结构是通过发展政策用几个世纪的时间被贯彻到人类的文化中。当社会已经完全无法承受工艺的价值,或者当工艺的副作用阻止了社会的发展,或者出现了无法用技术解决的问题,'等待'可能会是备选的解决办法……发展由于与人类选择无关的原因而中止,而且正如世界发展模式所显示的,如果真是这样,可能会比社会自己作出的选择更糟。"[92]

还有一点令人担心的是,决定现代工艺发展的一切,包括职权、专家、鉴定人等,都更倾向于对不断深化的工艺的现实危险视而不见。有些人总结出现代发展的灾难性,但是却不能提出可以抑制住事件惯性进程的方法和手段。原因很清楚,他们的努力与文明演化的整个进程以及我们星球大部分居民的愿望不相符。内斯(A. D. Naess)在《深层生态学》一书中对此进行了阐释,那么"普通人"是否会接受他所提出的下列这些绝对理智的深层生态学观点?

（1）地球上所有生命形式的繁荣对于其自身来说都是有价值的，而且不取决于人类的利益；

（2）人类生活及其文化的繁荣只能与人类种群的根本性减少并存；

（3）当代人类对自然的干涉很快会导致灾难性的后果；

（4）人类需要改变现有的政策，并且对经济基础、工艺及意识形态结构施加影响，去面对整个自然的内在价值，而不是追求更高的生活标准。

在可预期的未来，"普通人"很明显并不会接受这些观点，但这并不意味着它们完全没有被接受的希望。首先，工艺发展的负面及灾难性后果的增加，或早或晚都会使越来越多的人开始思考不幸的原因并尝试改变现有的生活模式；其次，现代文明的精英们，如哲学家、学者、政治家、管理学家及社会活动家等，已逐渐开始理解情势的严峻性，而且重要的是，他们已经开始尝试采用新的方式去解决问题。那么，他们依据的是什么，又有哪些概念可以使用呢？

在这里，仅仅具备关于自然及工艺本质的知识显然是不够的，更何况这些知识也仅是局部的（关于工艺的科学其实很年轻，此外，还存在着不同的工艺概念）。我们所进行的研究显示，从广义上来讲工艺是超复杂的有机系统。虽然其中内置了人工机制，比如认知的形式和社会效应体系，但是指望借助这些就可以管理或者监督控制工艺的发展，这种想法太天真。从根本上说，决策可能是为了改变我们文明的类型，使其更具有理性并且更安全。但是，文明不是创造者的行为对象，再说哪有什么创造者？现在，甚至一些更简单的努力也会产生问题，比如，针对个别社会制度的改革。

出路只有一个：从自身开始，唯一的希望是思考着的个人。在讨论这种情况的出路时，拉奇科夫写道："我们经常说，人承认自己的不自由用以证明自己的自由……在认清仿佛'戈耳工的脸'*的高科技带来的诱惑,人类唯一必须做出的行动是,远离'这张脸和这个多头蛇'到安全距离以外,这是其唯一还有的自由……"[51,301、302页]

在历史上已经有些例子证明了这一点,如从古希腊到中世纪的文化转变。现代研究显示,这一转变的前提条件主要是:哲学及科学的建立使人们对古希腊神话进行了更多的重新思考,神话的情节变得越来越空洞,人们对神的信仰亦逐渐减弱。如果说在古希腊社会及文化中,人们还没有发现神和普通人一样的奇怪行为,那么到了后来,人们看到了神话中越来越多矛盾的地方。但是,神话世界观的危机并不意味着人们要完全抛弃对神的信仰,这种信仰仍支撑着人们对生死的理解。传统的神话对死的理解越来越不适合人类。死去的人永远像影子一样,只能靠回忆存在——人类已经不再满足于这一前景。

古希腊后期出现了不少有关社会制度的问题,这些社会制度长时间以来保障了社会的稳定,部分地解决了人们之间的冲突,而且在某种程度上缓解了个人与整个城邦之间的矛盾。实际上因为无法满足公民,所有的古希腊机构(行政管理、造船、军队、家庭、思想)都陷入了危机。正如历史学家彼得洛夫斯基(Д. М. Петрушевский)所指出的,当时甚至人们的人身安全也是无法得到保证的。最终,在新纪元最初的几个世纪中,古希腊人逐渐开始让出自己的部分公民自由权以换取人身安全和保护。在这一基础上,开始形成了契约型的团体关系,如中世纪的典型关系。但是与东方不同,它不是奴隶制及农奴制的关系,而是契约-团体的关系,它保留了足够程度的个人自由。

---

* 戈耳工是一个希腊神话人物,在神话中,看到戈耳工颜面的人会化为石头。赫西俄德将戈耳工的数量增加到三个——丝西娜(Stheno)、尤瑞艾莉(Euryale)、美杜莎(Medusa)。——译者

　　还有一种情况也为文化转变提供了条件,即"劳动力"交换的普遍展开。古希腊社会的外族化不仅冲淡了罗马血统,而且更重要的是导致处于不同社会文化发展阶段和水平的民族发生了同化。在这种情况下,或者古希腊文化完全被外族文化吞噬,即消失掉,或者发生文化融合,并在此基础上产生新的文明。很显然后者发生了,这也部分地解释了为什么罗马帝国的模式及其制度没有在中世纪消亡,而且,虽然当时发展的是自然经济,并且国家也是区域化的形式,却仍然建立了统一的文化世界观。涅列金娜的研究是这样解释的:"公元5—6世纪,建立了封地,在个人契约及自然经济的基础上形成了封地附属关系,导致了文献中所谓的封建割据时期的形成,其实这未必符合现实。术语'割据性'要求某种完整性,而在这里,什么都没有被破坏,因为罗马帝国早已不存在了。神圣的罗马帝国只保留了一个职能,即它无论如何都要完成的宗教职能。大庄园是这样一种单位,主人就是领主,在这里可以展现个人风格、文学风格等。没有其他任何一种与整个宗教相关的集中制,像大庄园组织一样以自然经济为基础,满足了所有需求——防御敌人、教育、集体-个人经济生活、权力、建立在个人契约基础上的等级封地系统等。"[42,215页]

　　与此同时,基督教成了中世纪新形式的社会认知和设计的来源。这里很自然会产生一个问题:难道基督教的创世观(从一无所有,到几天之内神化身为人,无孕生子,耶稣复活)比具有其所有矛盾的多神教更合乎情理吗? 对于古希腊哲学家来说,当然不是,他们不会平白无故地把最早的基督教徒称为"疯子"。但是,对于普通人来说,一切看起来并没有那么清楚。而且所列出的基督教学说的这些方面都是无法理解的。但是基督教学说许诺拯救阴间的人类,它赐予人类永生,使人类感觉到自己是被神钟爱的,它许诺奖赏贫穷及虔诚的人,惩罚那些犯下各种罪行的人。耶稣是新人类及神的典范,他热爱人民,替他们受难,自愿承担他们的罪行,这些不可能没有吸引力。耶稣直接规劝、教导人们并给予他们希望。他代替了把人类牵扯到四面八方的古希腊众神,基督教的上帝有三种形象,但实际上这三种形象是统一的,在古希腊文化的危机和衰落中,人们是如此向往这种统一。与多少有些类人的古希腊众神不同,人们甚至不由自主地产生一个想法,这是神吗? 基督教的神是先验的,被认为是神秘的。从一无所有而创造世界并许诺在最后的审判中结束它,跨越不同世界,基督教的神把人类归入浩瀚宇宙,归入存在,其未来的方案要求基督教徒不仅热切地期待,还要改观自己并做出成绩。正是上述这些基督教学说的优点才使得处于急剧衰落的古希腊世界中的、心猿意马的人类产生了兴趣,然后毫不迟疑地成了信徒。既然基督教学说被接受,"存在就是为了拯救"成了箴言,那么就只好接受它的一切——古老的关于创造世界的故事,圣父、圣子、圣灵,以及关于亚当、夏娃、《旧约》和《新约》中所描述的其他许多故事。

由此,我们得出一个结论,从很多世纪的漫长历史来看,虽然早期基督教徒的观念要比现在的神秘人物和"绿色人物"*幼稚得多,但是,看起来罗马帝国不会终结。而未来好像并不属于饱经风霜的古希腊文化,而属于基督教。而且,众所周知,文化变革的过程并不是从政府开始而是从"人"开始的。为了宣扬基督教学说,基督教的苦修者们拒绝了罗马社会习以为常的价值观——财富、权力、罗马公民的威望,以及其现实。他们不仅传播新的学说,而且按照它的要求去生活,他们并不惧怕陷于穷困、受到嘲笑和侮辱,甚至被钉死在十字架上。

当然,我们这里谈的不是宗教问题,但是类似的事件发展得已经足够强大,技术文明的危机早晚都会触及所有人,技术工程带来的灾难性的后果和破坏已经使我们无法忽视它了。在这里,我说一下个人的观

---

* 没有经验的人。——译者

点,为了保护地球上的生命,挽救自然和动物,为了自己和自己的亲人,人们开始拒绝过去生活中的很多价值观和习惯,或者重新开创新的价值观:简单健康的生活,合理的限制,关注自己活动的后果,等等。最初可能不会有很多人,但是渐渐地会有成千上万的人意识到这点并开始改变自我。不论是为了生存,还是为了正常的生活和发展,人类都不得不建立一个新的道德标准,例如:拒绝所有可能危害自然或文化的规划;学会按新的方式来使用技术和工艺,并保持对其进行监控;完全重建自己的兴趣和活动;等等。不再看重以技术和工艺为基础的福祉、舒适和力量,而是关注安全的发展,探索必要的条件和限制。总的来说,要控制出生率,只支持那些保证健康的生活方式的消费标准,合理地利用技术手段及产品。当然,这种努力是"自下而上"的,由个人开始的,同时也应该支持"自上而下"的努力,由国家及其他机构开始。具体地说,我们可以为技术及工艺提出下列建议:

如果不解除精英及其他利益主体(包括居民)的主导性,变革就未必会成功。主导层应当尝试改变,首先是针对自身的,改变现有的生活方式及对待技术和工艺的态度。

"自下而上"的倡导应得到"自上而下"的主动的、积极的支持。制定理性的科技政策,改革技术和人文教育,制定新规定,对技术和工艺进行新解读,在科学、工程技术、设计和工业等领域进行改革,促进新社会风气的形成,所有这一切都只是这类努力中的个别措施。

"自下而上"与"自上而下"的努力都要求相应的知识保障:科学研究、方法论、社会工程和设计的研究,以及法律保障,诸如此类。

所有这些创新不可能自主地确保成功,但是它们将为我们所期望的文明更替创造先决条件。后者将会自主形成,当然这一切不能没有你我的努力,而且是在社会活动所有层面上的努力。

◆ 第九章

其他相关研究

1. 虚拟现实技术

　　近些年,信息技术的发展给我们创造了很多技术和心理学的特殊现象,在通俗文学及科普文学中它们被称为"虚拟现实""假想现实""虚拟现实系统""虚拟现实技术"等。编程技术的发展、半导体微型电路的生产能力迅速增长、人机信息反馈传递的专业手段的研制,以及头戴式立体显示器——"视听通信装置"(这里指的是"数据手套"及"数据衣服",即带内置传感器的手套及衣服,可以把使用者的运动信息传输到计算机)的发明,所有这些给人类带来了新的感受和体验,使我们对虚拟现实的了解日益增多。"虚拟现实"表面的效果是这样的:人进入另一个世界,一个可能与现实完全一样的世界,可能是由程序师预先构想出的世界,也可能是按照剧本编出的世界(如落在火星上,参加太空旅行或加入太空军队),最终会使人们在思想和行为方面获得新的可能性。对于进入虚拟世界的人来说,新信息技术带给他们的最强烈的感受是,不仅可以观察体验这个世界,还可以在其中采取各种行动。虽说以前人们也可以并且非常容易地进入虚拟的现实中,比如,陷入对绘画和电影的感受中,或者被书本迷住而陷入其中,但是,在所有此类情况中,人类的积极性被观众、读者或听众的立场所限制,他们自己无法作为具有主动性的人物进入情景中。虚拟系统则提供了完全不同的可能性,人可以亲自进入情景中,并且不仅在限定的空间和世界,还可以进入仿佛完全真实的情景中,至少从人类感受的角度看是这样的。总而言之,由于上述这些应用,对新信息技术的需求注定会空前繁荣,而且会随之迅猛发展。

创建虚拟技术需要具备相应的前提条件。其中一些前提条件出现在20世纪60年代,首先,当时人们创建了控制论。正是在这一学科的框架下,人们提出了建立反馈联系并创建控制装置的设想。其次,人们创造了计算机以及模拟一系列事件和情节的相关计算机游戏,例如,模拟人在行驶的汽车中看到的可视景象的更替。再次,当时出现了虚拟现实观念本身,但是,这些观念最初并不是在科学中,而是在科幻文学作品中出现的。当时,许多科幻作家通常会使用一个情节,即人类进入通过技术手段创造的现实中,置身其中的主人公已经无法分辨出是否为普通现实了。还有一个前提条件,即当时已经出现了一系列分析人类在各种系统及环境中的感觉和表现的心理学、工程心理学的研究成果,以及创造出在控制装置和其他装置中使体验者产生普通真实事件的幻象的人工条件。

在20世纪70年代,上述这些前提条件为利用技术创建虚拟现实的构想提供了可能性。研究者提出了创建特殊技术环境(虚拟现实系统)的任务,在这种环境中人类不仅会把虚拟情景当作真实情景,还可以在其中自由行动,而且虚拟情景也会像真实情景一样发生变化。重要的是,这一任务立即被作为一种技术任务——创造技术装置,以及具有一定性能的技术系统——提了出来。与这一任务不同,工艺的组织和工程制造的设想通常要适应自然现象的层次,也就是如何利用某种自然现象及效果,并在技术上实现它们。

实现创建虚拟现实的这一构想本身需要完成一系列独立的新任务:首先,是在"情节"发展(事件在模拟现实中的经过)的影响下,以及在体验人自己行为的作用下,描述人工条件下的情节逻辑和人类行为的规律;其次,对同时出现且可以相互替代的体会和其他感受进行分析;最后,研究设计出可以保证这一过程的所有相应条件的技术装置。如果在此之前,现代工艺达不到一定的发展水平,就不会形成一定的工艺方案,例如,触屏工艺的研制,信息传递技术、变化参数监测及调控技术、各级计算机程序的开发,等等。如果不实现这些,那么建立虚拟现实的设想也就不可能实现。换句话说,建立虚拟现实的设想出现在"近代工艺发展"时期,工艺条件及工艺发展水平确保了在现有工艺中实现这些创新。虽然在20世纪60年代初,科幻文学作品中就出现了虚拟现实创意,但是以当时的工艺发展水平来看,是不可能创建虚拟现实的,也就是说,这个想法早在近代工艺发展之前就出现了。在20世纪70年代中期到80年代初,情况发生了改变,标志之一是这一创新已经作为一种现实,在近期工艺发展范围内出现了。并且已经建立的任务至少有两种不同的技术方案,例如,在虚拟现实技术的框架下,体验者所用的手套现在有两种不同的类型:一种是通过传感器和玻璃纤维电缆进行信息传递,另一种是采用专用的塑料(聚酯薄膜)基底涂层进行信息传递。[108,47—48页]还需要注意的是,近期工艺发展的范围不仅包括狭义工艺条件本身,还包括与工艺相关的观念,比如社会制度、人类的价值,以及符号及智力的前提条件。

1995年6月末,俄罗斯举办了国内第一次虚拟现实学术会。[110;103]与会者的发言表明,对虚拟现实的几种不同解读和阐释已经显现,现在已经是新方向形成的初级阶段了。一些报告者,首先是计算机程序设计员及技术维护人员,认为虚拟现实是·个复杂的技术系统,属于物理现实或技术现实。在这类观点中，伊格纳季耶夫（М. Б. Игнатьев）的部分观点似乎是表述得较好的，他建议把普通的世界看成是"在假想的超大型机器内部的模拟"。伊格纳季耶夫写道："可以认为这一观点是与物理主义者不同的计算机主义观点。"［100，7页］

彼得罗夫（А. В. Петров）非常清楚地表达了对虚拟现实的第二种解读。他提出可以把它们看成是由两个子系统（物理系统及非物理系统）构成的。彼得罗夫发言说："在测量确定虚拟现实设计及系统中提出的一定的性能及特征时，一些参数具有抽象（虚拟的）特性，而另一些则具有物理（现实的）特性。"［105，8页］

第三种解读最为普遍，可以称为跨学科系统的观点。塔拉索夫（Б. Н. Тарасов）在相关研究中写道："现代虚拟现实系统的研制要求结合计算机科学、人工智能、机器人技术、协同作用、心理学及人机工程学中所使用的聚合体、方式、方法及手段。而结合的前提条件是使用系统（功能–结构）的方式来建立人与虚拟现实空间的智能的人机通信，以及广泛使用心理学［根据皮亚杰（J. W. F. Piaget）的说法］及心理物理学［按克里克斯（Кликс）的说法］模拟，关注非经典逻辑及朴素物理。"［109，24页］

一系列研究者在会议上提出，虚拟现实可以被看作现实的一种，这些专家讨论了许多关于心理学的虚拟现实。诺索夫（Н. А. Носов）所表达的观点比较符合逻辑，他写道："一般的虚拟现实概念更接近物理学、技术及心理学的概念，因为在广泛的背景下，正是在哲学范畴下，虚拟性要求一种统一的本体化聚合体，它不仅包括自然学科、技术学科，还包括人文学科。"［104，23页］

不论是虚拟现实与计算机的结合，还是对虚拟现实的阐释，从方法学的角度来看，我们都觉得它们并不完全正确。在第一种情况下，没有任何心理学测试，而没有经过测试的计算和科学描述不可能研究虚拟现实。第二种情况，虚拟现实在计算机技术及相关专业技术的基础上创建的情况还不是很明确。因此,可以认为拉斯托奇金(С. Э. Ласточкин)在会上提出的虚拟现实的定义更合理些:"术语'虚拟现实'就是一种'潜在的现实'或'可能的现实'。如今,用来表示使用计算机装置创建的现实,用于训练或研究人类在所需要的某些情景下的反应。"[101,34 页]实际上,虚拟现实是现实的一种,下面我们把它称为"符号现实",但它是符号现实的一种特殊类型,建立在计算机及非计算机技术的基础上,并采用了逆向联系原则,可以使人在虚拟世界的行为足够有效。

鉴于这种虚拟现实的定义,需要讨论关于虚拟性的概念,而这一概念的提出在会议上激起了各种解读和争论。为此,首先我们从计算机的创建说起,特别是关于其所创建的虚拟现实。参会的日本哲学家认为,模拟现实的技术给人类带来了另一种特殊的真实。这就是第 10 颗行星,现代科学七大奇迹之一。根据之前的观察,太阳系有九大行星*,但是用计算机计算出的轨道与观察到的真实结果相比较,产生了不一致,如果假设存在第 10 颗行星,那么这一矛盾就可以迎刃而解。在真实的世界中,没有发现第 10 颗行星,但是在计算机模拟的太阳系中,这一星球是真实存在的,并且有重量、大小和轨道。一个由模拟世界提供真相的时代来临了,而这一真相超越了真实世界。[112]在这种情况下,第 10 颗行星作为一个事件不是存在于虚拟世界中,而是存在于计算机模拟的现实中:这是一个描述我们太阳系星球运动的方程组,它完全不需要显示出来,或者转换到人类可能进入的某个特殊世界中。这种说法准确地遵照了"虚拟"这个词的意义。《详解词典》是这样解释虚拟一词的:"虚拟的事物是指在隐匿状态下可能会出现或发生的事物,如

---

* 2006 年第 26 届国际天文学联合会通过决议,将冥王星降级为矮行星,所以目前太阳系已变成八大行星。——译者

虚拟距离、虚拟记忆及虚拟粒子。在量子场理论中,粒子在过渡(中介、区间)状态时,粒子存在时间 t 与不确定比例关系的能量 E 相关……根据这一理论,粒子间的相互作用是通过交换不同粒子来实现的(如虚拟的光子在带电粒子的电磁相互作用下)。"但是,引起大家兴趣的不是计算机创建的事件,而是通过计算机及专门的技术创建一个世界的可能性,这个世界中的事件可以跟普通的世界或者设想出来的世界完全一样,或者体现某种想法——科学、神秘、艺术的构想。换句话说,与"计算机现实"不同,虚拟现实事件的前提条件是人的参与。其实,虚拟现实事件使处于虚拟现实中的人类产生某种意识,我们把处于虚拟现实中的人称为"虚拟见证人"或"虚拟使用者"。虚拟见证人不仅可以看到、听到或感觉到创造者用程序编制出来的现实,还可以在其中自由行动,而且他的行为是对虚拟现实中事件的自然回应。虚拟现实事件本身也自然地"回应"虚拟见证人的行为。与可能真实存在的计算机现实不同,比如以知识的形式存在的现实,虚拟现实是可以被感知的、"活生生的"环境的现实,是"当时当地存在的"现实和事件。这种现实与普通现实一样,它可能会存在下来,变得更真实或更不真实(如艺术现实),变得看起来像普通现实或某种奇怪的现实(如某些梦境的情节)。

还有一个概念在会议上引起了争议,即关于把虚拟现实看作对普通世界的模拟。从本质上来讲,发言者所指的只是虚拟现实中的一种——模拟现实。但是,这不过是虚拟现实的种类之一。研究显示,在一些主要应用领域中,虚拟现实可以分为四个主要类型:模拟类、程式化类、幻想类、混合类。

在创建模拟现实时,要制定完全合乎要求的各种活动或行为方式的模拟程序和技术,对于人类来说,模拟现实与真实活动或情景在心理感受上没有丝毫不同。最早对这一领域进行研究和使用的是军方,他们用这种模拟技术建立实景战斗的快速反应训练。今天,模拟技术已经迅速地在人类活动的其他民用领域推广开来。然而,某些研究者发现,夸大现代化仿真及模拟的可能性未必有意义,专家们[如克鲁格(M. W. Krueger)]认为这些技术目前还处于萌芽状态,主要应用的是展示模拟。正在推动的项目,其进程看起来也稍显缓慢和不均衡。沉重的眼镜限制了可视电话使用者的头部运动,此外,图像质量也有待提高,而且在指令与执行之间会出现令人不悦的延迟。手套也存在着问题——传导光纤比较脆,非常容易折断;挥动手臂时,当手部有细微动作时,手套的信息传输速度会相对较慢。而且,对于还原现实的计算机,绘制图像以及完全合乎要求地进行仿真还原,要求具备大型计算能力:需要连接几个计算机,而且调制到最佳状态。此外,描述并检查创建虚拟现实所必需的软件程序是相当复杂的,很显然,实际上是不可能完全避免出错的。但是,问题不仅在于程序设计的质量保障和计算机技术,还在于我们暂时未能成功地研制出可以把简单场所图像用数字化表示的摄像机,以便于通过计算机进行重建,因为目前计算机还不能把物体的频帧轮廓从背景的无关线条和影像中分辨出来。

很多任务的解决完全不需竭尽全力地、逼真地模拟现实世界以及人类的感觉。这种情况,以及在普通现实模拟过程中出现的上述困难,提示研究者作出另一个决定,即根据与普通世界的关系,以示意图或模型的方式来建立虚拟世界。这类虚拟现实可被称为"程式化的虚拟现实"。在虚拟现实奠基人之一克鲁格所进行的研究中,有很多属于这类程式化的虚拟现实:在虚拟现实中,如果人类轮廓的图像与计算机的情景画面相结合,那么使用者就可以在大屏幕的投影上看到这一切。摄像机跟踪身体在现实空间的位置(特别是手和头),瞬间把信息传输给计算机,它可以通过图表显示的变化来作出反应,这种方法解决了人类活动与系统反应的时间同步问题。克鲁格研究的系统不需要使用专业的装备,虽然程式化的虚拟现实模拟了(图表化了)一定的情景或活动（过程），但是完全不要求其中的事件与人类在模拟现实中的经历及体会必须相似或分毫不差。

根据某些想法而创建设计的所有现实都属于空想虚拟现实。这可能是一些简单的幻想，或者是建立在一定知识或理论上的某种想法。重要的不是使建立的虚拟现实更像是感受到的真实世界和人在其中的真实感受，而是完全再现相关的想法，使人感觉到他是处在一个想象出来的、从来没有到过的世界中，比如，建立在科学理论基础上的虚拟现实就属于这一类。目前，美国数字设备公司*的专家们正在帮助化学家模拟分子的推力和拉力。他们的目的是在两年内研制出这样一个系统，使化学家可以用双手感受这些力量，在虚拟的空间中建立分子的立体模型。

通常，混合虚拟现实是普通现实与虚拟现实的结合。它们的创建拓展了专家们的认知，此时此地无法具备的知识和"情景"武装了他们。比如，计算机体层X射线摄影装置及激光扫描机通过任何需要的缩略图，为医生展示内部机理的立体图像；用规定的颜色表示补充的信息；现在正在研制一种用于放射治疗的系统，在该系统中计算机把恶性肿瘤的X射线照片转换成三维图像，放射治疗专家会看到它们活动的影像；根据其所有的新状况，利用射线束进行绝对精准的定位。

如果不区分这四种虚拟现实，那么就很难对创建这些现实提出总体要求。比如，模拟现实的一系列典型要求（获得事件的相似性，即感觉、印象及行动的相似），就不适合应用到其他类型的虚拟现实中。

会上还讨论了另一组同样重要的问题："现实"的概念是什么？作为与物理现实不同的虚拟现实，它存在的意义何在？

会议还论述了一系列的问题，涉及虚拟现实事件的区分以及处在

---

* 英文为 Digital Equipment Corporation，简称DEC。成立于1957年，由奥尔森创建。——译者

该现实之中的人的状况。整体来看,必须区分并描述虚拟现实的三个主要方面:计算机现实、虚拟现实本身,以及处于虚拟现实中的人的虚拟状态,即虚拟使用者的状况。第一方面引导了工艺系统内诸学科,第二方面属于符号现实的专业理论,第三方面属于心理学研究的范畴。虚拟现实与"计算机现实"不同,它要求人的参与。虚拟现实的事件为体验者带来了各种感受,虚拟使用者不仅能看见、听见或感受到虚拟现实的创建者用编制程序设定的情景,还可以在其中采取行动,而且他的行动是对虚拟现实事件的自然反应。不管其相似程度和模拟的自然度如何,虚拟现实的使用者终究都会认为,虚拟现实的事件只是在其认知内部展开,对于其他人来说,在物理意义上并不存在。鉴于此,为了确保安全,划分了虚拟现实事件的界限。但是,这一特性把虚拟现实与其他符号现实联系了起来,比如与梦境和艺术现实联系起来,或者与宗教和神秘现实相关联。在这种情况下,我们对"符号学"术语的使用制定了许多限定条件。这些条件针对的是"文本"或"符号系统"建立的任何一种现实。它们中的某些内容(比如,艺术作品或幻想的话语,或者宗教经文)是由人类创建的,也可能被认为是"人造物"(人工构造和事实),而另一些内容(比如梦境的"内容")是自行出现的、自发的。虽然内部会出现独立的自发事件,如幻觉,但虚拟现实仍然属于人造物。

虚拟使用者驻留在虚拟世界中,感受和体验其作为各种状况起因的事件,这些都引起了诺索夫的研究兴趣,他提出了非计算机虚拟的普通事件(艺术作品的体验、乘坐飞机飞行的体验、非常规状态的体验、体育运动员的体验等),划分出了虚拟使用者所感受的三种主要状态——高兴*、悲伤**及正常

---

　　* 俄文原文为 гратуал,来自拉丁语 gratulatio,取高兴之意,是虚拟现实的一种心理体验。有非依赖性、自发性、不连续性、客观性、现实地位的不变性、个性、意识和意志力 8 个特征。——译者

　　** 俄文原文为 ингратуал,为 гратуал 的反义词,此处译为悲伤。——译者

状态。[104]诺索夫指出了极端情景的虚拟事件,在"高兴"的状态中其现实性被扩大了,并且看上去很有吸引力,而在"悲伤"的状态中其现实性则是被限制的、令人不愉快的,人的能力和潜力都发生了变化。所有这些情况都说明了虚拟事件的特点。诺索夫认为,虚拟的突发事件会使人产生各种真实的感受(距离感、局部性、狂热性等),从这些感受中可以了解"人的虚拟状况"的特点。

人类在虚拟世界的状况,不仅可能是完全极端的开心或不开心,还可能是可以想象到的其他任何情况:普通的或异常的感受,比如恐惧及威胁,爱及安全,边界性及无时限性,等等。这时的虚拟状态即处于虚拟现实中的人在该现实事件中进行体验时所产生的状态。虚拟现实的事件虽然部分地出现在虚拟体验者的意识活动中,但是,它们是足够客观的,而且不受人的状态所影响。艺术现实或梦境现实的事件同样也是客观的。但是,艺术现实的事件首先应满足美学标准,它们是程式化的,且需要满足艺术风格特点、作者的艺术观点、艺术交流,以及其他要求。正如弗洛伊德(S. Freud)所指出的,梦境的事件具有非常规的(与清醒时相比)认知逻辑和价值系统,可以结合属于各种现实的形象,本质上梦境中的时间与常规时间是不同的。在这些事件的背景下,当其发生和经过时,人类可能产生各种状况,或者不产生任何状况,一些人会产生某些状况,而另一些人不会产生。

虚拟现实事件同样符合下列逻辑:它们是被限定的,虚拟使用者很清楚,这些事件由技术方法创建且只为其存在,它们不是物理意义上的存在;虚拟现实事件满足了反向联系的要求,也就是说,它们随时根据虚拟观察者的行为和活动而变化并作出回应;虚拟现实事件的逻辑遵循该现实的"规则",这些"规则"对于不同类型的虚拟现实也是不同的。比如,对于模拟的虚拟现实,虚拟事件应该是相似的,在其范围内与虚拟系统模拟的现实事件没有区别。在混合虚拟现实中,虚拟事件的存在应符合那些设计的逻辑，而这些设想通过虚拟事件的形式得以实现。在混合虚拟现实中，虚拟事件不应该破坏或阻碍与其同时发生的真实现实事件。

虚拟现实作为一种符号学现实，其特点是事件的连续性和系统性，这些事件还要符合虚拟使用者在某种程度上所了解的逻辑。可以从两个方面来说明其特点：一方面，虚拟现实与梦境和艺术现实相似；另一方面，与物理现实以及在普通生命活动中人类面对的现实相似。通常，虚拟体验者了解"游戏规则"，知道所期待的事件和体验的特点，以及虚拟现实中存在的临时规则。从本质上来说，虚拟体验者准备好接受他可能遇到的任何出乎意料的事物，因为他知道自己可以采取行动，而虚拟世界的环境将在某种程度上回应他的行动。换句话说，他把虚拟现实看成是一种独立的世界、独立的现实。但是，虚拟现实对于他而言，仍然是另一种现实，也就是相对于其他符号现实。这里指的是两个主要方面，即"存在-不存在（条件性的）"及"位置"。实际上，可以这样评价虚拟现实：一方面，它们是虚拟的，即只对虚拟使用者来说是存在的，而不是像自然现象一样，是物理意义上的存在；另一方面，我们可以决定虚拟现实的位置，例如，在符号现实中，它是符号现实的一种，部分像艺术现实，部分像梦境现实。

还有一个方面可以说明虚拟现实的特点，即它是心理现实的一种。作为心理现实的一种，虚拟现实由人本身在虚拟体验的基础上创建，而且这种体验通过在虚拟现实系统中建立的特殊话语展示出来。从这个意义上来说，虚拟现实处于"存在-现实-条件"的范畴空间。为了分析虚拟情况以及虚拟现实本身的特点，必须具备描述虚拟现实空间的知识。

诺索夫提出的观点表明，在虚拟现实技术的范围内进行研究之前，很早就已经形成了关于虚拟及现实的概念。[103；104]这使研究者们可以在更广的范围来看待虚拟现实的概念，特别是如何对待关于它的各种现代论述。

众所周知,福柯的研究极其详细地对此进行了分析。[111]福柯至少把三个方面列入论述的范围:首先,从事现象研究的学者们的认知类型,包括他们的语言表现;其次,这些现象的建构类型以及社会存在的实践类型;最后,产生这些现象的社会权力关系,以及现象在一定程度上所服从的关系。福柯特别强调一个事实,在生活的社会层面和意识层面,一切看起来都是不一样的,所研究的现象以虚幻的、自动变化的形式出现,而它们同时也独立地存在于建构、保持并定位于它的实践和社会权力关系之外。但是,专门的重构使我们可以透过这一表面现象,就上述三个方面对其进行现实解读。[111]我们试着使用论述的观点来分析虚拟现实的现象,全面地研究它,也就是把它看作任何级别的符号现实,包括虚拟现实系统创建的现实。这类分析不仅可以确定虚拟现实概念的范围,还可以讨论虚拟现实实践的可能性。换句话说,这类分析能够使我们理解可以用虚拟现实来做什么,以及使用它的目的是什么。

当我们思考并谈论虚拟现实时,完全是根据“现实”及“虚拟”这两个词的意义来理解它们,如此一来,虚拟现实仿佛既存在又不存在。但是只有在关于自然科学及技术文明观点的传统论述框架下,才能得出类似的结论。这种传统论述观一方面是不取决于人类对客观世界的感知,另一方面是针对物质世界的感受。对于世界的传统体验的第三方面,是对生命的符号学地位的意义进行独特的解读。直到20世纪,生命的符号学形式——艺术、宗教、工程学、幻想及人类的梦境等,被看成是重复再现的、现实世界(物质的或社会的)关系的标记-符号学映象。现在,对于物质世界、社会世界以及其他各种世界(现实)之间关系的解读并不明确,而这些现实都属于生活的符号学形式。比如,今天对于很多人来说,科学或艺术给出的世界比物质的或社会的世界更加客观和现实。宗教人士或神秘学所理解的现实(如神)不仅仅存在,而且与其他现实——物质世界、自然、社会环境等相比,更加原始和真实。但是,悖论在于,一方面产生符号形式生活的现实保留了模拟的本质(模拟物质世界及社会世界);另一方面,这些现实越来越经常地被看作人类生活的主要现实和形式。而且,在这种方式的框架下,物质世界和社会世界只是作为实践中使用的典型化概念,受生活的符号形式的一定发展阶段所左右。

现在已经逐渐清晰,符号现实和系统不仅是模仿,是某物的二次表达和映象,而且还是一种独立的事实(或现实),在其范围内作为事件或人本身而出现并发生改变。但是,如果对于现代人来说,生活的符号形式比正常生活更有意义,那么毫无疑问,应该改变关于存在和真理的概念。我们来看一下马马尔达什维利(M. K. Мамардашвили)的相关推论。他分析道:"在教科书或描述我们的书中,我们被按不同部门划分开,即在一个部门,我们从事艺术,而在另一个部门中,又被带入社会过程中,实际上在所有这一切的深处运行着同样的一些规则。"[102,424页]他接下来说道:"不论我们如何划分生活和思想的不同领域,它们都彻底进入个体中,不论我们在何处,我们的认知处于什么水平,一切都是同时运行的。我们活着,我们用头脑和身体同时生活在哲学、文学、诗学、绘画和生活实践中……我们活着,我们从事文学,甚至对此一无所知,就开始从事它,也许我们的生活有所不同……我们不可避免地要去理解,我们所有的精神状态所特有的秘密意味着什么,在某种程度上,我们把它们当作生命或存在主义的组成,混乱地统一到自己身上,当我们开始思考,仿佛就会被拉扯到各种专业中去……如小说、文本、作品,这些都是自我改变的'机器'。"[102,301—302、354页]

研究显示,虚拟现实的出现不仅仅是由于下面这些实践的需求:培训、沟通、新任务的完成以及其他领域,[107]而且还由于休闲和文化新领域的开发需求。虚拟现实提供了新方法和新体验;"旅行"的概念重新变得具有现实意义,但已经不是地理学上的意义,而是在另一种现实——虚拟现实——之中。但是,虚拟旅行对于个人并非不会带来烦恼,它会对个人产生实质性的影响。从根本上说,虚拟现实把人类带入新的存在形式,并在一定程度上创造着人类。它们可能会激发出新的社会监督形式。如果我们愿意,是可以使用模拟的虚拟现实,去操纵虚拟使用者的意识。那么,政治家可能会为虚拟见证人提供需要的总统候选人,持有反人道主义观点的心理学家可能会使虚拟使用者陷入挫败的心理状态,神秘主义者可以为自己的信徒提供更逼真的世界,诸如此类。此外,虚拟使用者可以使用虚拟装备来检测自己的心理状况,比如,捕捉在非常规意识状态下的快乐,或者为了研究自己过去发生的内心冲突,进行心理跟踪分析。如今看来,不使用任何虚拟现实来完成此类任务,似乎收效甚微。比如,使用大众信息工具及专业心理学技术——心理训练,使用麦角酰二乙胺精神制剂、格罗夫(Stanislav Grof)的"全息呼吸法"等。但是,大众传媒的读者(或听众)或者格罗夫的顾客的这种意识,是否属于没有被符号现实改变的意识形态?从实践角度看,虚拟现实有一种优势,它可以把这种影响变成个人的,准确地说是变成独立个体的同类意识。

在支配关系方面,虚拟现实技术提供了新的可能性。首先,它们可以把直接的社会监控及影响变成间接的。虚拟现实可以代替直接的要求和限制,使我们进入有趣的世界旅行,用自主的吸引代替深层次的、或多或少隐性的强迫。其次,在这里支配关系通过超越时间的、技术和心理技术的形式表现出来,也有部分是通过神秘主义形式。因为可以在现象的物理意义中建立非存在的东西,所以虚拟技术完全把人类带入了神秘和理想的世界。

两个虚拟现实引起了研究者的特别兴趣:在神秘现实以及虚拟现

实技术的框架下创建的特殊现实。简而言之,古典神秘主义世界观的本质可以通过下面三个方面表现出来:

（1）我们真实的世界、文化和理智——建设得不好或者并不真实,是虚假的;

（2）存在另一个神秘的世界,这里有另一些具有非常规特性的"真实"现实,在这个世界中人可以获得自我救赎和真实的存在;

（3）人可以进入神秘的世界,但是,为此他需要改变自己的生活,坚决地改造自我,通往此处之路是自我的精神修养,以及心理技术实践。

神秘主义者的出发点是确认拯救人类和世界的不是政治斗争、社会变革或自然,而是人在神秘现实中的转变,这种转变伴随着人类根本性的转变。

这种异常现象的心理学机制是什么？是获得真实的现实（世界）吗？问题在于,我们因所生活的世界而产生的感受,其本质不仅由对物质的外在印象决定,还由我们的"内在体验"（之前对世界的感受,以及关于它的知识）决定。这样,在神秘主义实践中,在心理技术工作的作用下,对外在物质的印象所产生的影响逐渐变得微乎其微：相关体验的回忆代替了它们,意识的特殊规则——只需要完全根据愿望去看、听及感受物体,而且不去改变它们,这些都加强了这类回忆。这些规则最终导致内在体验的完全现实化,而人类开始根据这一体验去经历（看见、听见、感受）事件。为了形成这种能力,神秘主义者通常要花费几十年的时间,但是某些具有天分的神秘主义者,会比较快地获得这一能力。其实这种体验在梦中也会出现,但是,在神秘主义者的实践中,他们会尝试进行被赋予现实意义的内在体验,此外,这种经验不应与神秘主义学说对立。另一个区别是,在体验实践时人并没有入睡,只是陷入特殊的类似梦的沉思状态,在这种状态中意识非常积极。而在普通的梦中,有时会完全没有意识,我们就会觉得没有做梦;当意识在很小范围内活动时,我们就会看见"自己的梦"。总之,对于"神秘主义的神"来说,内部世界取代了外在世界的位置。当然也可以说,这些人灵魂出窍了,为了神秘主义事物而疯狂。但是,一切并没有那么简单,研究显示,从心理上说,我们的梦和我们的幻想、对普通世界的印象是同样的真实。普通人进入书本的世界、音乐及回忆的世界中,而神秘主义学说的创造者则沉浸在自己的学说中。我们用自己的生命满足自己很多的愿望,比如让自己更舒服,改造自然,等等。对于神秘主义的天才们来说,他们的追求则是改造自己并只满足于找到真实的、神秘现实的愿望。

神秘主义的现实使人类进入对他们来说是同源的、非偶然的世界,进入"为他们创造的世界",他们出现在这个世界中,并实现其内心的理想和渴望。一些神秘主义者希望获得永生、和谐和力量;有些人追求光明和灵性;有些人希望获得异常的潜力,他们想要像鸟一样飞翔,同时出现在不同的地方,穿墙而过,穿越到过去或未来;有些人努力追寻神迹;还有些人开始从事超级生物优良品种的研究。我们再强调一次,神秘主义的创造者们进行了非凡的努力,经常花费精力去实现自己毕生摆脱不开的某些念头,把他们的身体、灵魂和心理带入这一改变,当外部的普通世界变得不重要了,内部世界就扩展到外部世界的范围。神秘主义者的经典方式,实际上是实现自我拯救,而且是在个人努力的基础上,不是在基督教的影响下,而是在神秘主义解读的基础上,正是这点让人惊奇。

如果把神秘主义现实看作一种论述,那么在神秘主义的生活经验中,神秘主义现实与揭示这一现实的神秘主义者本人的个性相符,神秘主义者根据彻底改变自我的心理学技术,建立真实的现实实践。神秘主义者个人实现对自己理想的完全管理。而虚拟现实技术范围内创造的现实不要求对个人进行重构,权力关系对自身产生影响,以及虚拟使用者及虚拟现实具有一致性。除此之外,还可以从技术革命的角度来研究虚拟现实。

虚拟技术和虚拟现实的创建可以被看作第五次技术革命的起源(第四次技术革命的起源可追溯为计算机和信息技术的发明)。在电子计算机技术出现之前,人类创造了符号,并且学会使用它们,但最初的符号运用都是手工操作的。随着以哲学和科学为基础的工程学和技术的发展,人类发明了机器,机器的使用开创了符号学的新阶段。在计算机及新的信息系统中,人类创造了新符号并通过机器来运用它们,大部分符号的操作已经不是由人自己直接进行的,而是由计算机来完成的。众所周知,这次革命成功地把一系列思想和设计操作自动化(计算和解决可算法化的任务),创建了信息和沟通的新类型、管理和交流的新方法,等等。同时还出现了一种新现实,即计算机现实。如计算机游戏和远程会议,这是完全与艺术和游戏现实相似的一种现实:它们不仅会让使用者进入一种情节丰富的特殊世界中,这个世界与艺术及游戏的世界非常相似,它们还可以让使用者积极参与到事件之中,而这也是所列的两种现实的特点。现在,我们处于第五次革命的开端,即虚拟现实技术的创建阶段。这些技术在一些实际领域的应用已经说明了这一点,但是重要的仍然是符号系统运用的新潜力。计算机及专业设备不仅可以使人进入机器系统中,还可以把机器和计算机划入人类的行为和活动中。换句话说,创建了一种"人–计算机–机器"的共生,而这种共生越来越多地成为创建及使用符号的工具和手段。人的角色在这里是令人难以置信的:人,一方面作为虚拟使用者是这类共生的构成部分,另一方面仍然是为自己的目的使用这种共生的人。比如,人们通过军用或体育专用的虚拟训练机大幅提高了自己的培训效率,进行学习和交流,在这些过程中发现符号的新操作方法。下列四类因素提供了操作保障:虚拟现实系统的研制者、虚拟现实的使用者、计算机及专业技术。在虚拟世界中模拟真实战斗或体育场景,至少要在下列四个领域中进行反馈和技术再现:战斗或体育训练的真实试验、模拟战士或运动员在相应情景中的感受、模拟反馈联系(情景-活动,活动-情景),以及虚拟现实技术的设计(扩展到一系列复杂任务,如计算法、程序设计、创建技术子系统等)。重要的是我们看到,这些活动中有90%属于符号活动,而且创建的是新符号系统。此外还要清楚,这些新的符号系统体现了人类活动的一些观点。换句话说,虚拟现实技术可以创建新的符号系统,包括人类活动和行为的观点和片段,提供了把人类及其活动列入机器系统的可能性,同时也把机器系统及计算机列入人类的活动中。新技术革命首先获得了符号学和信息学的特征。

一些研究者担心,创建虚拟现实为伪信息(非真实)的产生提供了基础,甚至带来了混乱,因为相对于普通世界,很多人将更倾向于虚拟世界。此外,虚拟现实还可以被用来操控人类的意识。这些形形色色的问题在会议上都有所讨论。那么,如何对待这些问题呢?

虚拟现实及技术的分析显示,在人类活动的这一新领域中出现了一些典型的问题,如操控人类意识的可能性,过度依赖虚拟世界的危险,各种现实之间的界限模糊,等等。但是,分析同样也确认了,在任何情况下,在不远的可预期的未来,与其他符号现实相比,虚拟现实并不会更加危险。大部分虚拟现实中出现的效应、情况和事件,在普通的符号现实、艺术作品、心理技术、神秘主义技术、意识形态等领域中也可能会表现出来。从这个意义来说,在虚拟现实的世界中旅行并不比在普通现实或梦境现实中更危险。不论是在真实世界还是在虚拟世界中,都可以完全地经历某些事件,都可以碰到神秘主义观念认为的不体面的或有害的事件,如暴力、淫书、低俗的流行或陈规旧套的政治模式,在我们的文化中早已描述过的歌迷、影迷,甚至是崇尚淫书和暴力的人。从根本上说,这些内容历史渊源已久,当人类还在古希腊时期就开始绘画并描绘裸露的身体,在文学作品中描写私密生活;在那些遥远年代就已经开始"偷窥"并描述一些从美学的原则来看不体面的、有害的东西。

还有另一种论点同样没有说服力,即认为虚拟现实与普通现实的相似导致了普通生活和带有虚假现实的真实信息的混乱。虚拟使用者会不会完全忘记自己不是处于普通现实中,而是处于虚拟的世界中?这未必可能。正是由于对虚拟世界绝对程式化的相信,虚拟使用者永远不会忘记这一程式化,他可以完全生活在虚拟现实中,自由行动,比如实际上他不会担心自己在模拟的战斗中被打死,或者必须要对自己在虚拟世界中所犯的错误负责。当然,被带入虚拟世界中的使用者能够体验到完全真实的感受,而且可以在很多虚拟现实的情景中主动采取行动,如同在普通的生活中行动一样。正是在这一基础上,虚拟现实模拟练习器表现出了一定的高效性。不可否认,正如上面所指出的,在模拟的现实中可能产生某人想要利用的事情,包括操控虚拟使用者的意识。但是,使用其他工具也可以成功地操控人的意识,比如以大众传媒或现代心理学技术为基础创造的某些工具。

我们回到这次会议来作个总结,会议提出了对"虚拟现实方法"进行研究和分析的必要性。这一领域面临的方法学任务是:分析虚拟现实系统和技术研究和处理过程中出现的问题,并提出相应的解决方法。

2. 社会设计

社会设计指的是什么?它是如何出现的?一些研究者认为,社会设计一直存在,比如柏拉图认为古希腊时期的"国家"就是最早的社会设计之一。还有人认为,苏联的社会设计是从20世纪二三十年代才开始出现的,当时形成了相应的意识形态,在其框架下提出了设计新型社会关系、新人类、新社会文化的任务,这些同样也属于当今社会活动的内容。还有一种观点认为,社会设计只在现代才形成,因为在当代它才开始被认识,并形成一种模式,且根据这种模式有针对性地进行意识形态、方法论以及社会方面的设计。下面我们详细分析一下这些观点。

德国文学家赫尔佐克(R. Herzog)认为:"在亚里斯多芬尼斯(Aristophanes)这里可以找到后来一些问题的核心——乌托邦空想设计及其后果之间的关系。"[137,99页]"乌托邦设计"的表述在一系列研究人员中开始流行,不仅有柏拉图的"国家"型哲学标准建构或者典型的文学乌托邦,比如莫尔(Thomas More)的"乌托邦",还有科学幻想的乌托邦或者被学者们理论化的未来学。但是,哲学乌托邦、文学乌托邦或科学乌托邦是否为同一层次的社会设计? 一方面,乌托邦预先提出期望的或构想出来的未来("设计"这个词的词源学意义——向前抛出的,针对未来的),并成为一系列实践活动的动因,要求进行合理化、美化及结构化的设计。另一方面,通常而言,乌托邦是不会被实现的,而且它是属于另一种非设计的本体论。如果制定设计的前提条件是实践活动的"逻辑",即针对创造人工制造物的实践活动(虽然设计本身属于构思、研究分析、符号学结构设计的实现),乌托邦完全是一种自发的思考、构想和想象。古德维恩(Барбара Гудвин)写道:"过去有许多乌托邦主义者,并不具备严肃的知识储备及高度的文化素养,他们对美好社会的幻想表达了其对自由、公正、民主的渴望。另一些人把他们的幻想变成理论及政治宣言。乌托邦主义原则上是双相的现象,但是,今天在这个纯理论主义学派和专家们的时代,我们忘记了乌托邦观念的第一相,而且集中到第二相——理论性及政治性——之中。"[137,46页]谈到创造乌托邦的动机,亚历山大(Л. Александер)特别指出:"倾向于运用智力手段,努力思考、合理分析并美化事实,喜欢批判地分析存在的东西及其选择的矛盾,相信改革并积极地参与到相关活动中,促进社会和谐,所

有这些的必要性和可能性是毫无争议的。"[137,33—34页]

关于社会乌托邦主义与实践设计方针的交叉,最早体现于20世纪初建筑设计产生的交叉。众所周知,在20世纪20年代社会设计以功能主义建筑为代表,还有一些以"创造新生活及新生活组织形式"为己任的其他流派。韦列夏金(И. А. Верещагин)指出:"我们感觉良好,可以并且也需要对一些任务提出建筑学的要求,也可以对任何东西、任何人及其代表提出要求。现在我们建造的不仅是新工厂,还创造了新文化和新人类。"[116,130页]试比较苏联心理学创建者维戈茨基(Л. С. Выготский)所说的"未来毫无疑问不仅在于整个人类在新基础上的重构,还在于人类的'再熔炼'"。从实践角度来看,这一宗旨被贯彻到了公社、俱乐部及劳动宫的设计和建造中,需要在这些地方建立新的集体生活,巩固无产阶级群体的团结,开展劳动者的广泛交流,以及加强其教育和发展。对创造新生活的批评在20世纪30年代就开始出现,而且在当代仍然作为历史经验一直是研究的对象,包括对20世纪30年代之前的劳动者及公社之家的批评。[131]但是,在新形式的生活和服务的基础上,创造新人类或根据居住地设计并建设公民集体及共同体,这一理想并没有消失。在第二次世界大战后所谓社会服务小区的概念和阶梯系统的框架下,苏联再次出现了这种现象。[130,286页;129;131]

关于公共小区的概念同样遭到了全面批评,因为实际上小区中人们之间的交流并没有实现,邻居间的联系对于公民来说意义并不大。在城市中人们在闲暇时间并不总是宅在自己家里,他们是机动的,积极到访不同的服务机构,并且不怎么喜欢与邻居交流,而是更多地与朋友、工作中有趣的同事交往。是否不应该认为这种设计试验属于社会设计?很明显,这里有设计目标,即建立新的社会关系——新人类、生活新方式、新的社会机构和组织。事实上,在谈及建筑和城市建设活动时,这类实践并没被认为是社会设计。

　　20世纪60年代中期,在工艺美术设计方法学和设计方法学的范围内,问题完全以另一种方式被提出。人们不再只认为设计是建筑或城市的设计,而是把它看作一种活动、一种社会组织行为,同时科学研究及设计也开始大量地通过社会途径来进行。在工艺美术设计方法学以及设计方法学的框架下,设计观念开始考虑到社会管理,以及一系列社会问题决策方式的选择。特别是,在萨佐诺夫(Б. В. Сазонов)、奥尔洛夫(Орлов)、费多谢耶娃(И. Р. Федосеевая)、拉普帕波尔特、罗津这些学者的研究中,分析了关于"社会服务的功能系统"观点。[127;129;130]以现代的观点来看,这是社会设计的初期设想模式之一(方法学的思考),但是它被看作另一种活动的类别——"局部的方法及活动理论"及"城市设计的方法学"。为了使社会设计的划分及建构成为一种独立的活动类型,必须结合方法学与社会方法学来思考设计方法。这些工作都是在20世纪70年代完成的。

　　在这一时期之前,已经形成了一些实践,其结构也与社会设计有某种共同性,如社会管理、社会规划、社会过程,以及结构的设计和建构、工艺及城市建设的设计。一方面,在这一时期积累的、越来越多的、社会学方法研究成果对这些实践项目进行了描述和说明;另一方面,在技术系统、准工程以及设计概念的影响下建立了这些活动的策略。格拉济切夫写道:"想象一下,在自己漫长的历史中,社会设计被看成一种管理功能,但是从某种程度上说,它并不是有规律的活动;社会逐渐产生了对社会设计的客观需求,在管理任务发挥稳定效应的那些传统管理过程中开始被认知。这并不奇怪,从20世纪中叶起,社会设计的相关研究就开始展开了,而且最初是通过工艺美术设计开始发展的。"[120,117页]

　　利亚霍夫(И. И. Ляхов)在20世纪70年代初就试图概括这些积累的经验,他说:"认识此类活动所遵循的通用规则,它们完全是假定性的、预测性的,这一科学研究的新方向可称作社会建构。通过社会研究,我们获得了关于社会项目条件的知识,社会预测揭示了项目发展的趋势,社会设计指出了合理变革的实现形式。"[126,3页]在这些工作中,形成了一系列社会设计的原则,比如原始任务的分析、项目系统提出的要求、建立联系的依据、核心部分的划分、同等替换,以及自我实现的标准化要求。[126,4—8页]

在这些工作中,他也提出了一些关键词语,比如"具体的社会研究""预测""社会规划的合理化改变""系统方法"等,并把所有这些与建构的观念联系起来,利亚霍夫从本质上提出了社会工程学框架下的全新活动。为了继续进行研究,还需要找到更适合的等值术语,利亚霍夫也提到了社会设计,只是暂时并不认为它很重要。我们还需要提出另一个概念,因为术语"社会建构"没有反映出整个20世纪70年代所发生的主要过程,即在社会认知中工程学的聚合体和活动组织被替换成了设计。因此,在20世纪70年代末至80年代初,这个新方法就被确定为另一个名称——"社会设计"。

在科甘(Л. Н. Коган)及帕诺娃(С. Г. Пановаз)对一系列设计方法学观点的描述中,社会设计已经获得了全面的评述,并且社会设计的主要问题和课题也被指出了。正是在这里,社会设计一方面与标准的预测相关,另一方面与规划和纲要相关,而且是整体性的关联,在设计的框架下所有这些活动彼此相关,对社会管理进行了解释。这些作者在研究中写道:"计划、程序设计、规划结合成一组设计方法,将对未来产生积极影响,并完善社会过程和现实管理。"[125,71页]如果计划和大纲被看作按预定目标阶段性变化的发展过程中的客体,那么设计则是作为"功能运行过程中的客体,把计划和大纲具体化成一个整体"。[125,73页]社会设计与预测是完全不同的,预测是"活动的认知方法,应先于社会设计以及计划和程序设计,并应不断提高它的'论据充分

性、客观性和有效性'"。[125,73页]

　　既然在这项工作中,社会设计被阐释为一种社会工程学活动,那么预测就应该为其提供大量说明。比如,它应提出"哪些规划已经实现,哪些没有实现",提供"目标实现的可能性和相关信息"及"采取决策所需要的依据",并揭示社会设计可能带来的后果。同样,这些作者从方法学及设计模式的角度出发,把社会-工程活动放在系统方法分析的范围内进行研究。

　　关于社会设计的类似概念,在多大程度上符合20世纪70年代及80年代初的设计实践呢? 这个问题并不简单。对这一时期的设计所进行的分析显示,如果系统方法及设计方法学概念开始广泛地应用到社会管理及规划、城市建设、工艺美术设计和其他有针对性的社会活动中,那么在所有这些实践中通过预测能够获得的东西实在是有限。实际上,在这类活动中也很少应用社会科学(首先是社会学及哲学)知识。虽然这一时期的社会设计工作强调了必须要在社会设计中广泛应用社会哲学知识,并且要研究社会标准及社会评价原则[125,78页;132]。

　　由此可见,在20世纪70年代得到发展的关于社会设计的概念并不是高级设计实践的概括,而是设计新领域的一种自我设计和构想。同时,"公共服务的功能系统"或者组织设计,或者这一时期创建的工程活动心理学设计,这些都不仅真实地出现了,还经常在实践中得到实现。这里可以提出一些更普遍的问题,比如:社会设计是否实现了社会问题的设计和社会学方法? 目前这类实现可以完成到什么程度? 任何一种现代设计是否都是社会设计? 从这个意义上说,需要对社会过程进行分析,或者考虑设计的社会后果。

　　社会设计的最新进展情况是这样的: 在20世纪七八十年代初形成的社会设计概念基础上,在管理科学框架下运行的社会设计规则得到了发展。与此同时,在方法学和文化学基础上,形成了可供选择的社会设计观念,并建立了独立的实践模式。但是设计方法学在继续发展,从本质上说这一方法可以被看成是社会设计的第三个方向。下面我们来分析一下关于社会设计的这三种解读和一些方向。

行政管理科学框架下的社会设计

在当代,这类设计可以划分成两个主要方向:一个方向更大程度上依靠哲学知识,而另一个则以社会学知识为基础。然而,这两个方向非常接近,而且关于它们的很多研究和理论规则是交叉的。它们的共同点是认为社会设计是社会工程的一种,而且应该作为解决社会任务的有效且现实的手段。这些社会任务包括:"将社会公共关系转变为共产主义的关系,完成社会集体构成和城市的改变,消除民族间的不平等关系,注重个人发展,加强个人对未来的信心,等等。"[139,64页]从我们的观点来看,这些要求看起来极其乌托邦。后来更晚些时候提出的社会目标也同样无法实现,这些目标是在标准化的预测中提出的,被称为"预测性社会设计"的一个阶段和方式。[138,84—126页]从社会设计所针对的这些目标出发,很容易建立与20世纪二三十年代创造新生活的乌托邦观点的直接联系,以及建立与更加乌托邦的20世纪40—60年代的某些观点之间的联系,这一时期的观点可以被称为意识形态主义和宣传。

同样,在我们所分析的社会设计思想方向上,社会实践变得完整,但是这种实践并不切合实际且自相矛盾,存在一些问题和危机,在20世纪70年代萧条时期尤其突出。这些意识形态所宣扬的、我们所希望的理想实践,是哲学家和社会学工作者在办公室中"设计"出来的。

如何在这一思想方向上提出社会设计(在这里它被称为"预测设计")? 德里德泽(Т. М. Дридзе)写道:"预测(问题–目标)性的社会设计是一种制定社会前景问题决策模式的社会技术,它应当考虑到可以获得的资源以及社会经济发展的指定目标。在制定计划前,社会设计的目标是行政管理决策的科学依据……"[124,92页]德里德泽认为:"我们提出的工艺未经详细考查的原因在于,三个环节的行政管理循环系统中缺少重要的社会设计这一中间环节,这个环节蕴藏着提高科学论证性的重要潜力,而且标志着科技进步基础上的社会过程管理有效性。"[124,89—90页]

在这一阐释中,社会设计不仅向标准化预测和行政决策的科学依据靠拢,而且实际上与其融合在一起。它的主要特征从设计中突显出来,即新事物的构想及设计的建构。从本质上来说,德里德泽及其他研究者所理解的预测性的社会设计并不是一种非传统设计,而是设计前的研究及设计依据。此外,按照这些作者的观点,社会设计可以研究社会问题和任务的解决模式。当然,可以首先假设这种研究与其他类活动一样,但是正是关于社会设计的这一重要作用,在我们的分析研究中却很少被谈及。在这种情况下,为什么在这种情况下的预测性社会设计是一种设计,而不是社会学的设计研究及寻找采取行政决策的科学依据? 有时研究者们会直接谈到这点:"我们说的是另一件事——为规划部门(不论是中央机构,还是地方机构)建立科学的'半成品'。预测设计的功能是为了确定各类行政管理措施的前景而进行的全面的社会研究,并提供科学基础。"[124,104页]

针对文化学和方法学的社会设计

对于在行政管理聚合体的框架下进行自我认知的社会设计,设计的模板首先是社会学家或哲学家最经常从事的城市建设活动及社会规划。如果谈到把社会任务及要求具体化,将其融入相关城市建设及社会项目中,那么这些活动的有效性就会非常低且不确定。另外,这类社会设计的最终制定和实现,通常由于缺乏前提条件而推迟到将来(近期或更遥远的未来）：必须提前研究各种层面的社会存在，了解计划、大纲及项目的实现方法，等等。在工艺美术设计、实践艺术领域、展览活动、公用房设计、方法学应用领域、游戏运动及一系列其他领域都形成了社会设计方面的实践活动，其代表是传统释义的社会规划及城市设计。在20世纪80年代末，出现了对这类实践活动的专业认知及社会设计新方向。[132—136]

与上述这一方向相对的新方向也已经形成。东杜列依（Д. Б. Дондурей）发表了关于社会设计的第一部作品集，他在其中写道："我们来设想一下未来的趋势，其发展的规律过去和现在都已经很清楚，我们要搞清楚前景问题和备选的方法以及最优决策（探索性的及标准化的预测），对趋势类复杂行为的研究，对比社会问题与社会目标的树状网，这些社会目标应尽量权衡未来决策可能带来的后果，就文化领域而言，这些都会产生显著的结果。"[123,3—4页]在这里，问题不仅在社会领域，而且主要在社会设计的另一个战略领域中。正是根据对文化以及方法学的不同态度，把新方向进行了划分，并确定了其特点。社会设计看上去是一种特殊的方法学，但主要是"文化规划范围内的活动突破口"，在这里进行了关于文化的某种子系统（项目）未来状况的分析、研究和推广，它们是一个不可分割的整体。[123,4页]研究这种新方法的另一个代表格尼萨列茨基（О. И. Генисаретский）指出："为了更有效地监管文化过程，必须关注社会设计，而与这种文化过程紧密相关的是，目前观察到的社会文化功能的发展趋势以及分离成为社会文化独立领域的精神文化……"[118,32页]

这样看来，不是社会管理，而是文化对社会设计产生了影响。我们现在来分析一下，在社会设计（以及其实践发展）的认知方面，是如何解读与此相关的社会战略，准确地说是社会文化活动的战略。格拉济切夫认为，我们的方法是建设性的。这就意味着，我们对待城市及其文化,并不像对待某种现有的且由我们决定的东西,而是要像对待事实一样,如果我们遵循这一事实的本质来行动,就可以影响到它。也就是说,一方面我们可以,甚至在很大程度上改变公民的文化积极性(实际上要激起他们对文化价值的兴趣);而另一方面,只有当设计、规划或直接影响(建立模仿的榜样和示例)一开始就被我们所接受,而且作为非常复杂的拥有自己独特生命力的整体的构成部分时[121,10页],设计才有可能实现。

整体概念的提出有些不同,格尼萨列茨基开始在其框架下研究社会设计的战略。他认为"社会政治"就是这个整体。[118,33页]

在说明社会设计的特点时,该研究方向的作者使用了完全不同的管理科学框架下的另一些关键词语:不是个体全面发展的抽象性要求,而是样板的完善及生活品质的提高,改革和更新的能力,文化中"消费的"观念转变为"创造性"和"开创性"观念,激活民众自身的创造力并关联到文化过程中,等等。我们可以认同,这类方针和要求更为现实。他们不仅表达了社会设计者本身的实践活动,而且把社会发展的观念引入社会发展和活动的最直接的领域,而不是单纯地放入抽象的未来。社会文化活动的方针带来了与技术系统及组织行政管理不同的另一种对待设计对象的态度。在这里,很难提前进行严格的活动规划。在社会文化活动的框架下,对社会现实产生各种影响的可能性取决于该活动的参与者(学者、工程师、设计师、使用者等)如何建立社会现实,并选择以何种态度来对待它。第一种情况,活动参与者努力理解社会对象的行为,但不是为了对其施加影响,而是为了使其本身正确地反映社会过程;第二种情况,他们将尽力对社会现象施加影响;第三种情况,需要对社会变革进行监控;第四种情况,改变社会结构;第五种情况,组织一定的文化主体共同行动;等等。我们接下来研究,这一领域的代表们如何根据这一社会设计,决定社会文化行动的战略及逻辑。[121]

第一，社会文化活动应该具有建设性，我们上面已经有所阐述。

第二，社会文化活动不是针对一定级别和类型的对象，而是针对个体的全部。[121,12页]东杜列依专门讨论了这类个体的特点，他认为，在文化中，这些特点是：现行文化模式具有多样性，缺乏关于文化的实测信息，目标矛盾，文化原则具有非确定性。[123,11—219页]关于第二个观点的思考使我们得出了下列结论："代替表象（组织机构的结构系统及其之间的联系）在我们面前出现的是现实性——各种条件的组合、能力范围、为确保成功所采取的措施或设计活动的多变性。"[121,12页]第二个观点是对待客体的整体化和个性化的观点的互补原则。一方面，存在某些社会文化活动的共同规则；另一方面，在与我们息息相关的领域中，所有客体及任务都是独一无二的。与自然科学知识和规则不同，社会学知识具有双重地位：它们是社会对象的假设性概念和说明的手段，借助于它们对这些客体（社会现实的运行及发展）进行解释，但是社会设计应该进入现实，而不是进入假想的客体，当然，必须要在真实客体的设计过程中来研究它的假定特性。

第三，社会设计师不是设计的创造者，从这个意义来说，社会现实不能被看作简单的改造对象，而是集体行动的积极参与者，他们应该不仅研究设计自己的对象，还要与其相互影响，甚至要向这些对象学习："……与城市相互影响，但不是对于某些公民的影响，而是对他们整体的影响……我们说的是公民社会各年龄层的针对自我的社会教育（包括所有管理层）。"[120,17—18页]

第四，社会文化活动并没有使自己的对象变成单纯的社会过程及现象，从物质条件、组织条件及其他条件（广义的"环境"）中脱离并抽象出来，而是与自己环境共存的社会过程和现象。[121,12页]

第五，社会文化活动以及与其相关的社会设计不可能只有单一的方案，而且也不仅是多方案的，还具有一定的灵活性，会在进程中改变战略(拟定的社会项目方案的替换,或者是方案的另一种组合,制定新设计决策,等等)。实践活动显示,在社会规划的不同阶段都必须启动所有的方案。

第六,通过社会政治机制、社会规划、社会设计,以及直接的社会影响,社会文化活动得以实现,而且它的这些构成可以在一系列情况下变换位置。此外,一些构成的实现导致了创建另一些构成的必要性,比如,社会规划使社会设计必不可少。现在,社会设计在社会文化活动中占据不同的位置:社会政治-社会规划-社会实践活动,或者社会设计-社会大纲-社会设计(第二类)-社会实践活动,或者社会大纲-社会子系统-社会设计-第二层社会大纲,或者社会实践活动-社会设计-社会大纲。[121,58页;118]

应该注意的是,社会文化活动的每一个构成,其有效运行的前提条件是相关工艺的实现。

第七,社会文化活动的建构不是单一意义的过程,在活动之前应当创建大纲性的活动方案。这些不同方案可以分别放入三个空间坐标:强硬现代化、温和现代化,以及各种非现代化方案(如原结构的重建、数量级别的保持等)。首先解释强硬现代化或温和现代化的概念。强硬现代化的观点是定位于超前文化的样本(比如,西方的样本),创建并实现现代化大纲,决定保障实现这些大纲的资源。强硬现代化大纲要求对社会改革和现代化感兴趣的居民组织及个体(精英)给予支持。

使用样本方案的优点是,决策相对清晰,因为存在样本,而且可以依靠拥有国家支持的精英们。缺点是加深了精英与保守派之间的冲突,没有考虑到历史的局限性以及现实情况,特别是,在今天居民和个体还没有准备好接受西式现代化。

在温和现代化的方案中,创新的提议可以在一系列因素的作用下进行修改。要求考虑到历史出发点、传统和价值观、必须采用文化生态学的观念,因此要满足不同居民群及不同民族(人民和民族)的需求和利益,要跟踪筹备状态,了解居民及个体对新措施和其他现代化影响的适应程度,要获得青年的支持,创建活动新领域,并获得低收入层次居民的支持。温和现代化的战略要求具备两个前提条件:(1)社会活动的主体应当具备较高的文化素质;(2)他们能够理解现代化变革。现在这两个条件或完全或部分缺失,但是这并不意味着未来执行正确的决策时,不会产生这些条件。而且,在国内,一定时期内仍将保留传统的权力结构、主体及社会问题的解决方法。因此,实现纯粹的温和现代化战略未必不可能。谈到过渡期的多样性,温和现代化战略应该与问题的传统解决方法相结合,而且要结合单独个体实现上述(强硬现代化或非现代化活动的)战略的努力。重要的是,保留温和现代化的主导方针,尽可能使其他方法也遵循它,而且,温和现代化的战略也要适合社会及文化任务的其他解决方式和方法。我们回到社会设计及其认知的这两个方面。

我们分析的这两个方向实际上对社会设计的科学保障作用的理解也有所不同。在第一个方向上,下面的这些可能性被夸大了:认为建立在相关具体本体论研究基础上的调查以及标准化的预测,可以确保社会设计及社会管理的有效性。第二个方向的代表直接与这一观点进行辩论,[123,22页]他们注意到,实际上在社会设计的实践中,社会科学知识的应用已经到了最低的程度。

现在,使用这些资料我们可以来讨论社会设计的问题。很明显,这是一种设计而且是社会性的设计。在有关社会设计的文献中,存在两种观点:社会设计针对的是社会问题和任务,因此它是社会性的;社会设计是与社会现象、过程、系统和有机体相关联的。[113—115]这两种观点都没有经受住批评。比如,城市设计或工艺美术设计难道没有在某种程度上面对社会问题的解决,并与社会过程和系统的研究产生直接或间接的关联吗？众所周知,今天在城市建设设计及工艺美术设计中,都要进行社会学论证。由此可见,根据所列出的特征,城市设计具有社会性,并被称为外部设计,如系统的范围、条件、价值参数的设计,当然还有许多其他类设计活动。工艺美术设计或组织设计与社会设计到底有什么区别？它们之间的区别不是结构性的,而是主导观点及设计本体论的区别。工艺设计是物质环境、物质世界的设计,而组织设计是各种意义上的组织,如采取决策的水平、活动及组织标准的体系、管理程序及信息交流,诸如此类。这两种情况都是旨在解决社会问题,立足于社会过程及系统。可以假定,社会设计可以指定自己的主导利益和本体论——社会的人造形态以及社会的人工产物本身。那么另一个问题,活动与社会的相互影响、社会标准及组织等,这些指的是什么？

总的来看,社会设计是社会性的,它应该有自己的主导观点以及设计的本体论。那么现在我们谈的是哪一种设计呢？很明显,是关于"非传统"的设计。众所周知,非传统设计在方法学范围内与"传统"设计相对立。[128,203页]传统设计的特点是：设计和加工领域出现了劳动分工(设计的实现领域),使我们可以对设计客体的所有主要过程进行研究,并把这些过程与形态学结构相比较,最终指出创建设计客体所必需的技术构成。对于非传统设计,所有这些方面或者没有被完成或者只是部分地实现。此外,非传统设计还有四个主要特征：设计的构思(规划并创建新客体及其新质量和状态),设计结构化(用专门的设计语言研究客体的构思,要求有分析、合成、建构、协调及实现的过程等),设计的宗旨,以及设计的本体论(找到设计与实践活动的关联,设计与科学、艺术及其他类活动的对立,赋予设计认知一定的价值,等等)。从这一观点来看,它还是设计吗？正如上面已经指出的,设计的乌托邦也提出了设想和结构化,有时甚至是实现的方针,但是它们都属于另一种非设计的本体论。埃利亚斯(Elias)认为："在最近100年间,不论是愉快的还是可怕的人类幻想,它们实现的可能性迅速增加,因为现在的情况与19世纪相比,更加难以确信,哪种乌托邦样本可以实现,而哪种不能。"[137,114页]罗津认为,在社会现实中呈现出的一些趋势,从社会发展的角度来说,这个异想天开的样本是不可能实现的,他反驳了"乌托邦"构想。[137,116页]

还有另一个问题,社会设计与社会规划、社会程序设计和"目标纲要方法"的区别,在很多文献中,这四种活动经常混淆在一起。把社会设计与社会规划,甚至与目标大纲方法相提并论是有一定依据的。实际上,在行政管理科学的本体论上,计划可能被看成是一种个人设计,而目标纲要方法是作为一种规划的类型。这类观点是否正确呢?未必。当然,设计、计划及纲要有一系列共同特征:所有这三类活动都具有各自的实现方针,而它们的创建都要求进行结构设计(建立结构,协调客体的组成部分与制作客体,等等)。但是,还存在根本上的区别。根据设计的本体论,设计规定了完整的对象,并且描述它的建构及功能。计划及时提出被计划客体的状态,以及由一种状态到另一种状态时,所使用的某种转换方法及指令。纲要是客体由一些状态转换到另一些状态的专门操作任务(程序–算法)。目标纲要方法是独特的程序设计及规划的系统结构方案,并不能归于纯程序设计,也不能归于纯规划。为了理解所分析的这个问题,还需要指出另一种情况。在设计过程中,特别是在非传统设计的过程中,通常会运用科学研究、工程学分析,以及规划和程序设计的要素。在程序设计过程中,还要使用设计研究、规划,以及科学研究。但是,这是否表示,设计变成了科学研究,或者规划转变成了设计或纲要设计?很显然,虽然所列出的每一种活动都包括许多其他东西,比如拥有各自的工具或发展阶段,但是它们并没有发生这种转变。格拉济切夫提出的社会设计战略,在社会文化作用的范围内,辩证地连通了社会设计、社会规划及社会纲要设计。这些活动互为条件,然而却保留着各自的特点及逻辑。

由此可见,社会设计不能被划入规划、科学或目标纲要方法中。需要在设计及社会科学的传统方法学中对社会设计进行说明。方法学的宗旨表明:在设计方法学及社会科学方法学的各种概念基础上,应该是可以有意识地对社会设计进行控制的。只有在这种情况下,才能成功地克服社会设计的两个主要缺点:(1)设计合理性偏低,社会项目或者是空想的,或者被一些社会宣言、理念及纲要所替换;(2)缺少社会评价标准,即专业社会观的消失。实际上,研究显示,在设计的进程中,主导社会设计观对设计客体提出的最初的社会需求和价值或者被歪曲,或者消失。比如,20世纪二三十年代苏联的社会设计提出了建立新文化和新人类的目标,而实际上这一目标并不是建立新的社会关系或新人类,而是建立新的工厂、公共宿舍、俱乐部、文化宫;20世纪六七十年代的住宅小区或实验小区设计并没有带来所设想的社会化和交流的新形式,只是产生了新的设计图和公共设施,区域性的社会文化改革在农村也落空了;等等。从上面所阐述的内容来看,社会设计实际上在今天才真正形成。这是一种非传统的设计,其中不仅建立了新的构想和社会对象(系统、结构、关系、更高质量的生活),同时还有意识地在方法学的基础上采取非传统设计的主要的原则和方法,并尽力保留或实现原始的社会要求和价值。现在分析一下,从设计的现代观和社会文化活动的本质来说,这两个条件(设计方法的实现,以及社会需求和价值)在社会设计的实践中是如何实现的。

需要强调一点,目前社会设计师的设计技能水平是非常低的。虽然参与社会设计的还有社会学家、经济学家、文化学家,但是他们通常都不大熟悉设计,而之前参与设计的建筑师、工艺美术设计师及系统技术工程师,又缺少社会文化科学的素养,这些或许可以部分地说明上述观点。那么今天,社会设计师们在自己的工作中实现了哪些设计过程呢？遵循了哪些原则呢？首先,在设计时,他们构思了新的客体、新质量的社会生活,并对构思的客体进行分析研究,使其满足相关组织对客体提出的要求,以及对客体的主要元素及其关系进行结构建设的要求。从根本上说,正是上述这两个过程限制了现代社会设计师们的设计文化。分析显示,社会设计的两个过程都有一定的特点。一个特点是,社会设计师构思客体,通常会在其中贯彻自己的价值观和需求,经常无法发现或者忽略设计的其他"潜在参与者",比如订货者、消费者、相关审查机关的价值和要求。另一个特点是,与其说设计师是根据其固有的知识,如社会及文化知识来解读并构思新的客体,不如说是根据文化中已有的或已设计的现有样本建立相关原型。在研究阶段,这个特点会体现在客体的主要构成要素中,以及其要素之间关系的建立和描述中,而且,这些关系和联系与其说是真实产生并建构的,不如说是实际上就存在的。难道设计师不总是这样工作吗？难道他并不是自由地在进行设计吗？绝对不是。在传统的设计中任何一种设计的创建都应该以自然过程的知识为基础,甚至还有技术及工艺的知识。例如,机器的设计是以机械、材料、机器制造技术的知识为基础的。

不论这有多么奇怪,社会设计师们正是凭借着最低限度的社会文化科学知识来设计新的联系和关系的,他们完成的工作并没有足够的依据,他们只接受想要的东西,而不是真实的东西。这里运行着独特的"设计拜物主义":所构想出来的东西,在纸上写出来或者画出来的东西,比如活动、工作、人们之间的关系图等,这些都会获得实现,都会被当作已经存在的或可以实现的事物。仿佛只要客体在认知中被提出,并经过详细描述,那么它就可以被推广到社会生活中。谁也不会反对,这里所指出的设计过程是设计工作和思考的一个方面,但是,为了使社会设计成为现实主义的并且是可实现的,仅具备这些显然还不够。一般来说,现代的社会设计师,通常极少关注其设计实现的可能性。他经常把设计理解为一种构思,而客体的研究及实现则交给其他人。

但是,为什么社会设计者们几乎不使用社会科学知识呢? 一个主要的原因是,这些知识无法满足要求。众所周知,社会科学知识,如社会学、社会心理学、政治经济学、文化学、政治学等学科知识,这些主要都是描述事物存在和形成的状态,而作为设计者需要了解,在近期或更远的未来不断变化的条件下,社会现象(如民众、群组、集团、社会机构等)将如何呈现。现在,社会预测效果有限,这已经不是什么秘密,社会预测的正确性在很大程度上低于自身还不完善的社会理论的正确性。同样重要的是,设计师用自己的设计启动了社会文化及其变化的过程,并对其施加影响。

现有社会知识的主要资源的另一个不足之处是,它们没有考虑到社会现象的价值论本质,即没有考虑到人类的本质,以及人类与价值定位和目标不符的行为本质。没有考虑到下面这些构成部分对于人们通常的认知结构是多么重要: 环境图景及时间类型、生活的规划、意识的原型等。不了解这些规律,社会设计师就不能在设计中确定人们真实而复杂的行为。

社会知识无法解决对于设计师来说很重要的一些问题,比如物质及其他条件——社会基础设施、各种制度、各种规定标准或奖赏,如何影响社会过程的改变以及社会现象的运行特点。

最后,社会知识主要描述的是相互影响的过程,或者是观察到的大量客观现象,比如居民迁移类、社会文化动态类、居民的社会人口学构成类现象。同时,社会设计师越来越感兴趣的现象是作为个体的人或群组的文化动机、价值选择及倾向、人们与变化过程的对抗等。

还有一个原因是,社会设计师们在客体研究中没有考虑"新客体的研制技术"。在这里,问题不在于缺乏知识,因为一般来说,今天我们并不清楚社会计划的实施意味着什么,它是由哪些因素构成的,经过了哪些阶段,社会设计师像制订普通计划一样,不会去考虑这些。但是,在社会影响的范围内,设计和研制之间没有任何分工,不论是在传统设计中,还是在相对固定的研制领域本身。此外,社会项目的实现包括一系列过程,比如设计动因,不断吸引不同人群、刊物或政府部门的项目,在设计中建立基础结构,不同研制部门的组织工作,克服一定居民群或机构的矛盾,等等。这些过程完全没有被纳入项目实现过程的通常理解范畴,特别是项目本身可能不止一次地被迫调整。

我们是否可以想出某种有效的组织和社会设计?今天是否会存在这样的社会设计和组织呢?从上面的论述可以得出结论,建立有效的组织条件之一是社会科学在四个主要方向的迅猛发展:解释和预测不断变化的社会系统和其他社会现象的社会理论的发展;在社会理论中考虑社会现象的价值论本质,以及公共认知结构;认识并描述社会过程与其他物质条件之间关系的规律;描述个体或集团独立行为的社会理论。还有一个必要条件,即社会项目实现过程中这类概念的发展,不仅要描述现有的实现模式,还要描述对它们所进行的实践研究。这里出现了一个基本的问题:现在我们需要做什么?

完成所提出的任务不是一两天的事,可能会推迟到不远或者更远的将来。但是,还有另一个同样复杂的问题。如果所阐述的这些社会理论都成立,那么它们是否能保障有效的社会设计呢?要知道,这些理论仍然是概括的知识和理论,而且没有考虑任何个人条件及具体社会现象关系的多样性。

众所周知,在工程活动及设计中有两种主要过程:分析及综合。分析是为了在所设计的客体中划分并预先创建主要过程和形态学单位,并建立它们之间的关系。而综合是“采集”在分析阶段获得的所有元素及单位,并将它们进行“结构化”处理。如果在传统设计中,这两种过程完全可以确定,而且没有列入设计现实的框架下;但是在社会设计

(包括其他非传统的类设计)中,这两种过程是不对称的,前者位于设计现实的框架下,而后者则超出了其范围。实际上,分析总是可以在纸上进行,而综合并不总是在纸面上。我们举一个青年集体宿舍的社会设计的例子来说明。在分析的过程中,社会设计师可能提炼出一系列过程:建设所需要的住所及组织(青年集体宿舍大楼)、劳动活动的合作形式、孩子们的集体培养、共同形式的休闲娱乐等。这些过程中的每一个都可以分解到更小的子过程。实际上,分析完全可以是充分的,在这个意义上,仅仅具备关于过程和形态的知识以及决定这些过程的要求限制了这种分析。但是,社会设计师已经在分析的过程中发现,这些过程的特点是完全不同的。一些过程仍然属于设计现实范畴,也就是说,可以借助这类设计来建构它们或者建构一系列与原始设计相关的子设计,例如集体住房,或者可以在建筑和组织这两个设计基础上组织创建。还有一些过程是创建交流或者集体培养形式,这个工作已经超出设计现实。如果要实现它们,需要的不是设计,而是其他的东西,比如积极的组织工作、青年集体宿舍成员的倡议、在集体中拥有卓越才能的个体或领导、集体中有喜欢培养孩子的成员等。在进行综合时,这两种过程的区别十分明显,如何根据设计建造房屋,这个大家都知道,但是为了建立集体中的沟通或者实现共同劳动和娱乐,我们该做些什么呢?实际上,谁都不知道该怎么做。在社会设计中,分析和综合的过程使设计师们超出了设计现实的框架,进入其他领域和学科,而且他们会发现,不知道如何实现他所设计的客体的许多过程。社会设计师面对这些活动,会试图摸索这些过程的实现方法,比如,规划、程序设计、组织、人们的积极倡导等。如果把所列出的这些活动类型都归入社会设计,那么社会设计本身就转变成了复杂的非单一类活动。在这类活动中,社会设计一方面要完成组织及综合的功能,即完成一个被包容的系统;另一方面,社会设计是一个整体,即包容的系统。这就是社会设计的辩证法。

考虑到以上所述内容,在社会设计范围内可能存在三种分析综合:室内分析综合(只是以一些科学知识及概括的设计经验为基础,相对应的社会设计类型为"办公室类设计")、对策性分析综合(以知识及商业策略成果为基础),以及经验分析综合(以知识或真实试验为基础)。今天,绝大多数社会设计都是办公室类设计,很少遇到对策类或经验类社会设计。很清楚,社会设计的未来在于第二类社会设计(对策类及经验类社会设计)的发展。但是,办公室类社会设计促进了各种研究及设计分析,推动了对设计客体的解读,逐渐摸索到了实现它的方法。

用上述方法可以对社会设计进行分类。但从某种程度上说,这种分类并不完整,它可以分为以下几类:社会设计乌托邦、理想社会设计、概念性社会设计等。所有这些类型的特点是,只制定社会设计的实现规则,但是却可能缺失了实现本身,或者有意地不去实现及推迟到以后由他人来实现。有时结构化相位并不完整。

现在来说说办公室类社会设计。这类设计的特点是,社会设计包括社会设计师实现它的各个阶段。虽然在这类设计中,或者以协商或商业对策的形式,或者以项目研讨会或会议的形式,模拟了项目中相关主体的利益,并考虑他们的意见,但是社会设计师始终是整个设计过程的主导者。

第三类社会设计——"平等类设计"。在这类设计中,有关主体从一开始就被列入社会设计的过程中,而且拥有平等权利。在平等类设计中,社会设计者们努力监督(保留、改变)原始的社会要求和价值,也就是说,努力使社会设计保留自己的主要结构特征。

最后一类社会设计——"倡导类社会设计"——结合了本体论,而这类设计只是启动一定的社会(社会文化的)过程。对于倡导类社会设计,其特点是重新设计,建立一系列项目(原始的、第二层及第三层)。

从本质上说,倡导类社会设计结合了社会实验。

需要指出的是,设计本身不只是纲要化的措施体系,它的实现带来了计划的结果。现代的规划设计要求与相关主体共同研究并制定灵活的文化政策,努力产生社会教育效果,启动各种社会文化过程,当然其结果只能部分地被预测。总的来看,现代社会文化的规划设计是复杂的迭代过程,它创造了温和现代化和进化发展的条件和前提,包括智力、工具、社会、文化、组织和资源的条件等。

3. 俄罗斯设计方法学

在20世纪60年代的方法学运动的影响下,苏联出现了各种设计方法学观和"设计运动"思想体系,二者对社会设计的发展产生了很大的影响。20世纪60年代中期至70年代初,在全苏技术美学科学研究所以及莫斯科逻辑学界,一系列研究者开始对设计进行系统研究。设计方法学研讨会(第一期研讨会于1967年在全苏技术美学科学研究所召开)的工作以及相关课题的最早一批出版物都是出自这一时期。就这样,苏联开始了方法学研究的第一阶段。这一阶段的成果主要体现在两项工作中:《物质环境设计理论问题》作品集(1974年),以及《理论及方法学问题》作品集(1975年)。大约同一时期,即20世纪70年代中期,设计方法学研究的第二个发展阶段开始了,但是,现今关于上面的课题仍然需要进一步研究和思考。

在20世纪60年代,设计方法学以及关于设计研究纲要的设计运动的出现,是由下列几种情况决定的:建立了大量新的非传统类设计(系统技术、工程-心理学、工业设计、社会设计等);成立了设计的相关机构,包括设计的科研及教学机构;设计方法及相关概念被应用到许多其他活动中,如工程学、管理、科学及社会规划等。最后,在设计领域中出现了一系列新任务(如自动化、最优化、社会论证)以及相关的新职业(程序设计员、社会学者、工程心理学工作者等)。很明显,新的活动类别、学科、关系和专业的创建及形成,需要专业的设计知识。而且,出现了对设计进行规定的必要性,应当区分设计与科学、设计与工程学、设计与艺术。这些设计的认知和建构任务,已经成为独立的活动领域,而且开始使用设计方法学来解决问题。按照拉普帕波尔特的说法,除了设计的独立问题,由于设计的课题和思想体系的形成,还产生了对方法学的需求;而设计思想体系的特点是"不同设计领域通用的方法、观点、功能"及"各种现代设计所追求的某种模式,完美的设计"。[155,95页]许多研究者揭示出全球化的过程,设计的规模及范围扩大到整个物质环境、分配体系、物质世界的管理。格尼萨列茨基认为,工艺美术设计师通过设计创作来建立并重建物质样本,而其设计的具体化控制着事物的发展。对事物进行管理,并把它们转变为遍布世界的多种多样的事物,这些都是工艺美术设计师固有的工作。

萨佐诺夫还注意到一种情况,即设计观念、思想体系、活动方式及组织结构被应用到了"社会及人文活动中"。[156,71页]拉普帕波尔特写道:"最终,设计开始被看作一种活动,与科学、管理和规划同样重要,其使命是解决人类所面临的社会问题。"[155,96页]在这一时期,形成了哪些设计方法学的主要观点呢?

这里首先要说的是关于"设计独立"的观点。它所阐释的设计本质是一个具有独特专业目的和价值的、独立的活动领域。独立的设计在社会生产循环中完成了重要的作用,即通过研究程序、建构,以及设计本身控制物质世界的发展。格尼萨列茨基强调:"任何一种设计都要考虑把一个完整的情景转变成另一种情景,把完全不等值情况转变为完全等值(理想)的情况。承认不平等性的结果,可以把一种情景或价值系统转变为另一种,但是在两种情况下,决定了同样的结果——情景的不对等,这可能激发使其变成理想化的设计活动。"[144]要强调一下,这一时期的设计被看作方法学研究及标准化的一个方面。在分析已经形成的设计类型和形式时,遵循了建构(思考、判定、建构)新型设计(工艺美术设计、社会设计、综合体设计等)的标准化研究方针。萨佐诺夫写道:"独立的问题,包括创建这一新设计,需要清晰地判断它在这些活动中的功能,比如管理、规划、预测、科学、组织活动、规范的培养等。"[156,79页]

这一阶段形成的第二个重要观点——传统设计及新(非传统)设计的分离。一些作者,如罗津通过对比新型设计(城市建设、系统技术及社会设计等)与传统型设计(建筑设计、机械制造设计、飞机制造设计等),划分出非传统设计;这种对比的依据被称为"设计原则",即用模拟法(示意图)表示设计及研制领域的劳动分工,描述在设计的几个方面中自然过程及物理条件的对比关系。

另一些作者,比如萨佐诺夫,通过拓展承担新功能的传统设计,提出新设计的建构及标准化,他认为,"其他活动构想的实现首先要求管理以及与其相关的规划和领导的实现"。[156,78页]还有些专家,比如拉普帕波尔特,借用了原型的观点——通过传统设计的对象和工具的理论-活动概念——来表示。西多连科通过设计的文化学起源示意图提出新设计,他认为设计没有超出技术活动的框架,设计主题的具体化是自然发生的,通常不会由设计师来主导。当原型的文化内容变成设计对象,它就成为设计课题形成的来源,并进入历史文化活动领域,成为历史文化现象。

设计的几个示意图和概念的建构可以被认为是第三个成果。拉普帕波尔特提出了其中几个重要内容:管理系统设计;生产-消费系统设计;设计作为社会系统发展的文化机制。[155,103—104页]在这一时期,他还分析了三种主要设计模式(概念):控制论概念(设计作为方案选择、信息传递及再处理的过程）；设计思想概念，比如"透明"或者"黑箱"技术系统概念（设计作为在操作理论、信息理论及系统方式的基础上建立的复杂系统）；理论-活动概念（设计作为活动）。

设计方法学的这一系列研究观点，毫无疑问是集体创作的结果，但是每一个方法学家都是以自己掌握的资料乃至活动领域为出发点的，同时又都保留了各自的观点。谢德罗维茨基(Г. П. Щедровицкий)代表整个方法学界，他把设计阐释为一种机制，一种用示意图再现的活动以及社会技术管理的机制。坎托尔(К. М. Кантор)和格拉济切夫的部分出发点是，尽力在社会生产及消费中寻求自己位置的工艺美术设计价值。西多连科同样对工艺美术设计产生了兴趣，但是对于他而言，更重要的是文化学价值，因此他提出的是与设计相关的文化学观念。格尼萨列茨基的研究特点不仅是系统性的，充满理论活动的热情，还具有一定的价值感召力。萨佐诺夫拓展了一些当今社会设计方法学中一些观点的范围。拉普帕波尔特分析了主要的理论设计概念，他和布里亚克(А. П. Буряк)提出了设计活动的历史建构。他们不仅运用了自己在方法学方面的造诣，还运用了自己的建筑学经验。罗津的分析则是从传统设计样本以及部分方法学概念出发。

设计方法学分析和研究的第二个发展阶段得益于第一阶段的理论积累。在这一阶段，解决了两个相关的任务：建构新的非传统设计（首先是其战略及知识保障），完成建构之后对其进行描述和研究。此外，还对传统设计进行了描述。[154]实际上，如果说技术系统设计的战略以及模式（作为最初的非传统设计的一种）在第一个阶段就已经形成[古德(Г. Гуд)及马克尔(Р. Макол)的《大系统设计导论》已经在1962年被译成俄文]，那么在20世纪60年代末至70年代初，在设计方法学观念的基础上就已经形成了下列战略设计：非传统工艺美术设计，社会设计战略（社会服务系统、社会规划、管理领域及近年的文化领域），城市建设的非传统设计战略,以及外部设计战略(系统的环境及价值设计)。同时建立的还有在实践中形成的非传统设计。戈罗霍夫(В. Г. Горохов)从理论上描述了系统技术设计,西多连科描述了工艺美术设计。确实,这两种研究情况有着原则上的区别:戈罗霍夫描述了已经建立的设计活动,而西多连科亲自参与建立非传统工艺美术设计。在后一种情况中,方法学建构(设计、思考、确定)同方法学研究实际上是相符的。真实的工艺美术设计实践与其说是在理论中再现并被校正的,不如说是通过战略和各种手段组织起来的,通过这种方式同样创建了大部分社会设计、城市建设设计、组织设计和新举措设计等。

我们以建立综合性和系统化的工艺美术设计对象的艺术设计战略为例证。从20世纪70年代初期到中期,苏联开始尝试设计综合类及系统性的工艺设计对象,这方面的第一个成功案例是"电器设备联盟"外贸公司的风格设计及方案。它促进了其他综合性及系统性对象的设计。我们在研究设计和概念的同时,也对这一经验进行分析,首先是进行方法及方法学的阐述。可以说,到目前为止艺术设计实践的新领域已经形成了。

在这一实践领域形成之初,即开始讨论关于综合和系统对象的美学(艺术)特征。可以想象,这一任务有多么复杂。从系统的角度出发对综合体对象进行艺术设计,这本身就是个复杂的任务,更不要说还要判断这类对象的美学特征了。

通过对各种工艺美术设计观进行分析,有关综合及系统对象的另一种完全不同的美学解读应运而生。一些工艺美术设计师把这些对象的美学归结于所理解的产品外在的传统艺术形式。与其紧密相关的还有美学价值的解读,它独立于实用性的评价,客观地评价艺术形式的美学价值。

阿兹里甘(Д. А. Азрикан)非常清楚地表达了解决这一问题的另一

种方法,他称其为"造型装饰"法。阿兹里甘写道:"有一种倾向被加强了,即把客体造型与相关的文化和艺术造型划分出来。组合的、程式化的各类造型,似乎明显是反艺术或超艺术的,属于非文化的……工艺美术设计的作品并不是以实现它的任何一个活动的人的观点来评价,而是以观众的视角来评价……工艺美术设计的美学问题,在原则上是无法归纳到其他任何美学来源的。美学世界观的形成是在美学框架之外,并且要求深入到复杂的社会文化背景中。"[140,145页]

对于系统及理论活动的典范,阿兹里甘实际上排除了美学问题。按照他的观点,如果美学系统成功地体现那些社会系统、工艺美术设计及活动的原则,比如"功能性""完整性""非强迫性""现时性""活动及环境的人文性""合理性"等,那么这个美学系统就是完善的。当然作为必要的一方面,在统一的组合、特有的色阶、可视信息及其他原则的基础上形成的"外形美学"也被列入其中。[140;142;146]

西多连科与库济米切夫(Л. А. Кузьмичев)说明了解决工艺美术设计中同类美学问题的第三种途径。为了区分三种美学关系("目的合理性""意义合理性""形式合理性"),他们引入了关于"艺术纲要"的概念,它是工业设计活动的积极性和创造性的来源。[157;160]他们的主要任务是,把艺术和设计方法结合起来,把艺术的美学价值与设计价值结合起来,令它们相互限定并互为创造之源。他们写道:"工艺美术设计的纲要编制由下列几个主要阶段构成:从社会各界(研究者角度)获取信息;把信息引入艺术系统中(艺术家角度);用艺术模式及所设计的社会样本的现实意义代替艺术模式的理想意义(设计者角度)……承担艺术家角色的工艺美术设计师同时也是研究者,他把这一角色放入使其与社会各界关联的真实模板中,用科学模式的真实意义取代了世界艺术模式的意义值。但是在这种情况下,取代的过程是由美学反射控制的……除此以外,这两个观点也融入第三个观点(设计的观点)之中。"

[157,29—30页]我们发现,在更晚些的研究中,阿兹里甘的研究更接近下面的观点:"在这种情况下,工艺美术设计师的专业方法中,艺术方法是唯一有效的方法……众所周知,艺术概括不仅蕴含着反映现实的能力,还具有改变现实的能力。这给予我们把艺术模式转变为设计模式并经受其检验的依据。"[142,60页]

因此,可以说有三个关于综合系统对象的不同美学概念,以及相应的美学评价方案。在这里可以提出以下几个问题:这些方法中哪一个更适合工艺美术设计创作? 这些观点是否考虑到工艺美术设计对象的系统性和综合性特点? 我们首先分析,将工艺美术设计与普通工业设计活动相比较,工艺美术设计的特点是什么? 在分析德国博朗公司的经验时,季茹尔(А. Дижур)指出,公司的工艺美术设计的转变与产品外形及技术决策的重心转移有很大关系。正如今天通常所说的,转变的重点是采用环境及人类活动的一系列"人文化"原则。具体涉及美学设计的一些方面(范畴),如消费者、消费、消费者媒介、品种、产品,以及美学设计的一些原则,如非强迫性、有序性、协调性、形式统一性、实用性、功效性、先进性。[145]这些观点及原则,一方面表达了一定的艺术观,另一方面说明了工艺美术设计对象的系统特征。博朗公司设计理念的艺术观是什么呢? 首先,设计师认为,有品位的消费者"更倾向于现代的东西,但是也会关注古朴的东西,比如重视房间内饰,他们不会把低劣的画作放在自己家里,而会把那些精致的复制品及艺术书籍放在房间里"。[145,83页]其次,这是一种"隐蔽性美学"的艺术观,"产品应该是一个不会令人厌烦的助手:它们不应该很显眼,而且要不知不觉地出现并消失,就像以前优秀的仆人所做的那样"。[145,85页]这些消费者对颜色的选择也有一定的倾向性,如黑色、白色、灰色及咖啡色,遵循形式要素相协调的原则,其外形应具有统一性,等等。不难发现,设计师在公司的产品中体现的不是艺术美学,而是工艺美学和设计美学。

虽然采用了一些艺术原则,比如创造独特的美学现实及体验、形状的变幻、平衡性、结构性及戏剧性等,但是在这种情况下并不具有自身价值及自主性,它们屈从于人类生活及活动的模式。博朗公司的环境学方法的特点就是人类的特点:环境不是服务于即将开始的戏剧的布景或道具,而是服务于戏剧本身,拥有自己精神世界和习惯的活生生的人在舞台空间中生活、行动……我们谈的不是关于"整个配套环境"的风格,而是关于作为人类生活方式表达的环境。[145,83页]这类美学价值预先确定了美学价值的范围,产品在美学上应该是完美的,它们的创建完全成功地体现了工艺美学的上述特点。

博朗公司产品的系统性特点,在"产品目录"清单中最鲜明地表现出来。划分出社会文化方面的"主导"产品、产品的"消费者群组"、"设计、生产及消费"的产品,公司的设计师实际上在某种程度上采用了系统性原则。同样重要的是,这些美学的系统性原则是互相渗透和互相补充的。在"电器设备联盟"外贸公司的设计和工作中非常明显地、自觉地把这些美学及系统的各方面融合在一起。[140;158]但是,系统观如果实际上完全被实现,那么它的美学价值就无从谈起。毫无疑问,阿兹里甘、西多连科和库济米切夫关于概念性及设计性的研究从一开始就定位于系统观。他们把自己的研究对象看作一个系统而思考,并提出了对综合体的设计,而不是单独的产品。这些作者认为:"设计师从最开始就试图进入结构层面,即其主要设计对象不是物品,而是一个综合体。"[141,89页]在西多连科、库济米切夫及其他作者的文章中可以看到,"在工艺美术设计中塑造的不是单个的物品,而是社会文化生活的系统和模式,基于这种理解,为了不曲解工艺美术设计及塑造客体的本质,我们对工艺活动进行计划,并寻找其组织及方法学形式"。[159,20页]但是,在方法学层面,系统的观点与美学观是相关的,例如,阿兹里甘写道:"对于我自己来说,目的合理性始终是完善设计决策的主要课题和美学范畴……目的合理性按照已知意义的同义词可以说就是系统性。"[141,83页]目的合理性本身提出了系统设计、活动理论,以及季茹尔分析的"优秀工艺美术设计"传统的一些原则。作为这一概念的一个方面,美学实际上是令人捉摸不定的。

西多连科、库济米切夫及埃尔利希(Эрлих)把系统的观点与艺术纲要结合起来。[157;163]艺术纲要的主要功能之一,是把系统的各种特性集结到一个整体中,并把它们归入人类根本特征。"被破坏的完整合理的世界模式通过美学的反射得到弥补,这种反射可以拼接'意义分散的世界',巴赫京(М. М. Бахтин)把它与人类连接起来。"[157,19页]西多连科和库济米切夫认为:"在艺术家的美学认知中,提出的原则或者艺术大纲,获得了通用模式的意义,并形成美学观点(在这种情况下,这一原则是普适的,而且成为结构主义美学,广义来看就是目的合理性)。"[157,20—21页]美学内涵的来源,一个是艺术再现及模式化,另一个是全人类的社会价值。[157,21页]西多连科及库济米切夫继续提出:"艺术家在世界上所处的地位是拓展艺术大纲结构的核心。它决定了文化样板的选择、其阐述及说明的方式,以及文化样板结构性类型的改变。艺术家会亲自进入现实世界中,并与其他人进行对话。"[157,21—23页]问题在于这些方针如何成功地体现在生活中。下面我们来看一下,采用美学观点,可以通过哪种具体形式进行系统的分析?

通常设计师所采用的方案之一是,对系统进行分析时必须提炼体现系统和子系统的目标和功能的主要过程,这些过程的运行应符合形态学单位(其被称为过程的物质保证)。[148;158;162]在这种情况下,这一原则完全符合设计宗旨,按照这一宗旨,在设计过程中过程(功能)与结构(形态学单位)应该保持一致。阿兹里甘写道:"复杂系统的设计问题集中表现在其形态结构相对于真实结构的同构问题。"[140,155页]在综合体的设计中,使用活动的理论概念来描述过程,而对于形态学结构特征来说,就需要使用类型分析。可以根据三个主要描述方法来区分这些过程:构成和功能(制作活动、使用、分配),合作机构(按身份可分为:消费者-订货人、工艺美术设计师-订货人等),客体的示意图组(客体作用、过程、产品、手段的区别等)。

在形态学方面,设计也应该是合理的,应该把这些不同的过程组织起来并分成各种类型。西多连科和乌斯季诺夫(А. Г. Устинов)写道:"形态学的完整性给出了四个等级的结构划分依据,这就是类型。类型是对设计的构思、观念及概念的表达形式进行分类的意义基础。"[160,44页]

分析显示,至少要按照下列依据来确定工艺美术设计的系统对象类型:第一,类型分析要求描述所设计系统的主导过程和主要形态学单位,我们称之为"过程形态性原则";第二,必须使活动过程和形态学结构达到同构,即"一致性原则";第三,需要说明进入综合体的产品的整个领域的类型特征,也就是每一个产品都属于某一类型,即"覆盖性原则";第四,应该实现"好的工艺美术设计",即"工艺美术设计原则"。这些原则的融合为通过论证建立综合体产品的分类提供了可能性。如果在类型分析过程中,很自然地采取系统方法的原则,那么完全有理由说这就是系统工艺美术设计。在这种情况下,新产品的综合体就是这类设计的终极产品。

需要指出的是,在工艺美术设计中所使用的系统概念有两类:一类是通用的,我们称它们为"基础系统概念";另一类是工艺美术设计所特有的,如具体系统概念。[150]第一类系统观概念,包括"系统""子系统""元素""关系""联系""过程""操作""运行""等级"等。由此,设计师可以确认,他的设计对象是复杂的系统,设计师把它划分成一些子系统,同时其产生大量的关系,各子系统及其相互间的关系是成等级分布的,而系统的运行由大量相互关联的过程组成,设计师应当对这些系统进行统一和分析。

这两类概念是紧密相关的,概括了工艺美术设计具体工作的逻辑,以及与其相关的具体对象的物质特性。比如,型号、目的合理性、环境、活动、应用、综合体、工艺美术设计-形式等。虽然从表面看来,这些概念并不像系统的概念,正如分析所示,它们的建立是在系统本体论的影响下进行的。

西多连科和阿兹里甘认为,类型学分析是艺术的研究方法。西多连科写道:"类型模拟化就是一种艺术的模拟方法。"[160,38页]但是,在阿兹里甘对现实的研究中,整体艺术观和艺术性结合了对社会文化的分析,这种分析"以隐喻形式反映消费者的特征及其活动的领域,相应地,还有产品的消费特性"。[142,61页]如果没有把美学观点结合到对活动和环境的描述中,那么这一分析就没有成功地体现出美学内涵。西多连科也给出了关于类型的社会文化描述(消费情境),而且特意强调了它的美学功能:"总体构思和草图的特点不仅反映了现实,还反映了工艺美术设计师的创作风格和美学宗旨,以及他独有的把世界问题化的能力……设计师承担了一系列角色,如社会心理学家、剧作家、舞台设计师……举个例子,多功能音响系统'家用唱片库'可以用水仙的神话形象作为文化主题。其主人公立即就被描绘成音乐爱好者及敏锐鉴赏家的形象,他们代表着那些崇尚唯美主义的、喜欢安静的、沉浸在美妙声音世界的人。"[158,51页]实际上,这里已经建构出美学事物(实现了美学价值),而且很明显,它的特征不仅在类型学和结构中表现出来,还在产品的外形中有所体现。需要强调的是,对于西多连科来说,美学事物和价值与文化学更接近。下面的意见证明了这一观点:"想要提醒读者,把消费场景的神话类型化任务归结为赋予产品外在直观联想到经典风格的修辞学任务。但是问题并不在于此,而在于全面彻底地分析、表达并建立生活及消费文化的典型样本。我们谈的不仅是关于视觉的风格,还有消费风格,以及包括这种生活方式的所有真实体现。而在这种情况下,神话形象有助于'抓住'消费者的整个内心,比如生活特征和文化。"[158,52页]

由此可见,在综合体及系统对象的艺术建构过程中,美学价值是可以实现的。一方面,可以通过一种设计合理、系统合理的启发方法;另一方面,可以通过使用文化美学标准。但是这两种功能的专业美学内涵还不是很清楚,是由设计师艺术地再现出(模拟出)消费者的文化及其物质环境中的生活,还是由消费者本人将文化作为美学现象提出来,也没有定论。这里首先分析第二种情况。毫无疑问,在现代文化中会遇到这种类型,比如"水仙"*是用来比喻具备一定艺术及美学素养的人,以及某些因各种原因没有获得艺术教育并因此没有感受到产品美学内涵的人。但是,设计师不能自觉地定位于第二类听众,或观众和读者,他的任务是努力把美学理想引入生活,使人类感受到美好的事物,欣赏它的美。因此,设计师的出发点应该是,人们不仅在进行活动和消费,人们还会感受到美;人们不只是产品的使用者,还会把产品当作一个美学的事物来接受并体会。对于一些听众,相对其他事物而言,美学内容应该表达得更明确、更丰富。

尽管如此,工艺美术设计师不是艺术家,而是设计师,他们不能赋予产品独立的艺术作品意义。工艺美术设计的产品虽然也是产品,但它是特殊的产品,其美学特征没有形成独立的艺术现实,但是却进入人类所感受的"自我形象"及物质世界中。[149]人类对自身及世界的感受成了一种背景、一种混合器、一种价值和存在的空间,在这一空间中美学特征和观点与实用的、功能活动的、认知的及其他特点有机地融合在一起,它们在这一背景中被接受和感知,同时也与事物的其他方面密不

---

* 在俄罗斯文化中水仙象征有些自恋、孤芳自赏的人。——译者

可分。关于这一意义,有一个著名的说法:"应该设计的不是物品,而是由物品产生的感受。"这实际上抓住了工艺创作所蕴含的本质。

对美学感受进行设计意味着什么? 这可能实现吗? 在这里我们回到第一类观点,即工艺美术设计师通过研究产品的类型,表现出或艺术地模拟出消费者的生活及其物质世界。工艺美术设计师在设计中再现出文化和艺术的类型,演示人们在环境中的行为和活动的剧本,以艺术设计的形式表现出自我,以及可能会产生的对世界的感受。很显然,他们不仅实现了社会价值,同时贯彻的还有自己对于好的工艺美术设计和美好事物的认识。[149]但是也不能说,正是在设计的艺术创作阶段,通过具体的形式体现了工艺美术设计师的美学价值,它们经常与其他的价值共同实现。重要的是,要区分美学价值存在的两个方面:一方面,它们提出了文化类型及其环境;另一方面,它们是不同形态学结构的艺术综合手段。如果关于第一方面或多或少已被理解和分析的话,那么第二个方面则只是刚刚被提出。

作为艺术综合的手段,工艺美术设计师的美学价值有一系列特点。第一,使人进入一定的美学现实(这是由工艺美术设计师风格的程式化所呈现的),在该现实中,人完全体会到自我,以及设计师的产品所表现出来的物质世界;第二,提出了一些工艺美术设计师实际上在所有阶段都会使用的一些表现手段,如风格、基调、表现手法、韵律或戏剧的手段等;第三,创造出表示所设计对象的各种过程及其形态学结构的标志和形象,如采用一些自然、技术、艺术和文化的概念及形象作为标志和形象。

这里所分析的材料对于理解设计方法学发展的第二阶段非常重要。从所分析的例子中可以看出,建立非传统设计的战略是一项针对人文学的非常复杂的方法学工作。它不仅要求使用方法学知识反映所形成的设计活动,还要求其体现设计范畴和现象的价值、意义和任务。

此外,还有各种观点、决策,以及一些异类概念。一方面,这一活动实现了设计观念以及它的某些聚合体,比如技术系统及活动的聚合体;另一方面,把一些人文学及艺术学的构成,以及文化学知识和本体论图景都列为设计的构成要素。建立非传统设计战略时,把传统解读的设计进行独特的非对象化:讨论设计的原始价值、设计活动的本质,分析并描绘未来设计的应用领域,描绘潜在使用者的"形象",这一切都要求从事设计的方法学家拥有一定的自决权。从这个角度来看,非传统设计的战略与设计方法学本身的价值论建构应当同步进行。

类似的规律在其他类别的非传统设计创建中也同样存在。比如在社会设计中,今天形成了至少两种不同的战略:在社会管理框架下的战略,以及在实践文化学框架下的战略。在这两个领域内,都进行着关于社会设计的意义和目的以及"社会"本质自身的讨论。此外,这里还分析研究了此类设计所必需的社会及非社会的知识,说明潜在使用者的观点和要求,以及设计中这些观点和要求的统计方法。

目前,非传统类设计不断被创建,从20世纪70年代末开始,设计及方法学领域中出现了一些新情况,它的发展趋势逐渐增强并开始被认知。

发展趋势之一是,普遍发现并认识到非传统设计的负面后果。确实,设计师本身没有意识到,他们在与非传统设计打交道时,通常会只按照样本来设计,或者根本就没有样本。在创建和实现下列项目时,如核电站、新的军事技术、土壤改良、原材料资源的变化(如河流转向),以及20世纪70—80年代的其他项目,经常会发现在规划效应及过程之外,同时会发生计划外的、具有破坏性的效应及过程,如自然过程被破坏、不断排放有害物质、基础设施发生非控制性改变等。设计师经常发现,所设计的并不是需要设计的东西。我们说,他设计了技术系统,但是在项目实施后就会发现,必须设计的其实是一个综合体,包括新的基础设施、管理系统和使用系统。有一种情况逐渐清晰,设计活动有自己的范畴,并不是一切都可以设计出来的,尝试设计社会文化构成却经常变成反文化的行为,在今天,设计认知的特点是独特的"设计的拜物主义"。就好像,只要构想出某种东西,然后通过设计的形式再现出来,那么它就一定可以通过实物形式被创建出来,并进入生活中。但是,实际上并不是这样。

另一个糟糕的趋势是,设计师的职业水准和文化水平总体上并未降低,但是,对于设计师需要解决的复杂任务和设计的要求迅速改变的情况而言,是不足的。第一,设计师并没有更多地面向设计本身,仅仅定位于设计的种类、意义、范围、价值;第二,设计师并没有很好地处理设计与其他类活动的关系,特别是与科学研究、工程学及管理学的关系;第三,设计师不能说明并且计算出自己设计的负面后果(甚至经常考虑不到这一点);第四,设计师没有意识到自己的投入,同时也对我们文明的危机贡献了不少。认知形式本身的这种落后,以及它的不平衡性都是由设计师在其国家获得的教育决定的。从本质上说,当今大学及高等院校是以传统设计的模式来培养设计师的,并且几乎是以20世纪60年代的文化为基础建立培养模式的。

除了这里分析的几种趋势,需要考虑的还有公共文化背景同样也在发生根本性的改变。这些改变使我们必须冷静地看待很多问题,它们可能使很多现象持续地存在,比如,很多设计仍然停留在纸面上,如社会变革、农村经济的发展、自然资源合理利用、教育领域的改革、城市总体规划的实现、自动控制系统等,但是却没有停止为实现这些设计而花费大量资金。这些国民经济项目的实现并没有对后果进行分析并计算资源,很多机构和组织的行为就如同创造者一样,为了实现一系列优质的世纪超大项目,产生了其他一些经济及经营部门,而整个国民经济的运行所必需的资金因此而被削减。今天,社会已经不希望花费更多的资源在这类以理想为目的且由各类部门来供养的设计上。现在，"有限资源的设计"以及"把文化及应用的主体列入设计"等论题开始被理解。

我们现在试着看一下整体情况。

（1）除了率先发展的传统设计类型（如建筑和机械制造设计等），非传统设计（如城市建设、工艺美术、社会、组织、投资设计等）也积蓄了发展力量。

（2）非传统设计的发展要求进行方法学反思，并把设计进行概念化，根据不同设计战略来进行建构。抛开理论方法学活动，非传统设计就不可能发展。

（3）设计的概念化及方法学分析提供了一定的基础和条件，使得设计者可以在设计领域内建立特殊层面——理论设计的沟通。很显然，没有这种沟通，设计的未来发展就是不可能的。这类沟通的特点是：承认各类（传统的、系统的、非传统的）设计及其各种认知形式的区别；讨论针对所有设计类型的重要问题；与单独的设计理论和方法学认知形式进行对话；创建广泛的设计教育，提供各种设计知识及信息服务。

（4）为了解决非传统设计项目产生的这些问题，我们必须建立新的设计观，其前提条件是进行关于设计本质及特点的新一轮讨论。

（5）在上一个阶段的设计方法学中，设计首先被看作一种活动、一个活动领域。今天，这一解读则是辅助性的，其他一些概念上升到首位，如"设计文化""设计沟通""设计战略""设计语言及认知形式"等。设计方法学的近期任务应该是这样的：对设计的"造世说"及"拜物主义"进行批评，分析非传统设计的负面后果，利用知识并通过反思建立并保障设计的沟通和设计文化表达，创造条件培养现代设计师并提高其方法学水平及专业素养。

4. 传统艺术、现代艺术和技术因素

传统艺术和现代艺术之间的差别，即使是不懂艺术的外行也能感受到，对比相关作品，这一差别尤其显著。如果传统艺术只能在专业场所聆听（展厅或音乐大厅），而且需要深入并沉浸在与普通生活相对立的特殊美学现实中（完全沉浸在书中或音乐中），那么现代艺术就更多地与日常生活联系在一起，肆无忌惮地排挤着普通生活，时而改变它，时而讽刺它。对于现代艺术，语言没有转向表达美学现实、美好的东西，却去追求一系列概念，比如关于人际交流和符号层面表达的生活、语言游戏的概念，以及后现代主义者所分析研究的其他概念。如果艺术作品曾经是传统专业艺术学的中心，那么，它是否也处于现代艺术的中心呢？现代艺术的中心不是固定的艺术存在，而是若隐若现的各种现实（首先是虚拟现实和象征主义现实）。

实际上在艺术中后现代主义者感兴趣的是：对艺术作品的阐释（解释）问题，第二自然和第三自然及某些方面的本质，潜在的主题和情节的虚拟化，心理分析和文化象征意义的解释及依据。德勒兹（Deleuze）解释道："对艺术的新解读是与之前的解读相对立的，从两个角度——所看到的事物的角度以及看事物的主体的角度——批评了固守偏好形式。每一种解释中都有很多各种各样的重复说明。反反复复地解释，徒劳地强化一些观点，增加样本和成分。如果把它们分布成一个个可以自我运动的圆圈，那么这些圆圈仍有统一的中心，即认知范围中心。"

在现代艺术作品展开自己的队列及圆圈结构时，它为哲学指出摆脱重复释义的一条出路。想要研究前景论，叠加远景是不够的。"需要使意义丰富的独立作品符合某一观点的每种发展前景——队列的偏

移、圆圈的错位、发生的'畸变'——都很有意义。因此,所有圆圈和队列都是无形式、无依据、无规律的混合体,它们在放射性的、错位的发展中不断重复自身并再现。这些情况在一些作品中出现了,如马拉美(S. Mallarmé)的书和乔伊斯(J. Joyce)的《芬尼根的守灵夜》,这些都是争议性作品。实际上在这些作品中,神秘词语决定的分散队列,使书的同一性被破坏了,就好像阅读主体的个性分散到众多潜在的阅读者的认知圈中。但其实什么都没有丢失,每一列的存在只是为了其他列的回归。一切都成了模拟器。在这些模拟器中,不是简单的模仿,更确切地说是一种活动,在其作用下样本的观点或特殊的等级观点本身被否定了。"[166,92—93页]那么这样的话,模拟器是否会代替艺术作品?

在传统艺术中,艺术家在作品中表达自我以及对美好事物的理解,他们与读者、观众或听众在作品中相会。同样,他所面对的人也表达着自我,生活在艺术作品的世界中,体会着美好的瞬间和情景。二者在某种程度上都相信是"美拯救了世界",因为混乱的真实世界与美学现实不同,它们没有经过艺术家这些创作天才的提炼。在20世纪交替之时,各种现实的交织性宣告了艺术的最高目的。但是,在某种程度上真实现实不是这个摇摇欲坠的世界,而是艺术创造的美好世界。

我们在现代艺术中会遇到谁? 不仅是活生生的有个性的艺术家,还有虚拟的人物(偶像)和艺术。艺术家就如同形象模糊的"工程师",隐藏在自己的作品和角色背后,作为技术产品的就是艺术文本、艺术电影或纪录影片、电视剧,诸如此类。那我们自己又是谁呢?"是一些日常生活中普通的人",与"现代艺术世界共同体"的未知成员说着艺术的语言。阿伦森(О. В. Аронсон)写道:"当我们说普通人时,那么不论在什么情况下,指的都不是某个在厨房或在电视旁的具体的人。这是提出的某种标准的一个概念,这个标准不需要用心理学甚至经济学术语来解释。这个标准总是稳定不变的,因为对于它来说,是可以保持自我、表现个人和个性的,这完全是没有问题的,即使出现其他标准,这也不是问题,准确地说,它是一种需求,成为适应某物的需求……这是一种比喻,是一种不会由个体自动生成但具有现代主体的共同体,主体是被非主体化的。换句话说,共同体是一种'我',只用术语'我们'来表述自己,为此他与其他人一起仿佛成为另一个人,甚至可以说,对于那个'我'重要的不是成为自己,而是看起来是(表现出)某人……不管我们每个人的个体要求是怎样的,'普通人'就是我们当中的每一个人。这是我们献给社会的那部分的我。"[164,141—142页]布朗绍(Blanchot)认为:"人打开收音机从房间里走出来,完全习惯于远处的各种喧嚣。这很荒谬吗? 完全不。要知道重要的不是一个人在说,另一个人在听,而是在于不论是说话的人还是听者,都没有具体的人,有的只是某种语言,就像是信息的模糊感知,其唯一确定的是一些连续不断的、滔滔不绝的、不属于任何人的话语。"[165,152页]

也就是说,现代艺术世界的共同体是通过大众传媒手段、现代技术及新的艺术观而创建的。新的艺术观要求不能脱离这个世界进入艺术的现实中,而是要通过现代艺术去倾听、改变普通的现实。倾听并改变使我们遇见的"另一些人",以及艺术家和他们所面对的人,发现我们和他们的共同性,但不是具体形式的直接交流,而是通过现代艺术的文本和事物而进行的虚拟交流(首先是与艺术工作者的交流)。当我们因为某种原因,突然碰到艺术的真实创造者和承载者、事件或作品,那么就会惊奇地发现,他们(它们)会使我们混乱,他们(它们)与虚拟艺术事件完全没有任何关系,他们(它们)与虚拟艺术事件相互矛盾并且比虚拟艺术事件所做的都更好——这些都可能会即刻消失并永远不会再出现。

现代艺术经常被指责充斥不道德行为、暴力,它把追求的新鲜刺激、极端事件及冷漠的交流等,置于原本属于美好事物的位置。这些指责是否公正,现代艺术是否真的服务于撒旦？一方面,实际上我们看到艺术家们经常详细地润色、美化并增加暴力及生活的其他黑暗面,包括现代人类的生存,使它们更吸引观众和读者,特别是教育程度低的受众。但是,另一方面,人们也开始去理解这一切,即便没达到主角(英雄)的那种程度,也能以自己的程度去思考这些生活的黑暗面,决定对待它们的态度。现代人已经很久没有体会到干巴巴的道德及情操教育,人们被艺术吸引到现代信息技术的事件中,已经无法回避对伦理道德意义的相关问题的体会和思考。

现在来对比一下,在文化中传统艺术发挥的功能与现代艺术预期发挥的特殊功能。20世纪艺术起源的研究及重构突出了传统艺术的下列功能。

世界观功能。这一功能体现在,艺术在我们已知的所有文化中支撑了主要文化方案和世界图景。在这里,只要回想下面这点就足够了：在古埃及的雕塑、建筑、绘画或古希腊艺术中,神和他们对待人类的态度是主要的事件和情景。

心理调整功能。这一功能使人类在美学事件中可以实现自己的理想(如看见、听见神,或者访问其他的真实世界),经历在日常生活中没有实现的比较简单的愿望。在美学事件的感受中,如果愿望的构成与艺术作品中的美学事件构成相似的话,人们就可能实现自己"被冻结"的愿望。[167,58—64页;168,282—284页]

生活功能。它指的是,艺术从它被分离出来并作为一种现实被认知的那一刻开始,就与其他存在形式不同,形成了独立的具有自身价值的人类生活领域。在最近的200年间,不仅对于艺术家而言,而且对于大多数人来说,这都是很明显的。

创新功能。艺术成为文化的增长点、特殊的实验平台,艺术家与他所面对的人一起共同创建并"培养"它,首先是在符号学方面,其次是心理学中的生命新形式和体验。

社会控制的权力功能。在这一功能的基础上,所有时期的艺术都会为了社会监控和管理对人施加影响。

当然,对传统艺术功能进行划分是一个冒险的操作,因为必须最大限度地把资料进行简化并总结,对于艺术来说,这种划分总是模棱两可的。在这种情况下,我们的任务可能就需要进行证明——用类型学的方法理解传统艺术与现代艺术之间的区别,按韦伯的说法,是在理想-典型构成的范围内。

在进行关于现代艺术及其功能的下一步讨论之前,举几个在生活中观察到的事例。20世纪60年代初,我从部队复员,当时还是个大学生,在自己老师谢德罗维茨基的影响下经常去音乐厅。我们听了许多音乐家的作品,每一次去听音乐会就像过节一样,使我沉浸在神奇的音乐世界中。但是在音乐厅之外,我并不听严肃的音乐,甚至当电台播放巴赫和舒曼(Schumann)的音乐时,我也会把收音机关掉。对于我和其他人来说,严肃的音乐是与音乐厅、娱乐和美学体验分不开的。那么今天呢?我已经很少去音乐厅了,因为在家里就可以经常将高级的收音机调到"俄耳甫斯"*频道。在严肃音乐的伴奏下,我可以工作(把音量放小一点)、休息、打扫房间,甚至几乎会睡着。我们经常会看到,很多青年或知识分子在地铁、公园,或者骑自行车时都戴着随身听耳机。也许这就是音乐的命运?当年我们经常去看戏剧和电影。我记得,在那些年,每看完一部好电影后来到街上,回到充满日常琐事和烦恼的真实世界,我确实感到精神压抑。戏剧和电影的世界与真实世界产生了强

---

* 希腊神话中的诗人和歌手,善于弹竖琴,弹奏时猛兽俯首,顽石点头。后来波利齐亚诺(Angelo Poliziano)的《俄耳甫斯神话》被改编成五幕音乐剧《俄耳甫斯》。现在俄语中也经常用其代指嗓音柔和的歌手。——译者

烈对比,前者是被提升的、充满戏剧性的、和谐的世界,而后者则是极其现实的生活。今天,我依旧用电视遥控器麻木地换着台,屏幕上播放着大量以前没有的电影和戏剧。一般来说,它们已经很少会让我激动。阿伦森指出:"可能我们未必会使用强大的美学分析仪来分析电视节目,要知道高层次美学观众对电视节目的观点本身已足够奇怪……电视和电影产生的不是第二现实,它们展现的是现实本身……在这种情况下,符号没有含义,只是一种形式,指出体验中应该产生的那种感觉……可视系统电视所提供的、惊人的可能性不是观看行为。要知道,任何一个从系统中发送出来的图像要不就是一直作为一种意识形态,要不就是某种怀旧系列或其他。"[164,126—127页]顺便提一句,现代戏剧已经被迫转变,开始触及现代的日常生活。漂亮的"卡门城"*和"赫利空山"**的布景使我们感到惊艳,展现在我们眼前的不是热烈的西班牙风情,而是城市贫民以及遍地的废弃零件和损毁的汽车;不是20世纪卷烟厂的姑娘,而是城市的妓女和嬉皮士;我们看到的不是陌生的、西班牙式的、戏剧化的手势和体态,而完全是我们从电影和生活中熟悉的毫不掩饰的行为;舞台上的整体氛围并不是复古的,而是现代的。这一切都伴随着美妙的歌曲和音乐,由完全不像演员的那些年轻漂亮的演员完成,在我们面前的不是戏剧,而是生活本身,并且是现代版戏剧。

亚里士多德对"娱乐活动和严肃活动"进行过划分,他的划分迅速被应用在"普通现实与美学现实"上,或者作为讽刺或怀旧情结的素材运用于艺术本身。现代艺术进入真实生活,排挤并改变着真实生活。现代人生活在一个奇怪的新世界中,艺术现实构成了它的所有方面。但是,这些现实是虚拟和符号性的吗?难道现代化不也是这样吗?我

---

* 墨西哥的一个城市。——译者
** 司文艺女神缪斯和阿波罗居住的圣山。——译者

们生活中的事件难道不是独立存在的吗？不是像大众媒体和现代艺术中所描述和想象的(重建的)那样,完全不同且相互矛盾吗？难道艺术本身不正是被现代化的日常生活牵着鼻子走吗？

所有这一切都是有规律的,它有很多起因。现代艺术和工艺使艺术或其代用品,直接进入人们的家里和日常生活中,今天我们已经无法把艺术及其代用品与原物区分开。现代生活与经济、教育及美学教育融合到人类(任何人)艺术的"大众文化"中,而不仅是专家们的艺术中。艺术知识和艺术实验课所诠释的"技巧"把艺术作品进行了非对象化,在其中可以发现新的、不断增加的思想和内容。还有很多按照现代性解读的其他东西。

通常现代的划分是从第二次世界大战后的时期开始的,这个时期出现了一种观点,认为地球是一个(经济的、通信的、智力圈的)统一空间。此外,世界(生态、经济、区域、文化)的全球化问题已经再也不可能被忽视。但是正在形成的生活还不能列入历史,现代主义仍然是我们对待所有这些因素的态度。这里指出的现代特点,决定了在不同层次视界地位上对人类的存在进行解读和归纳的努力,以及满足共同设计和社会活动的需求。

全球一体现代化的趋势,与同样强大的各种文化、世界宗教、民族、生活方式等的独立趋势相对立。结果在感受统一的全球现实的同时,产生了一种现代化观念,即相信各种独立现实的存在,而这些现实是具有自我价值且符合社会或个人生活的。这一观念在当代重要的文化学世界观及认知中找到了自我表达。但是,这一观点在后现代主义中也有表述,后现代主义者坚持认为无法建立"全球性的无叙事",他们提出了真理的新范畴——"非一致性"。

各种现代工艺与此同时也获得了很大发展,在其范围内我们今天可以成功地诠释技术,并且最大限度地创建接近真实生活和符号现实的虚拟现实(电视的、计算机的、视听的)。我们按各种方式解释每个文本,而其内容反倒变得含混不清,它隐没在众多各式各样的解释中。任何一种意义和表达的内容可能首先被理论性地再现成一种虚拟现实,然后才作为物质化的仿制品。只要我们想一下征服宇宙或克隆技术,就足以理解这点。它们首先出现在艺术及科学幻想中,然后进入科学及工程学范围,按照今天的说法,就是变成技术及社会的现实。而且,科学及工程学很早就已经被看成是主要的实践活动及现实。现代人越来越多地认识到实践和现实的多样性,而且与科学和工程学同样具备多样性的,还有艺术、设计、社会及文化的活动、生活、宗教及神秘主义形式等。

那么,现代艺术带来了什么呢? 我们认为至少有两点。首先,人类有了特殊的光学透镜,可以称之为"艺术的"光学透镜,也就是说,人们开始通过现代艺术的作品和文本来看待生活。当然,在此之前美学感受已经改变了人的视野,但是,应该说只是部分地改变了。根据对立性原则,比如圣母是完美的,而地球上的人或者不完善,或者只能无限地接近圣母。总的来说,艺术与真实现实中的事件之间总是保持着距离。透过现代艺术带给人类的艺术光学透镜,几乎可以看到生活中所有的事情,而且仿佛使真实事件与艺术接近并结合为一体。其次,艺术光学透镜及现代艺术的装置通过专业的实践(流行艺术、工艺美术设计、时尚、大众传媒、现代工业等)及个人心理技术(教育的、美学的及其他技术)对现代人的生活产生了各种建设性的影响,与其他影响同时改变着生活。虽然在此之前艺术同样影响到了人们的生活,但这种影响的规模和后果并没有如此可观,而且是在相对比较窄的几个方面。在古埃及和中世纪,艺术首先发挥着世界观及自我调整的功能,上述所列的艺术其他的功能所发挥的作用并不大。在文艺复兴后的新时期,艺术增加了生活功能,在20世纪其又具备了革新及权力功能。

艺术直接进入现代生活,成为真实生活的一部分,是其分散的、不确定的、社会性的一个方面。实际上,艺术不仅作为符号系统(艺术的指号过程),作为特殊的心理技术(艺术的心理技术),而且通过艺术社会性(社会关系及权力关系)进入文化方案的创建中。除此之外,现代艺术家把自己的创造理解为一种自我表达,并满足那些他们所面对的受众的不明需求。失去清晰的文化定位,现代艺术对自我的认知已经不是拟态,而是代表生活本身,具有多种发展趋势的生活本身。但是要知道,艺术家在自己的创造中可以清楚表达现代化的多种方向,必定会加强它的各种趋势,自然其中也包括对文化的破坏。那么如何理解文化正在被破坏,而不只是变成文化的自我调整和弥补?很多艺术家竭尽全力维持的这一文化是否正在退出历史舞台?如果真是这样,那么哪种文化会代替它?因为,普通的艺术家不是思想家和伦理学家,他们并没有打算回答这些复杂的问题,而只是在个人的层面上,推进现代化的各种趋势。下面分析一下关于这一点的两个例子。

传统文化中,互相吸引的主人公之间总是相对长期地交往、互相照顾并逐渐接近,而在部分电影中,我们经常会看到男主人公几分钟就和妇女上了床。当然,剧中也有表达,也有交流,"但是,要知道这并不是爱,只是性"。可是,如何区分爱和性呢?何况在今天的电影中,爱情经常是按照这一剧情展开的,更别说一些作为淫秽作品"擦边球"的床上剧了。人需要实现爱和性,所以艺术家可以自由地描写他想要表达的东西。但是,要知道还有一些是尚未成熟的观众,如青少年或天真的、遵守所有准则的纯朴的成年人,都可能会去看这些电影或电视节目,因此,这类影片的消极效果是现实性的、大众性的。我所指的消极效果是,这类电影破坏了爱情的文化脚本并降低了人们的恋爱渴望,因为它们减弱并消除了男女间的界限和秘密,没有这些,爱情和性的吸引力也就不复存在了。

今天还有很多电影为观众展现了不同方式、不同程度的变态和恐怖情形。这些情景中充满了凶残的杀戮、拷问、折磨、尸体、强暴、外星生物入侵，以及人类所能想象和表达出来的各种形式的变态情形等，每个人都能想出很多这样的例子，并且会感到害怕或厌恶。艺术家在探索新事物、有趣的事件（现实）时，创造的所有这些作品，回应了一些观众的要求，但是同时，他们陷入了与其他观众及整个文化的强烈冲突中。问题在于，首先，现代艺术清楚地描述并美化病态的东西，加剧了众多心理问题和心理压力的症结；其次，这些描述使人们习惯于不正常现象，从而推动了联想的行为。但是也可能，这一切都已经不是艺术了？那么它们又是什么呢？而且，如何划定与艺术和艺术作品非常相像的代用物之间的界限？而现代艺术的责任究竟又是什么呢？

也许，这一问题并不存在？又或者它存在，但并不是作为现代艺术的问题，而是作为现代人类行为的伦理道德问题，而人类无力回应时代的威逼挑战，忽略了其中的大部分内容。艺术家不只是艺术家，他们还是人，他们必须面对职业和生活的抉择，他们开始分裂，并且内心充满矛盾。今天，未必可以肯定地说，在这些情况下需要做什么。在这里，我们也只好依靠人本身固有的生命自我保护的天性，当然还有思考、反省和专业教育。在某种程度上，艺术家们应该理解自己勇敢实验的后果，对于不成熟的观众（读者）以及整个文化将会产生怎样的影响。今天，他们仍然没有理解到这点，也不想去理解。很明显，如果不进行文明和善意的批评是行不通的，可是也不能走极端，去要求现代艺术服从道德，因为效果可能会适得其反。艺术是一件需要精雕细琢的事情，但是正因为他们是艺术家，就更应该要求他们作为人的行为必须具有伦理意义。因为艺术的本质应该是为文化和人类服务，而不是破坏它们。

最后，我要说明一下，我所对比的传统艺术与现代艺术，是典型的艺术。在具体的艺术创造和生活中,传统艺术和现代艺术是交叉共存的,正因为如此它也使艺术本身更加丰富。我在家看电视、读小说并且听"俄耳甫斯",但是这并不妨碍我去音乐厅、剧院和电影院。现代艺术变得平常,也没有因此而变得不是艺术,与其说要否认传统艺术,不如说要把它当作手段和材料用于自己的目的。而使用者为了理解传统及艺术中的新事物,被迫在自我发展中不断前进。从功能的角度出发,可以说上述所有艺术功能(世界观的、心理适应的、生活的、创新的和职权的功能)都被保留下来并发生了变异。但是总的看来,艺术越来越多地决定了存在的一个方面,我们称其为广义的"社会性"方面。

5. 技术工作者和人文工作者之间关于技术危机以及克服危机出路的对话

对技术概念所进行的分析显示,今天在文化方面,最有意义的三个技术评论是技术统治论、自然科学论及人文哲学论。

技术统治论的原始出发点是:现代世界是技术的世界,因此我们的文明经常被称为"技术文明",而技术是工具的系统,可以解决主要的文明问题,包括技术本身产生的问题。

对技术统治论的批评以及对技术现实范围和意义的阐释,为第二种观点创造了前提条件,在现代世界中,技术现实影响到人类生活的所有方面。精确科学的代表们尝试用他们习惯的方式看待技术,即把它作为服从一定规律的自然现象。揭示这些规律确保了预测和计算的可能性,以及将来控制技术发展的可能性,这一思想在技术群落的观点中已经非常合情合理地实现了。库德林认为技术的相关论述可以归入自然科学论述,他创建了关于技术现实的学说,并把这一学说称为"技术现实学"。库德林认为,技术现实学成为通用科学,其本质则是自然过程,在这一过程中,"技术事物脱离人类的愿望通过技术而产生"。非常明显,自然科学论补充了技术统治论。

为了更好地理解,技术统治论及自然科学论各自的拥护者是如何理解这种情况,并提出战胜我们文明危机的出路的,我们把技术统治论和自然科学的代表设定为辩论双方,对所提出的定位于人文价值的哲学论述进行讨论,并把辩论内容再现出来。按库德林的建议,我们把作为辩方的技术统治论及自然科学论的拥护者称为"技术工作者",而把反方称为"人文工作者"。

技术工作者(以下简称为T):技术的事物导致了技术事物的产生,这是当代的基本事实,而且并不是我一个人确认了它。著名的西班牙社会学家奥利万(M. C. Olivan)也提出过,他认为,"由于工艺本身而出现的技术发展"的社会因素,是决定我们文明面貌的主要因素。正在被技术圈越来越多地吞噬的不仅是生态圈,还有人类圈。海德格尔关于自然与人类转换为"座架",转变成技术的功能构成的论述不仅已被确认,而且成为常常被讨论的话题。但是问题正在于此。我个人没有任何倾向,像您一样,为这种情况感到担心,并且很紧张。但是技术群落的规则形成了,我们手里掌握着技术预测及计算的科学工具。当然,只有当管理学专家们开始听从我们的意见时,"技术现实学"才会使我们能够去控制自然力。

人文工作者(以下简称G):有趣的是,我们打算预测什么呢?是预测技术演化的不可挽回的趋势,还是我们文明不可避免的崩溃?库德林在自己的一项工作中指出,当工业发展使生产的技术产品数量达到不计其数时,这种崩溃就会发生。如果技术演化不取决于我们,那么我们唯一可以预测和确定的,实际上就是最终这一切的终结。如果我们破坏或改变技术演化的规律,那就是另一回事了。我们说美国20世纪80年代战胜了经济危机,汽车制造业职工把300美元的化油器换成25美元的汽车喷射器,使新型车燃油使用率提高了一倍。类似的例子还有,美国研制的绝缘材料在当时大大降低了家用供暖及空调的耗电量。你可能要问,是否可以说20世纪60年代技术演化规律的基本理论预言了这一改变?我想未必可以。在这里,正是在技术发展的规律性发生改变的情况下,人们才提出并解决了他之前认为不重要的或忽略的任务。

T:我确信新产品(比如喷射器和绝缘材料)也会是一种技术群。技术演化的规律是多方面的,顺便提一句,根据类似的规律建立的还有科学技术政策。要知道,在技术现实学中,所概括的群落和演化的规律同样适用于信息及社会的现实,而科学技术政策正属于这一范畴。从根本上说,人类应该服从这些规律。库德林在自己的研究中指出,人类的演化在向掌握技术群落的逻辑方面发展,特别是人的大脑开始有能力想象出"逻辑"和"正态曲线"的"样本"。人类回避技术科学的规律是没有意义的,如果不遵守规律,技术就会从演化中脱离出来,并在自己的发展中衰落。相反,争取面对演化过程才是最好的。人类可能会得出一个结论,即从演化规律的角度来看,人类并不完美。人类将会制定新的任务,使人类更完善,并使其适应技术演化。不排除一种可能,在未来通过使用先进的精确科学和工艺成果,对我们的身体和心理进行设计和创造。

G:这真是美好的未来!我想起在20世纪20年代末,苏联心理学创建者维戈茨基也是这样认为的。他认为,在未来的社会中,心理学将成为关于新人类的科学,在心理学知识的基础上,将建立新的生物类型,人类将位居生物学物种之首,并且是唯一的创造自我的物种。也许您就是创造新生活派和维戈茨基的拥护者。

但是,当我说到喷油器和新型绝缘材料的例子时,我指的却是另一回事。当这些产品成为大众产品时,其创建和使用的合理性完全由各种文件(设计的、标准的、使用的)来决定,而且在某一时期,这些产品的需求并没有降低,在这种情况下,它们可以被看成是一个技术群落。但是我注意到了另外一个方面:替换落后的产品以及改变新产品的要求非常强烈。很显然,在这种情况下文件迟早会与产品同时被改变。一位著名的日本经济学家和社会学家曾指出,现代产品的价格越来越多地取决于知识附加值。在选择产品时,时尚、广告效应、主观偏好及期待、价值等级等文化因素所起到的作用越来越重要。我们应该准备好在这样的世界中生活,在这里新规划、技术新事物及产品都要求把特有的功能进行独一无二的组合,它们会被持续不断地使用,随即又会让位给更独特的发明和商品,因此,由知识建立的价值变成了"一次性使用"的商品,使用之后就会尽可能快地被摆脱掉。这就是新工艺表现出来的趋势。技术及工艺发展的逻辑也发生了重要更迭,一些技术演化规律替换了另一些。库德林所写的这些正态分布的新规律,可能将不再是典型的,要知道我们谈的是代替大量可再生产品而去创造一次性及短期的产品。

T:不管怎么说,技术演化的规律始终都是占优势的,我还没有发现其他任何比这更重要的规律。至于作为这一理论模式终点的文明的终结,我们说可能是"核冬天"的清算,但是世界末日不应该来源于此。当然谁也不会否定技术发展的负面后果,而且从某种程度上说,正是为了对它们进行分析,才创建了技术现实学。但是,恰恰只有在现代工艺的基础上,才可以应对技术的不良后果。再举一个显而易见的例子:在20世纪70年代初,据统计世界石油储量为7000亿巴礼*,按现在的消费量可以使用40—50年。而在1987年,世界石油储量几乎已经达到2.9万亿巴礼。其他类资源的情况也是如此。您知道发生什么了吗?这是因为勘探和开采技术进步了,能源材料的使用、保存和获得的方法也改变了,而且还找到了其他可替代的能源。人类可以解决任何问题,其中包括那些技术发展本身所提出的任务,但是同样也只能在技术现

---

* 石油的度量单位,美制单位中 1 巴礼 = 119.24 升,英制单位中 1 巴礼 = 163.65 升。——译者

实的框架下实现。

G：您是乐观主义者，其他哲学家及学者们对这种情况的评价完全不一样。比如，拉奇科夫认为，若科学和技术继续向前发展，出现风险的情况就会越来越多，全人类的灾难发生的可能性也会逐渐增加。如果不早些考虑这些问题，那么只要这一过程有一次失控，就会立刻彻底崩溃。顺便说一句，您举的例子对我也很有用。那么，为什么只在几十年间就发生了这么剧烈的变化。您会看到，导致改变的主要因素不是技术，而是社会变革和需求。关于这一方面，很多研究者都曾指出过。现今，人们对生活质量的关注程度已经超过其所能获得的福祉。当然，技术的发展暂时还是会领先于社会的发展，但是情况正在逐渐改变。即使在这种情况下，我也是乐观主义者。

T：控制技术进化是不可能的，最好不要妨碍它，而是遵循它的规律。如果像科兹洛夫（Б. Н. Козлов）认为的那样，要对技术进行全面监控，那么就需要把整个地球变成一个技术系统，否则就不可能对技术进行监控。很明显，这根本是不可能实现的。最好的方式是让技术保持自我，不过我们要理解它的本质，不去阻碍它自我发展的动力，否则它就会更快地把我们带进危机中。那么，为什么我们仍然会那么紧张，比如通常会反复地说到技术和文明的危机，我个人没看到任何危机。如果它是危机，那么它又在哪里呢？

G：我看到的危机实际上很严重。正如韦伯所说，现在已经到了应该重新为技术"解除秘密"的时候了。在科学技术解读的框架下，我们已经不能解释技术的主要现象。比如，我们不理解为了人类而创造的技术和工艺，为什么常常会给人类带来危险及破坏力。问题在于今天技术（技术产品及建筑）创建的工程学方法并不是主要方法，由技术产生的工艺方法逐渐成为主导。

T：难道技术不总是通过一些同样的方式被创建，即在自然规律的基础上创建吗？

　　G：是的，在工程学中，技术的创建基础是一系列领域的研究：确保实践效果的自然科学、技术科学，以及用最先进的工程学开发一定的自然现象，等等。技术产生的工艺方法从根本上说是建立在另一些基础上的，主要是复杂活动的开展过程，包括一系列社会制度、管理及其内部的技术活动、设计、生产组织等。狭义的工艺是从19世纪末才开始成为研究对象的，可以说，现在人们对其本质的理解已经足够了解。对广义工艺的解读，只是近几十年才开始的。现在我们对于决定其运行和发展的一些规律和因素还理解得不够充分。

　　解密技术是必需的，因为技术惯有的模式已经不再适用其本质。对于现代人来说，技术，甚至工艺，首先是一种人工产物及人为制造的东西。人类创造（构思、设计、计算、制作）技术，然后把它用作自己活动的工具。但是，今天技术越来越多地展示出自己作为特殊的自然力和天然的一面。

　　人类面临的任务是掌握技术及工艺，并学会控制它的发展，获得对它们的控制权。我们已经不能容忍科学技术活动所带来的不良后果。

　　T：但是，这是现代技术解读的一般问题。那么危机在哪里？而且我也不明白，您是如何区分技术和工艺的。因为在英语中，这两个意义是用同一个词表达的。

　　G：我看到至少有四个领域存在着危机：非传统设计正在吞噬工程学，工艺压过了工程学，对工程活动不良后果的认知，以及传统科学技术世界图景的危机。

　　工程师们开始越来越多地对过程开展研究，特别是针对那些未经计算的、没有被自然和技术科学描述的过程。在今天不仅是设计者，还有许多工程师，都很赞同设计的拜物主义观念，即认为"在设计中构想出来的一切都是可以实现的"。工程学的设计方式导致了使用非计算过程和改变范围的急剧扩大。这一范围包括三类过程：对自然过程产生影响的过程，如空气污染、土壤改变、臭氧层的破坏、热排放等；活动和其他人工构成及系统的转变过程，如基础构成的改变；对人和整个社会产生影响的过程，如交通或电子计算机对人类生活方式、意识和行为产生的影响。

工艺对工程学发展产生了更重大的影响，同时也影响到其潜在的"错误"范围的扩大，即负面或不可控后果的范围正在不断扩大。

工艺发展的同时，技术及技术知识（学科、科学）发展的条件和机制也发生了根本性的改变。主要的任务不再是建立自然过程和技术构成之间的关系，也不是制定和计算工程师所创造的产品的主要过程和构造，而是进行各种组合——已经建立的技术理想客体的组合，已形成的不同种类的研究、工程及设计活动的组合，以及工艺发明过程、操作和原则的组合。发明活动和设计开始服务于这一过程，而这一过程与其说是由对自然过程的认知以及知识在技术中应用的可能性决定的，不如说是由广义解读的工艺内部发展的合理性决定的。

T：您对技术发展进行了另一种解读。我努力揭示技术发展的规律，而您确认了所发生的事。重要的是了解近代技术出现之前技术是如何发展的，而且在所建立的规则基础上预测它将如何继续发展。

G：我个人不认为技术是类似第一自然的现象。如果要说关于"技术的本质和规律"，那么它应该属于第二或第三自然的规律，根据马克思（Karl Marx）的观点，这是社会文化的规律。因此我一直在说，这一危机决定了现代社会文化对技术和工艺的要求。

工程学现实的负面后果为三类危机"贡献"了自己的力量：对自然的破坏和改变（生态危机）、对人类的改变和损害（人类学的危机），以及对第二和第三自然不可控的改变，即活动、组织和社会基础结构的改变（发展危机）。

技术发展对人类及其生活方式所产生的影响与对自然的影响相比，并不那么显而易见。但是，这种影响是本质性的。比如，人类对技术保障系统的完全依赖，人类应该遵循的技术节奏(生产、运输和沟通、规划的开始和结束、过程的进展速度)，或者不断产生的技术革新需求。

T：难道近代技术产生之前技术没有对自然和人类产生过影响吗？比如撒哈拉沙漠，它就是由于畜牧业的失控发展而导致的。但是，人类总是可以应对自己的活动。我相信，现在也可以应付过去。

G：是的，但是今天人类与自然已经来不及适应技术文明的迅猛发展。我同意，之前一些技术创新及变革带来了其他一些改变。比如，冶金的发展导致了矿井、矿场、新工厂和道路等的建造，使新的研究和工程加工变成了必须要做的事。但是，在19世纪中期之前，这些转变及改变发展的速度，使人类及部分自然还来得及适应它们(习惯、创建补偿机制及其他条件)。在20世纪，各种变化的速度突飞猛进，改变链几乎瞬间扩散到所有生活领域，其结果是科学技术进步的负面结果明显浮出水面并成为问题。

T：那又该怎么办呢？要知道人类需要更快地行进、飞得更高、生活得更好。由此造成的负面后果是，为了满足我们的需求而付出了自然的代价。

G：有人说，现在我们人类的生活正在归结为各种需求的满足，而这些不断增长的需求很大程度上是由科学技术的进步决定的，科技进步改变了人类，正如海德格尔所说，人类已经成为"座架"，即失去了自由。关于人类从技术控制下解放出来的问题，以及重新审视自己对待技术和自然的态度问题，这些问题并不是平白无故地被提出来的。另外，我相信今天必须重新审视传统科学工程学世界图景的所有主要组成部分，包括技术观本身。这种观点认为：科技进步产生的所有问题可以由科学-工程学的合理方式解决。其实未必会如此。需要考虑的是,在人类社会中,活动属于各种文化分系统,而且在这方面应该遵循其存在的合理性,特别是价值关系。与理性基础上组织的各种活动不同,文化系统存在的特点是定位不同,有时甚至是相互对立的力量和价值之间的相互作用和斗争。

人类活动的本质很大程度上正是取决于文化的构成,它包括两个不同的层面——理性基础上组织的活动和行为,以及根据另一种逻辑存在的文化构成(分系统)。正因为如此,今天社会上出现的大部分问题都不能简单地通过科学技术方式成功地得以解决。

T:但是,难道人类在沉睡,不能对您所指出的问题作出反应吗?实际上工程师们正在研究和创建无排放生产,以及对人类无害的新工艺(电子计算机、绿色能源、用非传统材料制造机器)和封闭循环的生产,人们开始更多地使用针对生物技术发展的技术方法。与此同时,政策思想领域也在寻找制定集体责任及管理限制的系统方法,比如不再生产会破坏臭氧层的物质,减少大气热排放,以及不再考虑会带来危害的原子能发电站的建设,等等。

G:这些当然都是必需的,但是这仍然不够。技术哲学指出了另一种途径:对我们技术文明所依据的观点本身进行批判性的重新思考,首先是关于自然科学及工程技术的观念。

总的来说,传统的技术观终结了自己,今天必须建立新的技术观。这里主要的问题是:自然(第一及第二自然)的力量如何实现? 如何使它们服务于人类及社会并符合人类的目标和观念? 后者所要求的是:破坏过程的减少,文明的安全发展,人类从技术的控制下解放出来,提高生活质量。但是还会产生另一个问题,这样的发展是否可以同时保障数十亿人在地球上拥有可接受的、配得上的生存水平,同时还可以恢复地球的原始自然?

还有如何控制现代工程活动、设计及工艺引起的改变问题? 而且大部分改变(自然过程的改变、人的改变、第二及第三自然不可控的改变)只能进行最近时期的估算。比如,目前已经很难或不可能在区域乃至全球层面来计算并控制热量排放、有害物质及其排放、土壤及地下水的改变。同样也很难获得技术、基础结构、活动或组织发生改变的相应区域以及全球的图景。在技术影响下的生活方式及人类需求发生了转变,同时也改变了科学描述工作,尤其是精准预测。那么如何在这种不确定的情况下发挥作用呢?

T:我觉得,您之前提到的不是关于技术,而是关于社会管理。但我感兴趣的是技术。

G:毫无疑问,应该改变对技术的解读本身。首先必须抛开技术的自然主义概念,应该用人文学的解读来替换它,既要理解它是作为复杂的智力及社会文化过程而出现的(认知及研究、工程及设计的活动、工艺的发展、经济及政治决策的领域等),又要明白它也是人类生活的特殊环境,是人类被迫接受的环境原型、运行的节奏、美学典范。

新的工程及技术要求建立另一种科学——技术世界图景。新的图景已经不能建构在自由使用自然力、能源及材料的观念上。在近代技术出现的时代(文艺复兴时期及16—17世纪),这些有效的观念可以建立起工程学的构想及模式。但是,今天它们已经不适应新形势。新的工程和技术是与不同自然(第一和第二自然及文化)工作的能力,是专注倾听自我以及文化的能力。倾听就意味着理解我们所赞同的技术及技术文明,了解哪些技术发展价值是我们所固有的,哪些是对人类及其优势的解读,以及哪些是与我们对自身文化、历史和未来的理解无法兼容的。

T:如果根据您的提议,那么可能会改变技术发展特点,并要求人类进行更多的改变,如价值观念的改变、生活方式的改变、实践本身的改变。从根本上说,这将意味着逐渐脱离文明的现有类型,并尝试建立新的文明。那么这个新的文明难道会不需要技术吗？

G：当然，这个新的未来文明同样也是建立在技术的基础上，但却是另一种技术基础，也许会带来其他的可能性。更重要的是，新的技术对于人类生活和发展将会更安全。人类未必有另一种出路，比如，什么都不改变或者把现有技术进行人文化的改变。情况已经十分严峻，而且正在迅速地发生着变化，希望我们能少付出些代价而应对过去。

T：但是，为什么仍然不能从外在对工艺发展及技术进行理性控制？技术哲学家迈斯津认为，我们的社会应该有意识地去了解并监控工艺，使其服从高尚的社会目的，由此可见，我们需要付出大量努力去探索评估这些后果的方法，而且不仅仅是估算在经济中产生的重要影响和后果。托夫勒认为必须对工艺进行筛选，保留那些服务于长期的社会和经济目标的工艺。他认为，与其为我们的技术建立目标，不如在更广泛的工艺前沿方向上实现社会监督，提前分析新的技术方法会带来哪些潜在的有害影响，重新制定或者完全停止可能带来危险的设计。

G：我们限制技术发展是为了什么呢？是为了保护地球上的生命，或者保护自然和人类的健康，而要对技术意义进行重新思考？这种赌注是不是值得这些努力呢？

T：正是为了保护地球上的生命、自然和人类健康，必须利用现代工艺，没有它们，就无法解决这些全球性问题。

G：您说过，"技术的事物由技术产生"。在今天，技术的发展已经不再是为了解决生命攸关的社会问题，并且技术工作人员和工程师们对解决社会问题的关心只排在第二位。这就是原因。现有技术的发展对所有社会机构都是有利的，如政府、工业及消费领域，但却并不是对人类有益，因为大家认为重要的是可获得并使用越来越多、越来越新的服务、物品和机器。

我的意见是，技术的发展不是为了技术，而是为了人类。我完全不是反对技术，我是赞成的！但我赞成的是那种不良后果降到最低的技术，可以保护好并增加资源且不会对人类的消费和生活方式指手画脚的技术。如果技术要引导人类的话，那么人类要有能力判断并选择，该技术是否限制了自己的自由。为了建立这类技术，就应该把所提出的任务放在主要位置上，而不只是为了追求生活的舒适和各种能力的扩展。比如把努力的方向从新工艺的研制转移到对工艺本质的研究，以及工艺创新和发展后果的研究。问题在于，现代教育一直以来培养的各类专家（工程师、工艺师、管理者、政治家）对技术的理解都是传统的，都是在您所提出的"技术的事物由技术产生"的公式框架下。而现在需要的是，通过教育促进另一种公式"社会的事物决定技术的事物"的实现。今天，"社会的事物"是指保护地球上的生命、自然和人类的健康，创造条件去建立完全合乎需要的，特别是满足精神方面要求的人类生活。

T：或许，我也会赞成这样的技术。如果谈到技术，那么技术现实学的所有规则都会发挥作用。不过谁都没有向任何人证明过，科学和技术会带给我们不可避免的毁灭。也许地球变暖并不是因为工业向大气中排放了热能，而只是一种几十年周期性的自然循环，又或许是因为无数的火山大量喷发的结果。

G：但是谁也没有证明我们的发展没有产生灾难，这种发展趋势即使有最小的可能性，我们也会有最大的责任。

T：这是谁的责任呢？我们的？难道我应该停止使用技术，不再坐飞机，不再使用电脑工作？我一年只去山里采一次草药，在那里生活简直不可能。

G：我们不要抬杠，我知道，您是优秀的专家，参与过许多大型项目的设计。但是，很多事情取决于个体的人，因为所有的改变都是从个人的倡议和反对开始的，而且我不只是技术专家，我还是技术哲学的教育者。

当然，我不建议完全拒绝技术并放弃现代生活的舒适性，确实，在今天这也是不可能的。我们未必能改善自己的命运，我们应当批判性地思考现有的生活，分析它，认真思考矛盾的两难选择。在这个方面，首先要做的就是引导我们远离危险和灾难。第一步要做的是改变个人对技术、生活、任务和思想的认识。

T：我不会反对这种共同的立场。但是您怎样去具体理解，是什么让我们去改变自己的生活？

G：我们可以想象，如果工艺发展的负面效应及灾难性后果不断增加，那么就会有越来越多的人去思考不幸的原因，并试图改变自己的生活方式。现代文明的精英（哲学家、学者、政治家、管理者、国家活动家等）将逐渐理解情况的严重性，而且重要的是，开始转变为新的行为方式，采用新方法解决问题。

在这里只有关于自然和工艺本质的知识是不够的，况且，这些知识也只是局部的。研究显示，广义的工艺是超复杂的有机系统。虽然其内部运行着人工的机制，比如认知的形式及社会影响体系，但是想要通过它们控制工艺发展，或者只是监督性地对其施加影响，这也是很天真的想法。从根本上说，问题的解决在于改变我们文明的类型，使它更加理智且安全。但是，文明不是创世主的活动，现在，甚至针对个别社会机构改革的简单努力都会成为问题。

出路只有一个，从自我开始，唯一的希望就是：思考着的个人。顺便提一句，历史上已经有过这样的例子，比如古希腊文明到中世纪文明的转变。当然，我们说的不是关于基督新教，但是通过这种方案解决的事件已经获得强大的发展。技术文明的危机或早或晚都会成为全体人类的危机，在灾难后果及技术工程破坏的影响下，忽略它已经是不可能的了。在这里，个人也会发挥自己的作用。为了保护地球上的生命，拯救自然和动物,为了自己和自己的亲人而去拒绝很多昂贵的东西和过去的生活习惯,或者重新树立健康的、简单的、理智的、有限制的生活价值观,还要关注自己活动的后果及其他方面。开始可能不会有很多人这样做,但是慢慢地就会有成千上万的人开始这样做。人类为了生存下来并维持正常的生存和发展,必须建立新的道德。比如,拒绝所有威胁自然或文化的设计项目,学会用新的方式使用技术及工艺,并保持对其进行的监控,完全重新建构自己活动的利益和特点。不再认为福祉、舒适、力量的增长是重要的,而更加重视安全的发展、对原有手段进行监督、探索必要的条件和限制。其中包括,从整体上监控出生率,只支持那些保障健康生活方式的消费标准,理智地使用技术手段和产品。当然,自下而上的个体努力应该得到自上而下的来自国家和其他机构的支持。

6. 科学幻想的悖论

我们这一代人都很了解,科学幻想在20世纪60年代的文化生活中起到了怎样的作用。在这个时期出版了一系列科幻作品,单本或合集,其中有许多作品大家可能都阅读、讨论或传阅过。斯坦尼斯拉夫(G. Stanislav)、布拉德伯里(R. D. Bradbury)、斯特鲁加斯基兄弟(Брáтья Стругáцкие)、布雷切夫(К. Булычёв)以及许多其他科幻作家的作品,在当时已经控制了知识界,给每个人留下深刻印象和感受。但是从20世纪70年代末开始,人们对这一文学体裁突然失去了兴趣,到了20世纪80年代中期,科学幻想的热潮实际上就被遗忘了。在我们这个年代,已经很难理解,我们怎么会为幻想出来的那些不切实际的事情而激动。奇怪的是,不清楚科技幻想的浪潮为什么会出现在20世纪60年代中期,并且持续了将近10年,而且同样也不清楚,为什么这股浪潮几乎毫无征兆地一下子就消失了。

如果今天再次面对这些科幻作品中的情节,你就会感到惊奇,它们的读者一般来说都是受过良好教育的人,而且通常是一些具有自然科学和技术知识的人,他们怎么就会被那些以严肃科学和工程学观点来看未必会发生的事情和情景强烈地吸引呢? 很清楚,凡尔纳(J. G. Verne)和威尔斯(H. G. Wells)在自己的小说中预见了不远的未来,可以说这是艺术对科学进步的预测,而后来发生的事情证明,这一预测相对真实。但是,20世纪60年代科幻作家们幻想出来的大部分情节几乎都是异想天开的,它们能成为真实的可能性完全没有那么大。但奇怪的是,虽然也有很多人文主义者被这些科幻作品所吸引,但是真正将其作为心爱之物的仍然是科学和技术界的知识分子们。

还有一种悖论,科幻作品中的事件和情节虽然完全不符合实际,但却能强烈地感染读者,并且在日常的生活中鼓励和帮助他们。今天如果重读当年的那些经典科幻作品,你就会感到非常惊奇,这些不那么真实的情节和事件怎么会令人鼓舞,并带来能量? 而且,为什么今天很多读者没有多少兴趣去阅读科幻题材的作品呢?

莱姆(S. Lem)在自己的作品《科幻及未来学》中试图回答这些问题,他写道:"在某一时期,科幻作品中描写的是威尔斯的神启、发明、神话,而后来就变成了警示和排忧解闷的消遣故事。赋予自己小说所特有的操控世界的权力,只是为了在读者面前毁灭这个世界,在成千上万的这类例子中,科幻作品证明了自己在艺术方面的无能为力。"[170,2卷,44页]莱姆认为,科幻作品的发展变得如此可惜,是由于后来的一些科学幻想情节背离了对思想高峰的追求。[170,2卷,547页]当然,莱姆的观察很有趣,但也说明不了什么。

在20世纪60年代的知识界,出现了两种世界体系的斗争,独特的英雄主义精神和对星球及创世纪的向往,尽管这在今天看起来很奇怪。

创造并研制核武器、核反应系统、现代预警体系及监督等,这些都加深了人们对自然科学、技术科学和工程学的崇拜。从发明越来越多的现代机器到重新设计产品并改善自然本身,学者和工程师们仿佛无所不能。悖论在于,从自然规律出发,人类是准备用工程技术的方法改变并重建自然,而且开启了宇宙开发的新时代,发射了第一批卫星,为人类展开了宏伟蓝图,准确地说是征服宇宙、新的星球和宇宙世界。当然,即使是真正去开发我们的太阳系,那也是在极其遥远的将来。虽然赞同宇宙开发的论证没有超过反对的论证,但是不解决地球上经常威胁人类生活本身的一系列刻不容缓的问题,我们就不仅不能开发宇宙空间,而且也无法保护我们的文明。然而在20世纪60年代,人们的理解还没有达到这种程度,相反,仿佛人类面前出现的是因宇宙开发而展开的美好未来,地球人的未来只能出现在那里,在高高的宇宙空间之中。

所有这些情况至少反映出三个方面:英雄主义精神、发展和体会无所不能的技术和科学,以及由宇宙开发而展开的人类前景。这三个方面在西方及俄罗斯都呈现出了独一无二的社会-心理学情况。受过教育的人,特别是青年们,被新观念及感受所吸引,而今天我们认为,这是被相关的神话——人类强大的神话、科学技术强大的神话,以及征服宇宙的神话——所吸引。20世纪60年代的人们生活在如此激情的氛围中,在相对较短的时期内感受到独特的历史焦虑,期待科技神话所鼓吹的事件。永远只是救世主把种子撒在疏松的、翻整后的土地上,而这些的发生只能通过科幻文学。为什么偏偏是科幻文学完成了这一角色,满足了20世纪60年代人类的精神渴求?

为了明白这一点,我们分析一个例子,阿西莫夫(I. Asimov)的著名科幻小说《永恒的终结》。这部独具特色的小说的情节是这样的:主人公哈伦是一名技术人员,他发现自己正在被训练去完成一项不同寻常的使命。事情发生在依靠科学和技术而成功建立的"永恒时空"的文明中,这是某一封闭的社会及科学的分系统,其使命是改变其他人类的历史现实。智慧精英控制着"永恒时空",这些精英规划并评判人类发展的轨迹(精英的座右铭——谨慎、安全、节制、低风险),如果某一轨迹(如宇宙技术的迅猛发展)被评价为危险的,而且精英认为,它过度消耗了资源或增加了人类毁灭的风险等,精英就会决定干涉历史进程,改变历史现实。现实的改变是在技术人员的精确计算的基础上实现的,从"永恒时空"进入普通的现实,进行一定的改变(比如用物理方法移动某些物体,覆盖或清除一定的信息,或者相反,把某种重要的信息传递给需要的人,等等)。其他存在于"永恒时空"之外的人类,一点都不知道精英的真实目的,就好像不知道关于历史现实的数次变化一样。很显然,在历史现实的这种改变之后,没有人提出申诉,事前也没有人怀疑事情的真实情况。

这样一来,时空技师哈伦展开了自己的调查(一般来说这是不允许的),他了解到"永恒时空"会带来毁灭的危险。问题在于,在过去,在29世纪,一个叫马兰索的人发明了非永恒场,正是该场的研制最终导致了"永恒时空"的建立。马兰索需要从未来获取一些信息,没有这些信息他就不可能创造出非永恒场的发动机,而历史就将走向另一条路,永恒时空就不会出现。哈伦的使命就是,在时间机上把自己的学生库珀送回到过去,为马兰索传递必要的信息。只有在这种情况下"永恒时空"才可以被拯救。在运送的千钧一发之际,爱情降临了。不死的哈伦爱上了地球上的姑娘诺依。在历史现实的周期即将改变之时,为了拯救她,哈伦把她从普通生命空间运送到了"永恒时空"。但是,"永恒时空"的委员会掠去了哈伦的爱人。哈伦为了拯救自己的爱人,决定消灭"永恒时空"。他没有把库珀送回29世纪,而是送到了20世纪。为了拯救"永恒时空"(唯一的成功机会是,哈伦需要到20世纪与库珀会合),精英委员会商量满足哈伦的所有要求,把诺依还给了他。哈伦与诺依一起通过时光机来到了20世纪。而且就是在那儿,在20世纪,在与库珀会面前几个小时,哈伦推测到他的爱人是从未来返回来阻止他的。诺依所属的未来人类了解到某人在过去改变了历史现实,并把世界封闭起来以免受到过去的影响,未来人类为自己提出了任务,打破掌控"永恒时空"的精英的企图。面临选择的诺依也对哈伦一见钟情,她巧妙地完成了自己的角色。小说结尾非常富有戏剧性,但是,所有结局都是完美的。为了履行"永恒时空"的职责,哈伦最初决定杀死自己的爱人。但是诺依跟他解释,每个人及整个人类都有权力拥有自己的生活和历史,而且有权评价"永恒空间"中没有感情的精英的行动。哈伦放弃了自己的打算,不再履行自己的使命,与诺依一起留在20世纪生活,展开了新的历史,一个没有"永恒"的历史,历史现实也没有发生可怕的改变。

我们现在评论一下这部小说。

当第一次读这部小说的时候,读者可以解决自己的历史焦虑,满足其个人的神话期待。实际上,男主人公出现在强大的技术文明中,一个可以计算出来的"未来",而且不仅可以计算出"未来",实际上还创建了它,就好像我们的政府替其他人决定他们的命运,使河流转向,把沼泽弄干,向沙漠引灌。凭借着科学计算和无限的技术能力,"永恒空间"的精英们决定并安排整个人类的命运。在这里,读者会碰到关于时间佯谬的物理问题,而这些都是20世纪60年代的人感兴趣的东西。从根本上说,小说的整个开端都是建立在这些悖论上。为了"永恒时空"的出现,必须有来自未来的信息,但是这怎么可能,如果未来尚未存在?为了把未来与过去隔绝起来,需要把它看成是独立于过去的,而实际上它们是相互关联的。为了完成从未来到过去的时间旅行,需要脱离历史时间,否则未来就会影响过去,这已经不是未来的目的。但是处于时间之外,就不能在其中旅行,小说中有很多诸如此类的、矛盾的时间问题。

当第二次阅读时，读者就开始明白，小说的构思并不那么简单。要知道，在这里实际上突出描写了技术法西斯主义。虽然"永恒空间"的精英可能抱有很好的想法，希望造福于整个人类，使他们的生活更平静安全，但是，实际上他们掌握着几十亿人的生命，却又什么都不告诉他们。那么如果人类和整个文明因为"理智的操控"结果而灭亡，人们是不会答应的。况且，如果情况显示理性的判定是错误的，或者原则上这些精英的发挥水平受限，那该怎么办？读者可以思考这些并不简单的问题：自己是如何理解未来的？是否可以不告知其他人，就安排他们的命运？除了技术控制及工艺（预测、规划、计算、管理、变革），还有哪些活动可以由国家来完成？不管怎么说，阅读这类中长篇小说，我们会看到，如果按照科学技术的逻辑来思考，实现主要的时间神话，如人类强大的神话、科学及技术强大的神话、理性监管的神话，而获得的东西并不是希望得到的东西，由此会形成可怕的现实，而这点就很难令人赞同了。

对这些科幻作品的分析是否可以说服我们相信，科幻文学完成了两个主要任务：首先，使20世纪60年代的人解决了自己的历史焦虑，以艺术的形式实现了主要的时间神话（我们发现，艺术相比普通现实更有助于人类的认知）；其次，带领读者进入一种现实，在这种现实中可以合理地虚构并展示这些神话和愿望。用艺术的方法对来自这类神话的后果进行分析，科幻作家们自己经常惊奇地发现，建立在这些希望上的未来，看起来或者是非常奇怪的，或者是具有威胁性的。科幻文学还有一个不能忽视的功能，作为一种新形式和可能的艺术现实，这种文学对于20世纪60—70年代具有一定科学技术知识的那些人来说，是非常有趣的。作者开始研究分析通过艺术手段表现出来的科学幻想所创造的宇宙世界的潜力，而读者想象着征服这些宇宙世界，穿越到未来或过去去旅行，了解虚构的现实。在这些宇宙世界和旅行中，该时间中的人不仅经历与众不同的、有趣的情景和事件,还要克服一系列令他痛苦的事情,因为他们要克服科技狂热及恐惧。比如,他们要摆脱面对核武器、宇宙里其他世界的入侵者,以及全面技术化和机器人的恐惧。

最后,从本质上说,结局是次要的,但是对于科学发展的研究来说,则完全是重要的。科幻文学使哲学家及学者们重新分析现代思想的一系列基本概念。这些概念包括:关于过去和未来的时间概念、生命的概念、技术的概念、人类存在的意义等。尤其是在讨论关于"未来"和"时间"的概念时,表达了物理主义者对它们的阐释。通常,引起悖论的还有社会人文学的阐释。后者通常包括这样一些方面,比如时间及未来的观念,以及独特的相互作用的"过去-人-未来"体系。问题在于,在共同体和文化中,人类通过自己的想法和行动实际上不仅决定了对过去的解读,还决定了历史时间和事件的经过,比如,柏拉图关于"国家"和"法律"的观点——这是未来的管理方法,是最早的构想,以及对我们生活实践的一种设计。

这里所说的科学幻想功能还有另一种,即作为一种特殊的认知形式,它通过艺术或准艺术形式,对可能存在的宇宙世界以及对这些宇宙世界的创造方法进行认知。兹戈热里斯基(A. Згожельский)在《幻想作品、乌托邦、科学幻想》一书中写道:"科学幻想代替了建立现实的艺术再现,公开提出了宇宙世界的模式,吸引读者进入对所有模式以及个人小宇宙的认知过程。"[171,186页]对于莱姆来说,科学幻想是一种认知宇宙世界的特殊方法,采取了"对社会现象的理性-实验的态度"。[170,2卷,427页]

为什么20世纪70年代中末期科学幻想的热潮很快就消失了?难道不能在宇宙世界和科学幻想的现实中旅行得更远吗?比如,巴赫和亨德尔(G. F. Händel)的音乐已经有几百年了,但是我们仍然不会厌倦和舍弃它们。也许是因为这些关于时间和希望的科学技术神话大部分是虚构的,而作者和幻想家们已经江郎才尽？此外,人类在20世纪60年代中期的很多愿望(宇宙的开发、机器人代替人类、管理自然等)的实现推迟到了不确定的遥远未来,使很多人的英雄主义体验几乎在20世纪70年代中期就消失了。20世纪80年代中期,莱姆接受别列斯(C. Берес)采访时的回答有力地说明了这一点。莱姆认为科学幻想是"为尝试治愈绝症病人所耗费的无数的纸张",而伟大的幻想家们仍然认为,"如果我只能在一个有很多人受苦,但文化氛围强大的社会和一个使人愚钝的、文化枯竭的,但却是富裕的社会之间作选择,那么我会说,让文化消失总比让人消失好些"。[169,6卷,54页]最初的科幻作品所具有的丰富情节和主题也慢慢消失了。但是,为什么我们说与音乐主题不同？不管科幻情节和主题有多么丰富多彩,它仍然是通过智力米建构实际上在真实的生活中并不存在的事件的一种过程。而音乐的主题却可以使人尽情体验或者摆脱现实中使他激动的感觉和情感。当然,在科幻文学的基础上,狂热者同样完全可以被那些令人激动的情节和事件所吸引,但是我们不得不承认,大部分读者还是对这一体裁并不热衷。

即便如此,我想以另一种论调来结束本节。我相信,在我们科学技术定位的文化中,科学幻想的意义不应当被过于低估。由于它的出现,人类实现了科学技术神话,开始可以在艺术领域中根除对科学技术的狂热和恐惧,并产生了一种有趣的文学体裁,使人类有可能去认识特殊的宇宙世界和现实,并尽情地遨游其中。

参考文献

1. *Аристотель*. Метафизика. М.-Л., 1934.

2. *Аристотель*. Физика. М., 1936.

3. *Аристотель*. Поэтика. М., 1957.

4. *Аристотель*. Аналитики. 1952.

5. *Архимед*. Сочинения. М., 1962.

6. *Ахманов* А. С. Логическое учение Аристотеля. М., 1960.

7. *Ахутин* А. В. Понятие "природа" в античности и в Новое время. М., 1988.

8. *Батищев Г. С. Культура*, природа и псевдоприродные феномены в историческом процессе.//Проблемы теории культуры. М., 1977.

9. *Бибихин* В. В. "Третья волна"? (О футурологии А. Тоффлера)// Социальные проблемы современной техники. (Препринт) М., 1986.

10. *Бруно* Дж. Изгнание торжествующего зверя. СПб., 1914.

11. *Бэкон* Ф. Великое восстановление наук. Собр. соч.

12. *Бэкон* Ф. Новый органон. Л., 1935.

13. *Ван-дер-Варден*. Пробуждающаяся наука. М., 1959.

14. *Вебер* М. Исследования по методологии науки. М., 1980.

15. *Гайденко П. П.* Категория времени в буржуазной европейской философии истории XX века//Философские проблемы исторической науки. М., 1969.

16. *Гайденко П. П.* Эволюция понятия науки. М., 1980.

17. *Галилей* Г. Беседы и математические доказательства, касающиеся двух новых отраслей науки//Галилей Г. Избранные труды: В 2. - хт - М., 1964, Т. 2.

18. *Гемуев И. Н.* Мировоззрение манси: дом и космос. Новосибирск, 1990.

19. *Глазычев В. Л.* Организация архитектурного проектирования. М., 1977.

20. *Глушков В. М.* Вычислительная и организационная техника в строительстве и проектировании. М., 1964.

21. *Горохов В. Г.* Методологический анализ развития теоретического

знания в современных технических науках. дисс. докт. философ. наук. М.,
1985.

22. Горохов *В. Г.*, *Розин В. М.* Введение в философию техники. М.,
1998.

23. Грант Д. *П.* Философия, культура, технология: перспективы на
будущее.//Социальные проблемы современной техники (Препринт). ИФРАН.
М., 1986.

24. *Григорьев Э. П.* Теория и практика машинного проектирования
объектов строительства. М., 1974.

25. *Григорьева Н. И.* Парадоксы платоновского "Тимея": диалог и гимн.
//Поэтика древнегреческой литературы. М., 1981.

26. *Гюйгенс* Х. Три мемуара по механике. М., 1951.

27. Дильс *Г.* Античная техника. М. - Л., 1934.

28. *Иванов Б. И.*, Чешев В. В. Становление и развитие технических
наук. Л., 1977.

29. *Каныгин* Ю. М., *Калитич Г. И.* Информация и управление научно-
техническим прогрессом. Киев. 1988.

30. *Клочков И. С.* Духовная культура вавилонии: человек, судьба,
время. М., 1983.

31. *Косарева* Л. М. Герметизм и формирование науки Нового времени//
Герметизм и формирование науки. Р. С. М., 1983.

32. *Кудрин Б. И.* Технетика: Новая парадигма философии техники
(третья научная картина мира) Препринт. Томск, 1998.

33. *Кудрин Б. И.* Введение в технетику. Томск, 1993.

34. *Кудрин Б. И.* Введение в науку о технической реальности.
Автореферат докторской дисс. М., 1996.

35. *Майор Ф. С.* Завтра всегда поздно. М., 1989.

36. *Мартин Дж.* Телематическое общество. Вызов ближайшего
будущего.//Новая технократическая волна на Западе. М., 1986.

37. *Мемфорд Л.* Техника и природа человека.//Новая технократическая
волна на Западе.

38. Методология и социология техники. Новосибирск, 1990.

39. *Митчем К.* Что такое философия техники? М., 1995.

40. *Мооскалева* А. С. Математика и философия//Проблемы исследования
структуры науки. Новосибирск, 1967.

41. *Нейгебауер О.* Точные науки в древности. М., 1968.

42. *Неретина С . С .* Верующий разум . К истории средневековой
философии . Архангельск, 1995.

43. *Неретина С. С.* Слово и текст в средневековой культуре. История: миф, время, загадка. М., 1994.

44. Перспективы информатизации общества. М., 1990.

45. Пико делла Мирондола Речь о достоинстве человека//История эстетики. М., 1962.

46. *Платон.* Государство//Сочинения. М., 1994. Т. 3.

47. *Платон.* Федон.//Сочинения. М., 1993. Т. 2.

48. Проблемы теории проектирования предметной среды. М., 1974. Труды ВНИИТЭ Вып. 8.

49. *Ракитов А. И.* Информатизация общества: состояние, структура, перспективы.//Перспективы информатизации общества. М., 1990.

50. *Раппапорт А. Г.* От определения проектирования к его теории. Труды ВНИИТЭ, Вып. 8.

51. *Рачков В. П.* Техника и ее роль в судьбах человечества. Свердловск 1991.

52. *Розенберг* А. Философия архитектуры. М., 1923.

53. *Розин В. М.* К проблеме метода научной реконструкции истории точных наук.//Историко-астроном. исслед. М., 1989. Вып. 21.

54. *Розин В* Размышление о смерти и бессмертии (культурно – антропологический и эзотерический аспекты) // Параплюс 1996. № 2.

55. *Розин В. М.* Специфика и формирование естественных, технических и гуманитарных наук. Красноярск 1989.

56. *Розин В. М.* Культурология. М., 1998.

57. *Розин В. М.* Семиотический анализ знаковых средств математики.// Семиотика и восточные языки. М., 1967.

58. *Розин В. М.* Логический анализ математических знаний (канд. дис.). М., 1968.

59. *Розин В. М.* Особенности формирования естественных, технических и гуманитарных наук: докт. дис. М., 1990.

60. *Розин В. М.* Эзотерический мир. ОНС N4, 1992.

61. *Розин В. М.* Эзотерическое мироощущение в контексте культуры. ОНС N5, 1993.

62. *Розин В. М.* Где живет баба-яга.//Литературная учеба. N2 1985.

63. *Розин В . М .* Опыт гуманитарного исследования художественной реальности поэтических произведений.//Проблема гуманитарного познания. Новос. 1986.

64. *Розин В. М.* Исследование музыкальной реальности и выразительных средств музыки.//Выразительные средства музыки. Красноярск, 1988.

65. *Розин В. М.* Культура и психическое развитие человека.//Вопросы психологии, N3, 1988.

66. *Розин В. М.* Природа сновидений и переживания произведений искусств: опыт гуманитарного и социального психологического объяснения. //Сонсемиотическое окно. XXVI е Випперовские чтения. М., 1993.

67. *Розов Н. С.* Философия гуманитарного образования. М., 1993.

68. *Сколимовски X.* Философия техники как философия человека.//Новая технократическая волна на Западе. М., 1986.

69. *Смирнова Г. Е.* Критика буржуазной философии. Л., 1976.

70. Социально философские и методологические проблемы информатики вычислительной техники и средств автоматизации.//Вопр. философии, 1986. №№ 911.

71. *Степин В. С.* Эпоха перемен и сценарии будущего. М., 1996.

72. *Табачникова С.* Мишель Фуко: историк настоящего//Фуко М. Воля к истине. По ту сторону знания, власти и сексуальности. М., 1996.

73. Творения Иоанна Златоуста, Архиепископа Константинопольского. СПб., 1896. Т. 2, кн. 1.

74. Философия техники: история и современность. ИФРАН, М., 1997.

75. *Фуко М.* Воля к истине. По ту сторону знания, власти и сексуальности. М., 1996.

76. *Фуко М.* Что такое Просвещение?//Вопросы методологии. № 1-2, 1996.

77. *Фуко М.* Герменевтика субъекта//Социо-Логос. М., 1991.

78. *Хайдеггер М.* Вопрос о технике//Мартин Хайдеггер Время и бытие: Статьи и выступления. М., 1993.

79. *Хайдеггер М.* Разговор на проселочной дороге. Изб. ст. М., 1991.

80. *Хайдеггер М.* О сущности истины. Там же.

81. *Харитонович Д. Э.* Ремесло в системе народной культуры западноевропейского средневековья: дисс. канд. филос. наук. М., 1983.

82. *Хейердал Т.* Аку Аку. М., 1959.

83. *Хёсле В.* Философия техники М. Хайдеггера//Философия Мартина Хайдеггера и современность. М., 1991.

84. *Хилл П.* Наука и искусство проектирования. М., 1973.

85. *Хюбнер К.* Истина мифа. М., 1996.

86. *Шеркова Т.* Выхождение в день//Архетип. 1996. № 1.

87. *Щадов М. И. Чернегов Ю. А. Чернегов Н. Ю.* Методология инженерного творчества в минерально сырьевом комплексе. Т. 1, М., 1995.

88. *Энгельмейер П. К.* Философия техники. М., 1912. Вып. 2.

89. *Эллюль Ж.* Другая революция.//Социальные проблемы современной техники. (Препринт). М., 1986.

90. *Эллюль Ж.* Технологический блеф.//Перспективы мирового развития в западной литературе. Ч. 2. М., ИФРАН 1990.

91. *Ясперс К.* Современная техника.//Новая технократическая волна на Западе. М., 1986.

92. Medows D. Technology and the Limits of Increase //Technology and the Future. N. Y., 1986.

93. Mestin E. The Role of the Technology in Society//Technology and the Future. N. Y., 1986.

94. Morison R. Illusions//Technology and the Future. N. Y., 1986.

95. Rapp F. Analytische Technikphilosophie. Freiburg, 1978.

96. Rattansi P. The Social Interpretation of Science in the Seventeen Centure. — In: Science and Societi, 1600—1900. L., 1972.

97. Webster's new collegiate dictionary. Merrian: Springfield, Mass., 1977.

98. Weinberg A. Can Technology Replace Social Engineering//Technology and the Future. N. Y., 1986.

99. Wig N. Technology, Phylosophy and Politics//Technology and politics. Daham, L., 1988.

100. *Игнатьев М. Б.* Мир как модель внутри сверхмашины. Тез. докл. на конференции "Технологии виртуальной реальности" М., ГосНИИАС, 1995.

101. *Ласточкин С. Э.* Способы описания систем виртуальных реальностей//Там же.

102. *Мамардашвили М. К.* Лекции о Прусте. М., 1995.

103. *Носов Н. А.* Введение: перспективы виртуальной цивилизации// Технологии виртуальной реальности. Состояние и тенденции развития. М., 1966.

104. *Носов Н. А.* Психология виртуальной реальности//Тез. докл. На конференции "Технология виртуальной реальности".

105. *Петров А. В.* Способы (некомпьютерной) виртуальной реальности и необходимость учета некоторых специфических факторов окружающей среды при работе с ВР — технологиями//Там же.

106. *Розин В. М.* Существование и реальность: смысл и эволюция понятий в европейской культуре//Вопр. методологии, 1994, № 3-4.

107. *Розин В. М.* Области употребления и природа виртуальных реальностей//Технологии виртуальной реальности. Состояние и тенденции развития.

108. *Степанов А. А.*, Ьахтин Т.Е., Свердова Т.А., Желтов С.Ю. Обзор технических средств систем виртуальной реальности//Там же.

109. *Тарасов В. Б.* Системный подход к описанию и управлению взаимодействиями человека с виртуальной средой//Там же.

110. Технологии виртуальных реальности: состояние и тенденции развития. М., 1996.

111. *Фуко М.* Воля к истине: по ту сторону знания, власти и сексуальности.//Фуко М. Работы разных лет. С., 1996.

112. *Цукио Е.* Состояние и перспектива технологии мнимой реальности.//Бизнес Уик. 1993. №1.

113. *Антонюк Г. А.* Социальное проектирование//Наука и техника. Минск, 1978.

114. *Антонюк Г. А.* Социальное проектирование и управление общественным развитием. Минск, 1986.

115. *Бестужев — Лада И. В.* Теоретико - методологические проблемы нормативного социального прогнозирования//Теоретико - методологические проблемы социального прогнозирования и социального проектирования в условиях научно-технического прогресса. М., 1986.

116. *Верещагин И.* Об архитектурной достоевщине и прочем// Современная архитектура. 1928, N 4.

117. *Выготский Л. С.* Психология искусства. М., 1968.

118. *Генисаретский О. И.* Социальное проектирование как средство активной культурной политики//Социальное проектирование в сфере культуры: методологические проблемы. М., 1986.

119. *Генисаретский О. И.*, *Щедровицкий Г. П.* Обособление проектирования: от утопий к социальному институту. Мышление дизайнера. М.: ВНИИТЭ, 1967.

120. *Глазычев В. Л.* Язык и метод социального проектирования// Социальное проектирование в сфере культуры: методологические проблемы.

121. *Глазычев В. Л.* Методические рекомендации по программированию культурного развития города//Социальное проектирование в сфере культуры. М. : НИИ Культуры, 1987.

122. *Гуд Г. Х.*, Макол Р.Э. Системотехника. Введение в проектирование больших систем. — М., 1962.

123. *Дондурей Д. Б.* Социальное проектирование в сфере культуры: поиск перспективных направлений//Социальное проектирование в сфере культуры: методологические проблемы.

124. *Дридзе Т. М.* Прогнозное проектирование в социальной сфере

как фактор ускорения социально - экономического и научно - технического прогресса: теоретико - методологические и "технологические" аспекты// Теоретико - методологические проблемы социального прогнозирования и социального проектирования в условиях научно-технического прогресса.

125. *Коган Л. Н., Панова С. Г.* Социальное проектирование: его специфика, функции и проблемы.//Методологические аспекты социального прогнозирования. Красноярск, 1981.

126. *Ляхов И. И.* Социальное конструирование. М., 1970.

127. *Орлов М. А., Сазонов Б. В., Федосеева И. Р.* Некоторые вопросы проектирования системы обслуживания быта городского населения// Архитектура СССР. 1970, N 8.

128. *Розин В. М.* Выступление на Круглом столе "Познание и проектирование"//Вопросы философии. 1983. N 6.

129. *Розин В. М.* Социальное проектирование систем общественного обслуживания: построение понятий//Социальное проектирование в сфере культуры: методологические проблемы.

130. *Сазонов Б. В.* Методологические проблемы в развитии теории и методики градостроительного проектирования систем в проектировании// Разработка и внедрение автоматизированных систем в проектировании. М., 1975.

131. *Сазонов Б. В.* Методологические и социально - теоретические проблемы проектирования систем общественного обслуживания населения: Автореф. канд. дисс. М., 1977.

132. Социальное проектирование. М., 1983.

133. Социальное проектирование в сфере культуры: методологические проблемы.

134. Социальное проектирование в сфере культуры: Методические рекомендации по программированию культурного развития города. М., 1987.

135. Социальное проектирование в сфере культуры: центры досуга. М., 1987.

136. Социальное проектирование в сфере культуры: игровые методы. — М., 1988.

137. Социокультурные утопии XX века. М.: ИНИОН, 1987. Вып 4.

138. Теоретико-методологические проблемы социального проектирования и социальное прогнозирование в условиях ускорения научно - технического прогресса. М., 1986.

139. *Тощенко Ж. Т.* Социальное проектирование: методологические

основы//Общественные науки. 1983. N 1.

140. *Азрикан Д. А.* С точки зрения проектирования//Труды ВНИИТЭ. М., 1980. Вып. 26

141. *Азрикан Д. А.* Образ целесообразности техномира//Там же. М., 1981. Вып. 31.

142. *Азриакан Д. А.* Принципы формирования типажа пишущих машин//Там же. М., 1982. Вып. 35.

143. *Генисаретский О. Г.* Мир и образ вещи//Декоративное искусство, 1970. N 10.

144. *Генисаретский О. И.* Опыт методологического конструирования общественных систем//Моделирование социальных процессов. М., 1970.

145. *Дижур А. Л.* Дизайн — программа и ее жизнеобеспечение: опыт фирмы "Браун",//Труды ВНИИТЭ. М., 1982. Вып. 36.

146. *Кузьмичев Л. А.* Азрикан Д. А. Методика выбора объекта в дизайн — программах//Там же. Вып. 26.

147. *Ладспко И. С.* Интеллектуальные системы в целевом управлении. Новосибирск, 1987.

148. *Розин В. М.* Эволюция проектной культуры и форм ее осмысления. Проблемы теории проектирования предметной среды//Труды ВНИИТЭ. М., 1974. Вып. 8.

149. Розин *В. М.* О природе эстетической ценности//М., 1982. Вып, 37.

150. *Розин В М* Системные представления в системотехнике "традиционном" проектировании и дизайне//Системные исследования. М., 1983.

151. *Розин В. М.* Природа и особенности социального проектирования: от замысла к реализации. Социальное проектирование в сфере культуры. М., НИИ Культуры, 1988.

152. *Розин В. М.* Что такое социальное проектирование?//Филос. Науки. 1989. N 10.

153. *Розин В. М.* Социальное проектирование: проблемы и перспективы развития. Методологический анализ (обзор)//Социальные аспекты ускорения научно - технического прогресса. Новые тенденции в социальных исследованиях. М., 1989.

154. *Розин В . М .* Проектирование как объект философско - методологического исследования//Вопросы философии. 1984. № 10.

155. *Раппапорт А. Г.* От определений проектирования к его теории// Труды ВНИИТЭ. М., 1974. Вып. 8.

156. *Сазонов Б. В.* К вопросу о построении понятия проектирования//

Там же.

157. *Сидоренко В. Ф. Кузьмичев Л. А.* Дизайн — программа как тип культурно-художественной программы//Там же. М. Вып. 25.

158. *Сидоренко В. Л. Кузьмичев Л. А.* Типологическое моделирование комплексного объекта: на примере бытовой аппаратуры магнитной записи //Там же. Вып. 35.

159. *Сидоренко В. Ф. Кузьмичев Л. А. Генисаретский О. И Переверзев Л. Б.* Организационное проектирование дизайн — систем //Там же. Вып. 26.

160. *Сидоренко В. Ф. Устинов А. Г.* Типология и классификация как средства организационного моделирования комплексного объекта//Там же. Вып. 26.

161. *Сидоренко В. Ф.* Структура эстетической рефлексии//Там же. Вып. 31.

162. *Черняк Ю. И.* Анализ и синтез систем в экономике. М., 1970.

163. *Эрлих М. Г.* Культурологический анализ концепции дизайн — программы ВО "Союзэлектроприбор"//Труды ВНИИТЭ. Вып. 35.

164. *Аронсон О. В.* Технологии сообщества//Традиционная и современная технология. М. : ИФ РАН, 1999.

165. *Бланшо М.* Язык будней//Искусство кино. 1996. # 10.

166. *Делез Ж.* Различие и повторение. СПб. 1998.

167. *Розин В. М.* Визуальная культура и восприятие. Как человек видит и понимает мир. М., 1996.

168. *Розин В. М.* Психология: теория и практика. М., 1997.

169. *Beres S.* Rozmowy z Lemem//Odra, Wrocaw, 1984, r. 24, N 412; 1985, r. 25, N110.

170. *Lem S.* Fantastyka i futurologia. Krakow, 1973. T. 1., 2.

171. *Zgorzelski A.* Fantastyka. Utopia. Science fiction. Warehawa, 1980.

人名索引

（以汉语拼音为序。斜体页码为前辅文页码,正体页码为正文页码。）

A

阿波菲斯（Apophis）希腊神话中的混沌神,是一条巨蛇,阻止太阳船每晚的巡航。169

阿尔希塔斯（Arhytas of Tarentum 公元前287—前212）古希腊数学家、哲学家。86,102

阿赫马诺夫（Ахма́нов, Алекса́ндр Серге́евич 1893—1957）苏联哲学家、历史学家。72,73

阿基米德（Archimedes 公元前287—前212）古希腊哲学家、数学家、力学家。45,85—86,88—91,93,101—102,105

阿伦森（Аронсон, Олег Владимирович 1964— ）俄罗斯电影理论学家、哲学家。257,261

阿蒙（Amon）古埃及神,被奉为诸神之王。166,167

阿那克西曼德（Anaximander 约公元前610—前545）古希腊哲学家。66

阿苏尔（Ассу́р, Леони́д Влади́мирович 1878—1920）俄国科学家、机械和机器理论学派创建人之一。110

阿图姆（Atum）希腊神话中的落日之太阳神,为众神之首,是创造世界的主神。166,167,168

阿韦林采夫（Аве́ринцев, Серге́й Серге́евич 1937—2004）俄罗斯（苏联）哲学家、文化历史学家。92

阿西莫夫（Asimov, Isaac 1920—1992）俄裔美籍著名科幻小说家、科普作家。281

阿兹里甘（Азрикан, Д. А.）俄罗斯（苏联）学者。244—248,250

埃尔利希（Эрлих）俄罗斯（苏联）学者。248

埃利亚斯（Elias, Norbert 1897—1990）德国社会学家,致力于"人学"研究。232

埃吕尔（Ellul, Jacques 1921—1994）法国技术哲学家。伊德（Don Ihde）把埃吕尔学派与马克思学派、杜威学派、海德格尔学派并称为四大技术哲学学派。*17,20*,21,183

埃努吉（Эннуги）苏美尔阿卡德神话中地下王国及地下水神的绰号。59

埃斯皮纳斯（Espinas, Alfred Victor 1844—1922）法国哲学家、社会学家及历史学家。46—47,151

校译后记

"技术哲学"研究在19世纪末起源于德国。1877年,德国哲学家卡普(Ernst Kapp)完成了《技术哲学纲要》一书,这是德国系统地进行技术哲学研究的开端。早期的技术哲学研究多侧重于技术本体论、认识论方面,20世纪50年代后,除认识论方面的研究外,还出现了技术价值、技术伦理、技术方法论等方面的研究成果,而且,许多研究成果都涉及因技术发展所引起的生态问题、环境问题、资源问题、社会问题、人的问题。下面,仅对与本书有关的苏联(俄国)和中国的技术哲学研究状况作一简单介绍。

苏联(俄国)的技术哲学研究。在19世纪末,俄国即有人研究技术哲学。1894年,俄国工程师恩格尔迈尔在德国的刊物上发表的文章中,使用了"技术哲学"一词。1911年,他在第4届世界哲学大会(意大利)上发表了题为"技术哲学"的论文。20世纪初,在恩格尔迈尔的努力下,技术哲学在俄国得到顺利发展。俄国当属仅次于德国较早进行技术哲学研究的国家。然而,苏联十月社会主义革命胜利(1917)后不久,技术哲学即被当作资产阶级意识形态受到批判而被禁止研究。

在苏联学术界,与技术有关的问题的研究逐渐被分成四个方向,其一为对技术的历史结构与发展规律的研究;其二为对"技术的哲学问题"("技术的哲学问题"俄文为"философские вопросы техники",而

"技术哲学"的俄文为"философия　техники")的研究；其三为技术科学的方法论及其历史的研讨；其四为工艺设计的方法论及其历史的研讨。

第二次世界大战后，苏联及东欧各国由于意识形态的原因，对西方的许多理论进一步加以否定或是批判，对西方在技术哲学方面的成果也几乎持全盘否定和批判的态度。这一时期，苏联学术界对科学技术所进行的哲学的、社会学的研究，被称作"自然科学中的哲学问题"。20世纪60年代后，对技术所进行的哲学的、社会学的、经济学的研究，主要集中在对"现代科学技术革命"的讨论中。1968年以来，不少人探讨了马克思、恩格斯、列宁对科学技术发展的有关论述，发表了大量专门性著作，如库津(А. А. Кузин)的《马克思与技术问题》(1968)、凯德洛夫(Б. М. Кедрв)的《列宁与20世纪的自然科学和技术》(1969)等。

20世纪70年代以后，苏联学术界开始注重将前一阶段的研究成果应用于科学技术政策、人的全面发展、技术预测、加速科学技术进步的经济社会问题等社会实践领域，而且"科学技术革命"这一术语开始逐渐被"科学技术进步"所取代。

苏联解体后的俄罗斯学术界很快开始了对技术哲学的研究，他们批判了多年的在强烈意识形态影响下的学术研究，科学哲学、技术哲学等一批在苏联时代被斥为为资产阶级服务的研究领域在俄罗斯很快发展起来。其中，与技术哲学有关且在哲学界产生很大影响的，是俄罗斯哲学家罗津于2001年出版的《技术哲学》一书，其副标题为"从埃及金字塔到虚拟现实"。

罗津在分析了当代西方的一些哲学家的技术哲学思想之后，认为技术哲学应集中完成两个主要任务：第一个任务是对技术的理解，阐明其特征和本质，这是由于技术危机、文明危机所引出的；第二个任务是在哲学中探寻解决技术危机的途径。罗津指出，苏联时期对"技术的哲学问题"的研究虽然探讨了技术的特征和本质,但是对资产阶级的技术哲学批判被大肆宣扬,这些批判一般都带有意识形态特征,对资产阶级的技术成就只字不提。苏联时期,学术界对技术问题的哲学认识是次要的、论证性的,主要是在证明国家技术决策的正确性。他认为,应当区分三种基本现象:技术、狭义的技术和广义的技术,以及技术与工艺的关系。因此,他在书中详尽地分析了技术和工艺的特征、技术概念的历史变化,以及其与技术文明的有关问题。

中国的技术哲学研究。在中国,对技术从整体上加以研究的动向,出现在改革开放后的20世纪70年代末。中华人民共和国成立后,哲学界研究得更多的是如何用马克思主义改造旧哲学的问题,也就是辩证唯物主义认识论和方法论的树立问题,受苏联意识形态的影响,对西方的学术研究成果一概持否定或批判的态度。

20世纪70年代末,学术界系统地对技术进行的整体性、哲理性研究,是在李昌和于光远的倡导组织下,由中国自然辩证法研究会开展的。这一时期,由于学术界极"左"思想的影响远未肃清,我国学术界尚未正式使用"技术哲学"一词,而更多的是介绍日本的技术论,有条件地介绍西方的"第三次浪潮"及"后工业社会"。其间,东北大学以陈昌曙、远德玉、陈敬燮为首的一批从事自然辩证法研究的教师,开始对技术进行哲学的、社会学的、方法论的研究。1981年,东北大学自然辩证法研究室编印了《科学技术结构研究资料》。1983年,陈昌曙发表《简论技术哲学的研究》一文,在中国最早使用了"技术哲学"这一术语。1999年,陈昌曙积多年的研究成果出版了《技术哲学引论》,这是国内第一部以"技术哲学"为书名的专著。

20世纪90年代后,技术哲学方面的研究性文章大量出现,许多高校已经培养出一批研究技术哲学的硕士、博士,他们中的许多人成了中国技术哲学界的年轻骨干力量。

在翻译介绍西方技术哲学专著方面，东北大学的刘武、康荣平、吴明泰最早于1986年翻译出版了拉普的《技术哲学导论》。13年后的1999年，米切姆（K. Mitcham）的《技术哲学概论》由殷登祥、曹南燕翻译出版。2000年，戈菲（Jean-Yves Goffi）的《技术哲学》由曹茂永翻译出版。这些译著的出版丰富了国内的技术哲学研究。

在卡普的《技术哲学纲要》出版后的100多年里，虽然许多哲学家、思想家、经济学家和社会学家对技术哲学进行了大量的研究，提出了不少新的理论，但迄今为止，一些号称"技术哲学"的著作，往往缺乏一条核心性的论述主线，更多地表现为一些随感性的片段组合或概念的演绎。从字面上看，技术哲学理应是哲学家的研究领域，是对技术的哲理性的评析与抽象，并以此作出有思想性、实用性的推论。然而这里的一个问题是，从事哲学研究的人很少对技术有兴趣，或有过从事技术工作的经历，这与科学哲学有很大的不同，因为从事科学哲学研究的人有相当一部分是毕生从事科学研究的大科学家，他们热衷于对自己科学活动的哲学反思，而从事生产技术实践或从事技术政策、管理的人，很少会放弃本行去从事技术哲学的研究。

技术哲学的研究理应完成两个使命：其一，为人类的思想文化建设服务；其二，其成果能为人们的社会生产、社会生活提供有哲理性的帮助。或者说，技术哲学与纯哲学是有区别的，它是针对与人类生存、社会发展息息相关的人的技术活动的哲理性思考，因此，更应当面对现实，面对因技术发展出现的各种问题，提出解决问题的新观念。

本书的获得有一个令人难忘又惊心动魄的经历。2002年10月，我带领哈尔滨工业大学人文学院一行4人去莫斯科大学商谈两校合作事宜，就住在莫斯科大学主楼。第三天（10月23日）接待方安排我们观看歌剧，当时有两个选择，一是去莫斯科轴承厂文化宫看现代歌剧，一是去克里姆林宫看柴可夫斯基的《天鹅湖》。我建议看《天鹅湖》。在去克里姆林宫路过其马路对面的莫斯科商厦时,在其中的书店买到了这本书。当晚散场后发现街道十分冷清,只是偶尔有警车驶过。回到住处打开电视后才得知,轴承厂文化宫被车臣黑寡妇劫持。俄罗斯阿尔法特种部队在与劫匪多次谈判失败后,于10月26日晨向剧场施放一种气体将全场人熏倒,消灭了二十几个劫匪的同时,也熏死了130多名观看演出的平民百姓。

由于我当时正在研究技术哲学,回国后即请哈尔滨工业大学人文学院的伍南林博士和邵景波博士对罗津《技术哲学》正文的主要章节进行了试译,他们的试译稿对我后来编写的《技术哲学概论》(人民出版社,2009)帮助很大。2014年我退休后,总想将这本书正式翻译出版,因为多年来我们翻译介绍俄罗斯的学术著作不多,很想进一步了解俄罗斯在技术哲学方面的研究情况。我虽然学了6年俄语,但是主要是专业(物理学)俄语,且已多年不用,而该书又是一部哲理性很强的哲学著作,翻译起来是相当困难的。得知哈尔滨工业大学基础与交叉科学学院的张艺芳有多年翻译科技俄语文献的经历后,即动员她来翻译该书。她用了近半年的时间即完成了较为完整的译稿。原书作者罗津非常支持本书的翻译出版,提供了相关材料,还特地写了中文版序。哈尔滨工业大学科技史专业研究生王雨笛认真核对校样。上海科技教育出版社的匡志强副总编、殷晓岚主任对该书的出版给予关注,责任编辑王洋对全书认真地进行了编辑加工,这里谨对他们的工作致以衷心谢意。

由于译校者水平所限,差错不足之处在所难免,恭请读者批评指正。

关于本书译稿,有以下3点说明:

1. 原书正文8章,其后是6篇"相关研究文章",译稿将之编入正文,设为第九章。

2. 原书与国际通用编排方式不同,书后是扉页和目录,没有事项和人名索引,而正文中出现的人名也没有身份说明,为使中国读者阅读方便,译者查阅了大量文献,制成"人名索引"置于书后。

3. 本书正文引用文献采用原书标注方式,在相应处用中括号标出,其中逗号前的数字表示参考文献的序列号,逗号后数字为该文献的页码。

姜振寰

2018 年 10 月 31 日

图书在版编目(CIP)数据

技术哲学:从埃及金字塔到虚拟现实/(俄罗斯)B. M. 罗津
著;张艺芳译.—上海:上海科技教育出版社,2024.1
(哲人石丛书:珍藏版)
ISBN 978-7-5428-8081-9

Ⅰ.①技⋯ Ⅱ.①B⋯ ②张⋯ Ⅲ.①技术哲学 Ⅳ.
①N02

中国国家版本馆CIP数据核字(2023)第250515号

责任编辑	王 洋	出版发行 上海科技教育出版社有限公司
封面设计	肖祥德	(201101 上海市闵行区号景路159弄A座8楼)
版式设计	李梦雪	网 址 www.sste.com www.ewen.co
		印 刷 启东市人民印刷有限公司
技术哲学——从埃及金字塔到虚拟		开 本 720×1000 1/16
现实		印 张 22.5
[俄] B. M. 罗津 著		版 次 2024年1月第1版
张艺芳 译		印 次 2024年1月第1次印刷
姜振寰 校		书 号 ISBN 978-7-5428-8081-9/N·1207
		图 字 09-2023-1076号
		定 价 85.00元